기상 역학

일 기 분 석 과 해 설 을 위 한 개 념 정 리

기상 역학

이우진 지음

CONCEPTUAL

VIEW ⚡ OF

ATMOSPHERIC

MOTION

휴엔스토리

왜 그럴까? 변화무쌍한 날씨를 접하면서 종종 내뱉는 질문이다. 때아닌 가을철 왜 광화문에 장마철처럼 집중 호우가 쏟아지지? 대낮에 갑자기 하늘이 캄캄해지며 뇌전이 치고 요란한 소나기가 오는 이유는 뭐지? 이번 여름에는 왜 가뭄이 유독 심한 거야? 언론에서는 주요 기상 이변이 발생할 때마다 과학적인 논평을 통해서 그 발생 원인을 설명한다. 그런가 하면 학계에서는 보다 심층적인 분석과 과학적인 근거를 내놓는다.

탐구 과정이 그러하듯이, 물리적인 원인 분석도 뫼비우스의 띠처럼 끝이 없다. 예를 들면 봄비가 내린 이유는 구름이 두껍게 발달한 때문이다. 구름이 발달한 이유는 한기와 난기가 격렬하게 대치하기 때문이다. 성질이 다른 공기가 대치하는 이유는 전선대가 발달하기 때문이다. 전선대가 발달하는 이유는 온대 저기압이 발달한 때문이다. 온대 저기압이 발달하는 이유는 중위도 강풍대가 강화되기 때문이다. 중위도 강풍대가 강화되는 이유는 편서풍 파동 때문이다. 편서풍 파동은…… 때문이다. 질문에 질문이 꼬리를 문다. 호기심 많은 어린아이가 계속 물어오면, 어느 선에서는 말문이 막히고 만다. 마찬가지로 기상 현상에 대한 이론적 설명도 한계가 있다. 앞선 사례처럼 인과의 고리는 작은 현상에서 점차 큰 현상으로 나아가기도 하고, 때로는 역으로 큰 현상에서 작은 현상으로 되돌아오기도 한다. 일방적인 통행보다는 순환적인 논리 흐름이 현상에 대한 이해의 폭을 넓히는데 더욱 유리할지도 모른다.

일기 예보를 발표하는 기상청에서도 예보 담당자들은 기상 상황을 분석할 때 어김없이 '왜?'라는 질문을 던진다. 원인을 분석하는 것과 예측 판단을 하는 것은 동전의 양면이다. 원인을 알아야 상황을 이해할 수 있고, 예측 판단의 근거와 과학적 확신을 가질 수 있다. 컴퓨터에서 계산해낸 예측 결과를 해석하고자 할 때도, 왜 그렇게 계산한 것인지 과정을 알아야 예측 결과를 어떻게 보정해야 할지 안목이 생긴다. 눈, 비, 강풍, 뇌전, 우박, 황사, 안개, 가뭄, 엘니뇨 등과 같이 다채로운 기상 현상을 분석하거나 예측하려면, 우선 이 현상의 배후에서 작용하는 운동계에 대한 역학적 이해가 선행되어야 한다.

운동계는 신체에 비유하면 뼈대와도 같은 것이다. 기상 역학은 대기라는 유체의 흐름을 고전 역학의 프레임에서 바라본 것이다. 미시적인 관점에서 보면, 구름과 열 현상, 복사와 관련한 광학적 현상, 연기와 같은 난류 현상을 비롯해서 다양한 분야로 나누어지지만, 큰 구도에서 보면 운동계가 이 현상들을 연결하는 고리가 된다. 기상 역학이 다루는 주제는 대규모 운동계에서부터 계곡의 지형풍에 이르기까지 광범위하다. 이 책에서는 운동의 크기가 수십 km에서 수천 km에 이르는 운동 규모에 주로 초점을 맞추어 실무에 자주 쓰이는 개념을 해설하였다. 하지만 이 개념들은 이보다 더 작은 운동계를 이해하는 데에도 이론적 기초를 제공할 것이다.

기상 역학 서적을 펼치면 우선 수식과 개념에서 막힌다. 기상 역학 교과서에서는 대부분 복잡한 편미분 방정식을 다룬다. 수식을 이해하려면 단계적인 학습이 필요하고, 난이도에 따라서는 오랜 시간이 걸린다. 현상을 이해하려면 결국 물리적인 개념에 눈떠야 한다. 수식은 추상적 세계에 대한 논리적 구성체로서, 수식이 곧바로 현실로 이어지지는 않는다. 수식을 이해하게 되면 그만큼 물리적인 개념에 접근하기가 용이하다. 그렇다고 수식이 곧바로 개념의 이해로 연결되지는 않는다. 어떤 개념은 깨우치는 데 몇 달이 걸리기도 하고 몇 년이 걸리기도 한다. 때로는 개념을 잘못 이해하여 이를 교정하는 데 오랜 시간이 걸리기도 한다.

수식 없이 설명할 수 있어야 제대로 알고 있는 것이라는 얘기를 종종 듣곤 하지만, 수식을 쓰지 않고 기상 역학을 설명한다는 것은 그리 용이한 일이 아니다. 수식이 주는 논리적 명료함과 정확성을 말로는 따라갈 수가 없을 것이다. 그럼에도 불구하고 수식에 몰두하다 보면 물리적인 의미와 개념이 아무래도 뒤처진다. 수식의 명료함으로 인해 해당 개념을 충분히 이해한 것으로 속단하는 경우도 적지 않다. 그러다가 실무에 부딪히면 물리적 의미나 개념에 대한 이해가 부족했다는 것을 확인하게 되는 것이다. 당초 집필을 시작할 때는 가능한 한 수식을 쓰지 않고 예보 실무를 위한 이론적 개념을 정리해 보고자 하였으나, 시간이 가면서 이 작업이 그리 녹록지 않다는 것을 알게 되었다. 군데군데 예보 실무에 필요한 설명을 곁들이기는 하였으나, 아직은 사안에 대한 정리가 충분하지 않은 탓이다.

이 책에서는 수식 유도 과정은 줄이고 대신 그림에 대한 설명은 늘려서 예보 실무에 필요한 물리적인 개념을 그려보고자 하였다. 각운동량 보존 원리, 전향력, 비역학적 기압의 개념도 잘 생각해보면 수식의 도움 없이 물리적 의미를 상당 부분 이해할 수 있다. 그림은 직관적으로 개념에 다가가 때로는 문장으로 표현하기 어려운 부분도 쉽게 이해하도록 돕는다. 구체성과 단순함은 서로 경쟁 관계에 있다. 구체성이 돋보이면 그만큼 보편

적인 속성을 보기 어렵고, 단순함이 지나치면 현실에 대한 응용력이 떨어진다. 실제 일기도를 직접 제시하면 구체성은 돋보이지만, 여러 가지 역학적 요인이 한데 섞여 있는 만큼 시선이 분산되는 점이 문제다. 반면 그림을 단순화하면 현실감은 다소 떨어지지만, 대신 핵심 개념에 집중할 수 있는 이점이 있다.

먼저 1장과 2장에서 힘, 에너지, 바람을 비롯하여 운동의 기본 요소에 대해 살펴본 다음, 3장에서는 바람과 함께 이동하는 대기의 성질을 다루었다. 4장에서는 힘의 균형 상태에서 일어나는 운동계를 살펴보고, 6장에서는 균형 상태를 벗어난 운동의 기본적 유형을 다루었다. 5장에서는 기상역학에서 특히 중시하는 회전 바람 성분에 영향을 미치는 요인을 정리하였다. 7장에서는 중규모 운동계의 비정역학 기압과 바람의 역할을 살펴보고, 8장에서 10장까지는 중위도 온대 저기압의 발달과 관련된 역학적 문제를 다루었다. 11장에서는 중력 파동을 살펴보고, 마지막으로 12장에서는 지형의 효과를 살펴보았다. 일반 기상 역학 교과서와는 달리 중규모 운동계를 경압 파동계보다 앞서 제시한 것이 눈에 띌 것이다. 대부분의 위험 기상 현상이 적란운 대류계를 비롯한 중규모 운동계에서 비롯한다는 실용적인 측면도 고려하였다. 더 큰 이유는 잠재 소용돌이도의 보존 원리를 근간으로 한 경압 불안정 이론이 보다 추상적이고 실무적으로 응용하기에는 난이도가 높다고 보았기 때문이다. 아무쪼록 이 책이 대기 운동계를 개념적으로 이해하는데 조금이라도 길잡이가 될 수 있기를 바란다.

2019. 3. 1

차례

운동의 근원

1. 힘과 운동

기체의 상태는 밀도, 기압, 기온으로 나타낼 수 있다. 바람은 기체의 운동 상태를 나타낸다. 기압은 상태 방정식을 통해서 기온과 밀도와 긴밀하게 연동되어 있다.

$$p = \rho RT \tag{1.1}$$

여기서 ρ, p, T, R은 각각 밀도, 기압, 기온, 기체 상수다. 건조 공기와 수증기의 R은 각각 287과 461 $JK^{-1}kg^{-1}$이다. 식 (1.1)은 정의상 이상 기체를 가정한 것으로, 실제 기체에 대해서는 보정이 필요하다. 일반적으로 질량은 생성되거나 소멸하지 않으므로, 밀도는 질량 보존의 원리에 따르게 되는데 이 점은 나중에 다루기로 한다.

기체에 힘이 가해지면 바람이 일어나고, 운동을 통해서 다른 상태 변수도 변하게 된다. 절대 좌표계에서 단위 질량당 운동 방정식은 뉴턴의 제2법칙에 대응하여, 힘의 작용에 따른 바람의 변화 또는 가속도를 다룬 것이다.

$$\left(\frac{d\boldsymbol{v}}{dt}\right)_{abs} = -\frac{1}{\rho}\nabla p + \boldsymbol{g}^* + \boldsymbol{F}_r \tag{1.2a}$$

여기서 하단 첨자 abs는 절대 좌표계를 뜻하고, $\boldsymbol{v}$는 3차원 바람 벡터다. 우변 첫 항은 기압 경도력이다. 둘째 항은 중력이고 $\boldsymbol{g}^*$는 중력 가속도다. 마지막 항은 마찰력을 나타낸다.

먼저 중력은 만유인력의 법칙에 따라 지구의 무게 중심을 향해 기체에 가해지는 힘이다. 기체는 일정한 질량을 가지기 때문에 중력을 받는다. 중력은 질량과 상관없이 고정된 값을 갖지만, 단위 체적당 중력은 밀도에 비례한다. 건조한 기체는 수증기를 함유한 기체보다 무거운 만큼 단위 체적당 중력도 커진다. 마찰력은 운동을 저지하는 힘이다. 바람이 지면과 같이 단단한 표면에 근접하면 감속하게 된다. 또한 빠르게 움직이는 기체가 느리게 움직이거나 반대 방향으로 움직이는 기체와 섞이게 되더라도 감속한다.

기압은 기체가 팽창하려는 힘이다. 타이어의 공기압을 높이면 그만큼 내부의 공기는 타이어 밖으로 튀어나오려는 힘이 강해진다. 기체는 여러 방향에서 압력을 받는다. 서로 다른 방향에서 작용하는 기압은 서로 상쇄되고 기압 차이에 해당하는 힘만 남게 된다. 기체가 받는 압력의 총합은 결국 서로 다른 방향에서 작용하는 기압의 차이 또는 경도에 비례하게 된다. 편의상 기체가 받는 유효 압력(net force)을 기압 경도력[1]이라 부른다. 기압 경도력은 기압이 높은 곳에서 낮은 곳으로 움직이려는 힘이다. 두 지점의 기압 차이가 크면 클수록 기압 경도력도 비례하여 커진다. 또한 단위 질량당 기압 경도력은 밀도에 반비례하므로, 기체가 가벼울수록 기압 경도력은 커진다. 대기 운동은 근원적으로 기압 경도력에 의해 일어난다고 볼 수 있다.

지구와 함께 각속도 벡터 $\boldsymbol{\Omega}$로 회전하는 좌표계에서는 전향력(Coriolis force)과 원심력(centrifugal force)이 각각 운동 방정식에 추가된다.

---

[1] 단위 체적당 작용하는 기압 경도력은 두 지점의 기압 차를 거리로 나눈 값이다.

$$\left(\frac{d\boldsymbol{v}}{dt}\right)_{abs} = -2\boldsymbol{\Omega} \times \boldsymbol{v} - \frac{1}{\rho}\nabla p + \boldsymbol{g} + \boldsymbol{F}_r \qquad\qquad (1.2b)$$

여기서 우변 첫 항은 전향력이고 $\boldsymbol{\Omega}$는 자전축 방향의 각속도 벡터다. 나머지 항은 (1.2a)와 같다. 다만 셋째 항의 중력에는 지구 자전에 따른 원심력이 포함된 것이다. 전향력과 원심력은 각각 지구가 회전하기 때문에 상대적으로 대기가 받게 되는 힘이다. 겉보기 힘(virtual force)이라고 부르기도 하는데, 이 표현은 오해의 소지가 있다. '겉보기'라는 표현은 '허구'의 뉘앙스를 풍기는데 반해 이 힘은 실제로 작용하기 때문이다. Fig.1.1의 좌측 그림과 같이 시계 반대 방향으로 회전하는 목마에 올라탄 관측자가 바깥으로 공을 던졌을 때 공의 궤적을 생각해보자. 공은 시계 방향으로 나선호를 그리며 바깥으로 나가는 것처럼 보일 것이다. 이때 전향력은 공이 이동하는 방향의 우측을 향하고, 원심력은 회전 중심축에서 바깥쪽으로 향한다.

먼저 원심력은 회전체의 축에서 바깥 방향으로 튀어나오려는 힘이다. 극지방에서는 지표 위의 접선이 자전축과 직각이 되게 수평 방향으로 뻗어 있어, 원심력은 지면을 따라 적도 방향으로 작용한다. 중위도 지역에서는 연직으로 작용하는 성분과 적도를 향한 성분으로 나누어진다. 적도 위에서는 지표 위의 접선이 자전축과 나란하게 형성되어 원심력은 연직 방향으로 작용한다. 적도에서 원심력은 $3.4 \times 10^{-2}\,ms^{-2}$정도로서, 중력의 크기 $9.81\,ms^{-2}$보다는 훨씬 작은 값이다. 한편 지구는 원형이라기보다는 적도 쪽이 다소 볼록하게 튀어 나온 타원체라서 순수한 중력은 지면에 수직하기보다는 조금 비틀려있다. 하지만 원심력과 중력이 합해지면 합력은 지면에 수직하게 작용한다. 통상 지면을 향해 수직으로 작용하는 중력에

기상 역학

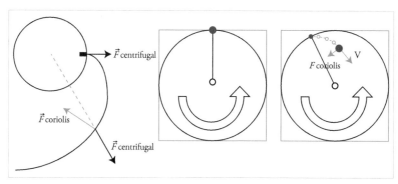

Fig. 1.1 북반구에서 전향력과 원심력의 작용. (좌) 시계 반대 방향으로 회전하는 목마 위에 앉은 관측자가 바라본 공의 궤적. 회전 중심에서 바깥으로 공을 던지면, 정지한 좌표계에서 공은 회전체의 중심에 똑바로 바깥을 향해 직선(점선)으로 굴러간다. 하지만 회전 좌표계에서는 원심력(centrifugal)과 전향력(Coriolis)이 작용하여 공은 가속하게 된다. 원심력은 공을 바깥쪽으로 밀어내고, 전향력은 공의 진행 방향을 우측으로 틀어, 공의 궤적은 나선형으로 나타난다. http://www.physics.brocku.ca/fun/NEWT3D/PDF/CORIOLIS.PDF. (중)과 (우)는 각각 12시 지점에서 회전 중심을 향해 던진 공(검은 원)의 초기 위치와 일정 시간이 지난 후 공의 궤적을 보인 것이다. 최종적으로 공은 회전 중심에 도달하게 된다. V는 공의 속도다. 우측 그림에서 원심력은 회전 중심에서 바깥쪽으로 작용하나 편의상 표시하지 않았다. Brooks의 lecture note에서 발췌한 것이다.
http://homepages.see.leeds.ac.uk/~lecimb/envi1400/lectures.html

는 지구 자전 원심력이 포함되어 있다고 보면 된다.

　전향력은 바람의 방향을 바꾸는 힘이다. 운동의 세기에 변화를 주는 것이 아니므로, 전향력이 작용하더라도 바람의 운동 에너지는 달라지지 않는다. 하지만 바람의 방향이 바뀌면 주변 여건에 따라서는 열과 수증기의 유입 통로가 달라지기 때문에 기상 변화에 커다란 영향을 미친다. 북반구에서는 바람의 진행 방향 우측으로 풍향이 틀어지고, 남반구에서는 반대로 좌측으로 기류가 휘게 된다. Fig.1.1의 우측 그림과 같이 회전목마의 12시 방향에서 중심을 향해 던진 공의 궤적을 살펴보자. 참고선을 12시 방향에서 중심을 향해 긋게 되면, 초기 시각에 공은 참고선의 끝에 위치한다. 회전축의 중심은 회전하지 않으므로, 회전목마 위에서 보건 바깥에서 보건 상관없이 공의 궤적은 결국 회전 중심에 이르게 될 것이다. 한편 참고선은 시계 반대 방향으로 회전하므로 초기 공의 궤적은 참고선에 머물지 못하고 뒤로 처질 것이다. 또한 회전목마의 선속도는 회전 중심에 가까이 갈수록 감소하고, 참고선이 가리키는 회전 중심의 방향이 달라지게 되어, 공의 상대 궤적은 우측으로 휘는 것처럼 보인다. 그림과는 달리 회전 중심에서 12시 방향으로 공을 던지게 되면, 참고선이 시계 반대 방향으로 회전하는 동안 공은 우측으로 휘어지는 것처럼 보이게 될 것이다.

전향력은 각운동량(angular momentum) 보존의 원리를 통해서도 설명이 가능하다. 각운동량은 회전체의 운동량으로, 회전체의 중심으로부터 뻗어 나온 팔의 길이와 접선 방향의 속도(tangential velocity)를 곱한 값이다. 각운동량은 별도의 회전력(torque)이 가해지지 않는 한 보존된다. 각운동량 보존 원리는 기하학적으로 쉽게 유추해 볼 수 있다. 일정한 속도로 이동하는

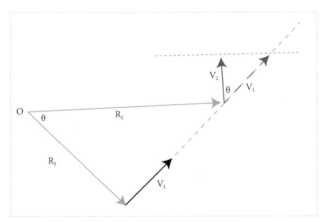

Fig.1.2 각운동량 보존 원리의 기하학적 해석. 외력이 작용하지 않는 한 V_1의 속도로 움직이는 공은 같은 속도로 계속 이동한다. 공이 R_2지점에 이르면, R_2에 수직한 V_1 성분이 V_2 만큼 투영된다. R_1과 R_2로 둘러싸인 삼각형과 V_1과 V_2로 둘러싸인 삼각형은 닮은꼴이 되어, $R_1V_1 = R_2V_2$의 비례 관계가 성립하고, 이는 다름 아닌 각운동량 보존 원리다.

기상 역학

물체를 생각해보자. 외력이 작용하지 않는다면, 이 물체는 뉴턴의 제1법칙인 관성의 원리에 따라 같은 방향으로 같은 속도로 계속 이동할 것이다.

Fig.1.2에서 원점 O를 중심으로 R_1떨어진 곳에서 직각인 방향으로 V_1의 속도로 움직이는 물체의 각운동량은 R_1V_1이다. 이 물체가 같은 속도로 계속 전진하여 회전 중심에서 반경 R_2 떨어진 속에 이르면 이때 물체의 각운동량은 R_2V_2가 된다. 벡터 R_1과 R_2로 둘러싸인 삼각형과 벡터 V_1과 V_2로 둘러싸인 삼각형은 서로 닮은꼴이므로 그 사이의 각도도 같다. 따라서 $R_1:R_2 = V_1:V_2$의 비례 관계가 성립하고, 이 기체에 외력(torque)이 가해지지 않았으므로 각운동량은 보존된다. 즉, $R_1V_1 = R_2V_2$가 된다. 회전 중심에서 멀어진 만큼 위치 벡터에 직각인 속도 성분이 줄어들기 때문이다.

이제 적도 지방의 각운동량이 공기에 실려 북쪽으로 이동한다고 가정해보자. 적도에서 멀어질수록 자전축의 중심으로부터 거리는 짧아지므로 접선 속도가 증가해야만 각운동량이 보존된다. 즉 적도 부근에서 북극으로 갈수록 동쪽 성분의 바람 속도가 증가한다. 반대로 극지방에서 적도를 향해 이동한다고 가정해보자. 같은 이유로 이번에는 동쪽 성분의 풍속이 줄어든다. 다시 말해 북반구에서는 바람의 진행 방향의 우측으로 기류가 휘게 된다. 적도 위에 정지해있는 공기 덩어리를 30°N까지 옮겨 놓는다고 가정하면 전향력이 작용하여 유도된 서풍의 풍속은 각운동량 보존 원리를 적용했을 때 $130ms^{-1}$이 된다. 만약 남풍이 $10ms^{-1}$로 분다면 30°N까지 도달하는데 약 4일 걸린다. 하루에 $30ms^{-1}$ 이상씩 서풍이 증가하게 된다. 전향력이 대규모 운동계를 구동하는 데 있어서 주요한 힘 중의 하나라는 점을 이해할 수 있다.

계절풍이 적도를 넘게 되면 전향력이 작용하여 주변 기류에 많은 변화가 일어난다. 북반구 여름철에는 겨울 반구인 남반구에서 하층 기류가 적도를 넘어 여름 반구를 향하게 된다. 이 기류는 전향력을 받아 남반구에서 좌측으로 휘어 남동풍으로 불다가, 적도를 넘어서면 이번에는 우측으로 휘면서 점차 남서풍으로 바뀌게 된다. Fig.1.3과 같이 적도를 넘는 기류는 북반구의 열원을 향해 반듯하게 북진하지 못하고, 대신 시계 방향으로 적도를 돌아 몬순 기압골(monsoon trough)에 진입하게 된다. 몬순 기압골에서

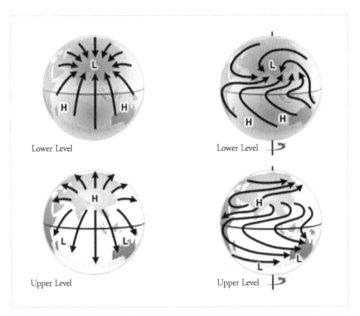

Fig.1.3 전향력과 계절풍의 관계. 적도를 넘는 계절풍에 전향력이 작용하여, 북반구 여름철 하층(lower level)에는 몬순 기압골(L), 상층(upper level)에는 티벳 고기압(H)이 형성된다. (좌) 지구 자전이 없는 경우(nonrotating). 하층에서는 겨울 반구인 남반구에서 북반구 열원을 향해 계절풍이 적도를 넘는다. 몬순 기압골에서 상승한 기류는 상층에서 다시 겨울 반구로 되돌아간다. (우) 지구 자전의 경우(rotating). 전향력이 작용하면 겨울 반구에서 여름 반구를 향해 부는 기류가 적도를 넘어서는 동안 하층에서는 시계 방향으로 방향을 틀게 된다. 몬순 기압골에서 상승한 기류는 다시 겨울 반구로 이동하는 동안 시계 반대 방향으로 방향을 틀게 된다. 실선은 유선이다. http://www.chanthaburi.buu.ac.th/~wirote/met/tropical/textbook_2nd_edition/print_3.htm#page_1.1.0

기상 역학

상승한 기류는 상층에서 다시 겨울 반구를 향해 되돌아오게 되는데, 북반구에서 북풍은 우측으로 휘어 북동풍으로 변하고 이 기류가 적도를 넘으면 이번에는 좌측으로 휘어 북서풍으로 전환하게 된다.

2. 내부 에너지와 열 전달

기체에 열이 가해지면 기온이 변하고 결국 바람이 달라지게 된다. 대기 운동은 원천적으로 태양으로부터 받은 열(heat) 에너지에서 비롯한다. 열은 대기 중에 내부 에너지나 위치 에너지에 잠재해 있다가 적절한 조건이 갖추어지면 운동 에너지로 전환하게 된다.

첫째, 기체가 갖는 내부 에너지는 온도에 비례한다. 열을 받으면 기온이 올라가고 내부 에너지가 증가한다. 열을 빼앗기면 기온이 낮아지고 내부 에너지도 감소한다. 서로 다른 기온을 가진 기체가 섞이면 내부 에너지가 변화하고, 그 과정에서 열의 형태로 에너지가 이동한다. 엄밀한 의미에서 열은 에너지 자체는 아니지만 내부 에너지의 변화에 관여하므로 열역학적 에너지로 간주하는 것이 편리하다. 기체가 팽창하면 기압의 힘으로 주변 공기에 일을 하게 된다. 그만큼 내부 에너지는 감소하고 기온이 낮아진다. 반대로 기체가 수축하면 주변 공기가 한 일로 인해 내부 에너지가 증가하고 기온이 증가한다. 내부 에너지와 열의 관계를 정돈한 것이 열역학 방정식 또는 열역학 제1법칙이다.

$$C_v \frac{dT}{dt} + p \frac{d\alpha}{dt} = J \tag{1.3}$$

여기서 J는 외부 가열율, C_v는 등적 비열이다. $\alpha = \rho^{-1}$는 비체적(specific humidity)이다. 좌변 첫 항은 내부 에너지의 시간 변화율이고 둘째 항은 기체가 외부에 한 일 에너지의 시간 변화율이다.

둘째, 위치 에너지는 중력을 거슬러 가며 받은 일 에너지의 양이다. 공기가 열을 받으면 내부 에너지가 증가한다. 기온이 높아져 기체가 상승하게 되면 지위는 높아지는 대신 기온은 떨어진다. 내부 에너지가 일부 위치 에너지로 보존된다 하겠다. 연직으로 안정한 대기 조건에서 연직 공기 기둥이 갖는 내부 에너지와 위치 에너지의 비율[2]은 일정하게 유지된다. 내부 에너지와 위치 에너지를 합해 총 잠재 에너지(total potential energy)라고 부르기도 한다(Holton, 2004). 대기 중에서 내부 에너지와 위치 에너지가 각각 차지하는 비율은 70%, 27%이고, 나머지 3% 중에서도 잠열이 2.7%, 운동 에너지는 고작 0.05%에 불과하다[3].

온위(potential temperature)는 단열 과정에서 보존되는 양으로, 열역학 방정식 (1.3)은 온위의 형식을 빌려 다음과 같이 쓸 수 있다.

$$\frac{d\ln\theta}{dt} = \frac{C_v}{C_p}\frac{d\ln p}{dt} - \frac{d\ln p}{dt} = \frac{J}{C_p T} \tag{1.4}$$

여기서 가운데 수식에는 상태 방정식 (1.1)이 쓰였다. $\theta = T(p_0/p)^{R/C_p}$는 온위이다. C_p는 등압 비열, p_0는 기준 기압으로 1000hPa이다. 건조 공기의 C_v와 C_p는 각각 717과 1004 $JK^{-1}\,kg^{-1}$이다. 단열 조건에서 기압의 변화량

---

[2]　정역학 관계가 유지되는 연직 공기 기둥에서 내부 에너지는 위치 에너지보다 $C_v/R \sim 2.5$배 크다.

[3]　https://atmos.washington.edu/~dennis/501/501_Gen_Circ_Atmos.pdf

기상 역학

은 (1.4)에 따라 밀도의 변화량으로 결정된다. 여기에 (1.1)을 이용하면 기압의 변화량은 기온의 변화량에 따라 결정된다. 다시 말해 단열 조건에서는 세 상태 변수 중 한 변수의 변화량을 알면 다른 두 변수의 변화량을 확정할 수 있다.

열역학 방정식의 규모 분석에 따르면, 밀도의 변동 폭은 $\rho'/\rho_0 \sim 10^{-2}$이다. 기온의 변동 폭은 $T'/T_0 \sim 1/300$이다. 기온 대신 온위를 사용하더라도 온위의 변동 폭 θ'/θ_0는 T'/T_0와 비슷하다. 기압의 변동 폭 $p'/p_0 \sim 10^{-1}/10^3$은 연직 또는 수평 방향 따질 것 없이, 기온의 변동 폭이나 밀도의 변동 폭에 비해 크기가 작다(Holton, 1972; Gibbs, 2015).

$$\frac{\rho'}{\rho_0} \sim \frac{T'}{T_0} \sim \frac{\theta'}{\theta_0} \tag{1.5}$$

여기서 ρ_0, T_0, θ_0는 각각 기준 대기의 밀도, 기온, 온위다. 대규모 운동계나 중소 규모 운동계에서 수평면의 기온 차이로 인해 일어나는 파동 운동에서는 기압보다는 기온에 따라 밀도가 변화하는 폭이 크기 때문에, 기온의 변동과는 반대 방향으로 밀도가 변동한다고 보더라도 별 무리가 없겠다. 기체에 열을 가하면 기온이 올라가고 밀도가 희박해져 기체가 상승한다. 반대로 기체가 열을 빼앗기면 기온이 떨어지고 밀도가 커져 기체가 하강한다. 기체가 상승하거나 하강하면 기압의 분포가 달라지고 바람이 변하게 된다. 제6장에서 다시 설명할 기회가 있겠지만, 열은 바람을 움직이는 실질적인 힘이라고 볼 수 있겠다.

열이 전달되는 방식에는 크게 전도, 복사, 대류가 있다. 대기 운동의 근원인 태양 에너지는 복사 과정을 통해 지구에 도달한다. 전도는 주로 지면과 인접한 기층 사이에서 이루어진다. 대기 중에 난류 운동이 활발해지면 연직으로 높은 곳까지 대류에 의해 열이 전달된다.

모든 물체는 복사파(radiation)를 방출한다. 물체의 온도가 높으면 복사파의 파장이 짧고 복사파로 인해 전달되는 열량도 크다. 태양의 단파 복사 에너지(short wave radiation)는 대기와 지면으로 전달되고, 일부는 반사되어 다시 외계로 되돌아간다. 태양의 온도는 매우 높기 때문에 태양빛을 받으면 지면의 온도는 빠르게 상승한다. 지구와 대기, 대기와 대기 사이에는 장파 복사 에너지(long wave radiation)를 서로 주고받는다. 지구 표면의 온도는 상대적으로 낮기 때문에 지구가 발산하는 복사파의 파장은 길고 대기에 전달되는 열량도 작다.

적도 부근에서는 태양빛이 거의 직각으로 들어오기 때문에 극지방보다 복사 에너지를 더 많이 받는다. 일조 시간과 태양빛 입사각의 관계는 좀 더 복잡하다. 겨울 반구에서는 극지방으로 갈수록 일조 시간이 줄어들고 태양빛 입사각도 기울어져, 적도와 극지방 사이에 복사 에너지의 입사량의 차이가 크다. 반면 여름 반구에서는 극지방으로 갈수록 태양빛 입사각은 기울어지지만, 일조 시간은 늘어나게 되어 적도와 극지방 사이에 복사 에너지의 입사량의 차이가 줄어든다.

계절에 따라 지면에서 대기로 수송되는 열량은 여름 반구에서 극대가 되고 겨울 반구에서 극소가 된다. 에너지 평형을 유지하기 위해, 여름 반구에서 겨울 반구로 열에너지는 이동하게 된다. 한편 바다는 열을 저장하는 용량이 커서 태양 복사파의 일변화나 계절 변화에 느리게 반응한다. 위도에 따라 바다나 육지가 받는 열량이 달라지고 온도가 달라진다. 이 차이를 해소하는 방향으로 운동이 일어난다. 같은 위도대에서도 여름에는 육지에서 바다로, 겨울에는 바다에서 육지로 열이 이동한다.

한편 바다에서는 해류에 의해 열대 해상의 따뜻한 해수가 극지방으로 이동한다. 여름철이 되면 해수 온도 27℃ 선이 제주도 남쪽 해상까지 접근한다. 태풍이 고수온역을 따라 북상하면, 해상의 열에너지를 계속 받을 수 있어서, 태풍의 강도도 세진다. 실온에서 기온이 1% 상승하면(약 3℃), 포화 증기압은 20% 이상 상승하게 된다. 엘니뇨 현상이 심해지면, 동태평양 적도 해상의 해수 온도가 비정상적으로 높아지며, 평소 같으면 인도네시아 부근 해상에서 발달하는 적운 구름대가 동쪽으로 옮겨오며 대규모 운동계를 교란하게 된다.

태양의 복사파로 인해 지면의 온도가 상승하면, 전도나 대류의 방식으로 현열(sensible heat)이 인접한 하층 대기에 다시 방출된다. 낮에 일사를 받으면 대기가 받는 현열은 많아지고 밤에는 멈춘다. 대신 밤에는 지구 표면에서 적외 복사파가 방출되며, 지면 온도가 낮아지고 인접한 대기도 지면에 열을 빼앗기며 함께 기온이 떨어지게 된다. 하지만 야간에 구름이 끼면 구름이 흡수한 적외 복사파가 다시 방출되어 일부는 지면으로 되돌아오므로 지면과 대기의 온도가 떨어지는 것을 저지하게 된다.

지면의 수분이 증발하면 수증기에 잠열(latent heat)이 내재해 있다가 응결할 때 대기 중에 열을 전달한다. 수증기가 응결하여 수적이 되거나 수적이 얼어 얼음 입자가 되는 과정에서 주변 공기에 열을 제공하고, 그 반대의 경우는 증발에 의해 주변 공기의 열을 빼앗아 간다. 지면 피복의 성질에 따라 지면에서 대기 중에 유입하는 현열과 잠열의 비율은 달라진다. 지면이 건조하면 현열의 비중이 높아지고, 바다나 호수처럼 수분이 많으면 잠열의 비중이 높아진다. 또한 많은 비가 내려 토양의 수분이 충분할 때에도 잠열의 비중은 상승한다.

대류를 유발하는 난류는 크게 두 가지 방식으로 일어난다. 첫째, 바람의 시어가 큰 곳에서는 기계적 난류가 발생한다. 맑은 날 상층 강풍대 주변의 강한 시어 지역에서 발생하는 난기류나 지면 부근에서 강한 연직 시어로 유발되는 돌풍이 여기에 속한다. 둘째, 연직으로 기온의 차이가 큰 곳에서는 열적인 난류가 발생한다. 마치 주전자에 물이 끓어오르듯이 연직적으로 대기가 불안정해지면서 강한 난류의 운동을 통해서 열을 상부로 전달한다. 통상적으로는 하부의 열이 인접한 위층으로 전달되고 다시 그 위층으로 전달되며 결국 층층이 상부로 전달되는 국지적인 대류 과정(local convection)을 거치게 된다. 하지만 기계적 난류에 열적 난류가 결합하면 하층의 열이 중간 기층을 거치지 않고 직접 상부로 전달되는 비국지적 대류 과정(non-local convection)이 일어나게 된다. 이러한 유형 구분은 대류 과정을 수치적으로 계산하는 데에도 쓰인다.

3. 에너지 순환

대기의 운동은 힘의 관점에서 볼 수도 있고, 에너지의 관점에서 볼 수도 있다. 운동이 일어나는 방향으로 힘이 작용하면 힘이 일(work)을 하여 운동 에너지(kinetic energy)가 증가한다. 운동 에너지는 바람의 제곱에 비례하는 양의 값이다. 바람이 불어가는 방향으로 힘이 작용하면 바람이 강해지고 운동 에너지가 증가한다. 일은 힘과 이동한 거리를 곱한 값인데, 거리 대신 바람을 곱하면 단위 시간당 한 일 에너지 또는 운동 에너지의 시간 변화량을 구할 수 있다. 일을 통해서 힘과 에너지는 물리적으로 연관된 의미를 갖는다.

대기가 갖는 전체 에너지 중에서 운동 에너지가 차지하는 비중이 1%에도 미치지 못한다. 이는 대기의 잠재 에너지가 운동 에너지로 전환하는 비율이 매우 낮다는 것을 시사한다. 간단한 사례를 통해 이 문제를 살펴보자. 상자 안에 두 가지 서로 다른 밀도를 가진 기체가 수직으로 서있는 가로막을 사이에 두고 갈라져 있다가 가로막을 제거하면 두 기체는 서로 섞이게 된다. 시간이 지나면 무거운 기체는 가벼운 기체 아래로 가라앉게 될 것이다. 두 기체의 경계가 수평으로 자리잡게 되면 더 이상 운동은 일어나지 않는다. 초기 상태와 최종 상태를 비교해보면 시스템의 무게 중심이 무거운 기체 쪽으로 조금 내려와 있다. 초기 상태와 최종 상태의 무게 중심 위치의 차이만큼 시스템의 위치 에너지(P)가 변한 것이다. 그 차이만큼 위치 에너지가 운동 에너지(K)로 변한 것이다. 물론 운동 에너지는 마찰력으로 인해 모두 소멸되고 미량이지만 이 과정에서 발생한 열은 무시하였다.

Fig.1.4 가용 잠재 에너지와 운동 에너지의 관계. 무거운 기체(점박이)와 가벼운 기체가 섞인 후 상태 변화를 보인 것이다. 중앙에 놓인 점은 전체 기체의 무게 중심이다. (좌) 두 기체가 가로막을 사이에 두고 좌우로 분리되어 있다. 무게 중심은 중간에 위치해있다. (중앙) 가로막이 제거된 후 두 기체는 서로 운동하며 섞인다. (우) 운동이 모두 마찰력으로 소진된 후 평형을 유지한다. 무게 중심은 초기 상태보다 최종 상태에서 무거운 기체 쪽으로 조금 내려와 있다. Wallace(2010).

이 사고 실험에서 가용 잠재 에너지의 개념을 설명할 수 있겠다. 예시한 바와 같이, 총 잠재 에너지 중에서 일부만이 운동을 유발하는데 쓰이게 되는데, 유효한 에너지는 기체의 밀도 중에서 평형 상태에서 이탈한 변동 성분과 관련이 있음을 알 수 있다. 로렌즈는 연직으로 밀도가 연속적으로 변하는 성층에서 가용 잠재 에너지(available potential energy)를 정의하였다. 가용 잠재 에너지 $\bar{A}$는 기온 섭동 T'의 제곱에 비례하고 대기 안정도에 반비례한다(Lorenz, 1955).

$$\bar{A} = \frac{1}{2} \int_0^\infty \bar{A}\,\bar{T}(\Gamma_d - \bar{\Gamma})^{-1}\,\overline{(T' - \bar{T})^2}\,d\!p \qquad (1.6)$$

여기서 $\overline{(\ )}$와 $(\ )'$는 각각 영역 평균과 그 편차이다. $\Gamma_d - \bar{\Gamma}$는 대기 안정도로서, Γ_d는 건조 단열 감률, $\bar{\Gamma}$는 대기의 평균 기온 감률이다. 대기 안정도에 대해서는 6장에서 자세히 다룰 것이다. 가용 잠재 에너지는 (1.6)의 정의상 전구 영역 평균값과 연동되어 있어서, 국지적인 에너지를 따로 정의하기 어려운 점이 있다. 등압면 위에서 기온의 변동이 심할수록 가용 잠재 에너지는 커진다. 적도에서 극지방 사이에 기온의 차이가 클수록 대기 순환에 사용 가능한 잠재 에너지가 많아진다[4]. 또한 대기 하층의 기온이 높아 대기 안정도가 낮아지면 기층의 무게 중심이 상승하여 가용한 잠재 에너지가 많아진다. 역으로 대기의 운동 에너지가 증가하면 대신 가용 잠재 에너지는 줄어든다. 대기 중에 가용 잠재 에너지는 운동 에너지보다 10배 내외인 점으로 미루어보아, 대기의 운동 엔진 효율은 10% 이하이다 (Wallace, 2010).

대기 운동계는 동서 평균장과 그 편차로 구분할 수 있다. 동서 평균장

---

[4] 적도에서 극지방 사이에 등온선의 기울기가 커지면, 남북 방향의 기온 경도는 커지고 동시에 연직 대기 안정도는 감소한다.

은 자오선 순환계를 구성한다. 자오선을 따라 대기를 연직으로 갈랐을 때 자오선과 연직 고도의 2차원 단면에서 일어나는 기류의 순환 운동이다. 하드리 순환(Hadley circulation)은 적도에서 상승하여 극 방향으로 나아가다 아열대 지역에서 하강하여 다시 적도, 엄밀하게 열대 수렴대(ITCZ)로 되돌아오는 연직 순환 운동이다. 중위도 부근에서는 종관 파동계가 저위도의 열을 극지방으로 재분배하기 때문에, 하드리 세포의 남북 규모는 아열대 지역으로 국한된다(Hoskins, 1983). 다음으로 페릴 순환(Ferrel circulation)이다. 아열대에서 하강한 하드리 순환의 한 지류가 북상하여 중위도 끝단에서 상승하여 상부에서 다시 아열대로 되돌아오는 연직 순환 운동이다.

동서 평균장의 편차는 파동의 집합이고, 파동은 다시 규모에 따라 세 가지로 대별할 수 있다. 먼저 대규모 운동계다. 소위 준지균(quasi-geostrophic) 이론의 대상이 되는 온대 저기압과 이동성 고기압의 종관 파동(synoptic wave) 운동으로 파장이 통상 수천 km에 이른다. 다음으로 중소 규모 운동계다. 적란운의 대류 활동이 두드러지고, 중력 파동을 비롯해서 국지적인 강제력이 작용한다. 파장이 통상 수 km에서 수백 km에 이른다. 마지막으로 마찰력이 주도하는 미시 운동계다. 파장은 수 cm에서 수백 m에 이른다. 적란운과 중력 파동은 각각 7장과 11장에서 다루고, 종관 파동은 8~10장에 걸쳐 살펴보게 될 것이다.

동서 평균장과 파동은 상호 작용을 통해 에너지를 주고받는다. 나아가 서로 크기가 다른 파동끼리 상호 작용하여 에너지를 주고받는다. 개별 파동별로 가용 잠재 에너지와 운동 에너지를 세세히 구분하여 에너지 교환 과정을 따져 보는 것은 지난한 일이다. 일차적으로 파동 성분을 모두 합한 파동군을 하나의 요소로 보고 동서 평균장과 파동군(이하에서는 단순하게 파동) 사이에 가용 잠재 에너지와 운동 에너지의 교환 과정을 Fig. 1.5과 같이 도식으로 살펴보는 것이 알기 쉽다. 이러한 구도에서 대기의 에너지는 4가지 유형으로 나누어진다. A_Z와 A_E는 각각 동서 평균한 가용 잠재 에너지와 파동군의 가용 잠재 에너지다. K_Z와 K_E는 각각 동서 평균한 운동 에너지와 파동군의 운동 에너지다.

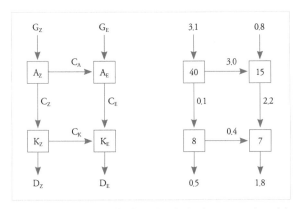

Fig.1.5 로렌츠의 에너지 흐름도. (좌) 대기 운동을 크게 동서 평균장(하단 첨자 Z)과 그 편차 또는 파동군(하단 첨자 E)으로 구분하여, 가용 잠재 에너지(A)와 운동 에너지(K) 수지를 도식화한 것이다. 대기 운동계는 외부에서 열에너지(G)를 받아 움직인다. 외부에서 받은 열은 동서 평균장(G_Z)과 파동군(G_E)의 성분으로 나눌 수 있다. 대기 운동의 원천인 4종의 에너지 창고(4개의 상자)는 서로 에너지를 주고 받으며 정상적인 흐름을 유지한다. 화살표 방향으로 에너지는 흘러가고, C는 다른 상자로 흘러간 에너지 양이다. C_A는 동서 평균장의 가용 잠재 에너지가 파동군의 가용 잠재 에너지로 전환된 양이다. C_E는 파동군의 가용 잠재 에너지가 파동군의 운동 에너지로 전환된 양이다. C_K는 동서 평균장 운동 에너지가 파동군의 운동 에너지로 전환된 양이다. C_Z는 동서 평균장의 가용 잠재 에너지가 동서 평균장의 운동 에너지로 전환된 양이다. 대기 운동계의 에너지는 결국 마찰력에 의해 소진된다. 마찰에 의해 대기 운동계가 빼앗긴 에너지도 동서 평균장(D_Z)과 파동군(D_E)의 성분으로 나누어진다(Lorenz, 1955). (우) 연 평균 에너지 저장량과 전환율로서, 라디오존데 관측 자료를 통해 추정한 값이다(Oort, 1964). 저장량의 단위는 $10^5 Jm^{-2}$이다. 전환율의 단위는 Wm^{-2}이고, 전환율의 1단위는 하루 동안 에너지 저장량 1단위를 옮기는 것과 같은 양이다.

외부에서 열이 가해져 동서 평균장과 파동군으로 흘러가면, 각각 가용 잠재 에너지가 증가한다. G_Z와 G_E는 각각 비단열 과정에 의한 동서 평균장과 파동군의 잠재 에너지 증가율이다. 대기 운동이 일어나는 동안 화살표 방향을 따라서 한 유형의 에너지는 다른 유형의 에너지로 전환한다. C_A는 동서 평균장의 가용 잠재 에너지가 파동군의 가용 잠재 에너지로 전환된 양이다. C_E는 파동군의 가용 잠재 에너지가 파동군의 운동 에너지로 전환된 양이다. C_K는 동서 평균장의 운동 에너지가 파동군의 운동 에너지로 전환된 양이다. C_Z는 동서 평균장의 가용 잠재 에너지가 동서 평균장의 운동 에너지로 전환된 양이다. 동서 평균장과 파동군의 에너지는 결국 마찰력에 의해 소진된다. D_Z와 D_E는 각각 마찰력에 의해 동서 평균장과 파동의 운동 에너지의 감소율이다(Lorenz, 1955). 태양 에너지를 받아 대기에서 구동 가능한 가용 잠재 에너지는 55단위 정도이다. 이 중 약 73%가 동서 평균장이 가지고 있다. 동서 평균장의 가용 잠재 에너지는 하루에 3단위씩 파동군으로 흘러가고, 이 중 70% 정도가 다시 파동군의 운동 에너지로 전환된다. 파동군은 수증기 응결 과정을 통해 일 0.8 단위에 해당하는 가용 잠재 에너지를 자체 생산하여 운동 에너지를 지원한다. 파동군의 운동 에너지는 대부분 마찰력으로 인해 소진되고, 20% 정도만 동서 평균장의 운동 에너지로 재전환된다(Oort, 1964).

제2장

바람의 해부

1. 바람 유형

바람장을 2차원 평면에서 직진(translation), 회전(rotation), 발산(divergent), 변형(deformation)의 성분으로 나누어 보는 것이 바람의 특성을 역학적으로 이해하는 시발점이 된다. 바람 성분별로 전형적인 모습을 Fig.2.1에 제시하였다.

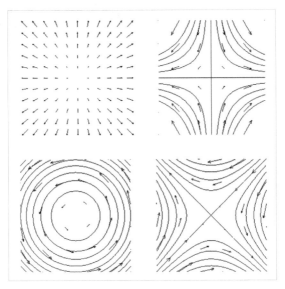

Fig.2.1 운동학적(kinematics) 관점에서 본 바람장의 4가지 유형. (상좌) 발산, (상우) 신장 변형, (하좌) 회전, (하우) 비틀림 변형. 화살표는 바람 벡터이고 실선은 유선이다.
http://robinson.seas.harvard.edu/PAPERS/advec_I.html

직진 성분은 일자로 반듯하게 나아가는 운동으로, 흔히 지향류(steering current)로 표현하기도 한다. 회전 성분은 원의 중심을 따라 시계 방향 또는 반시계 방향으로 돌아가는 운동이다. 발산 성분은 중심을 향해 모이거나 주변으로 흩어지는 운동이다. 변형 성분은 하나의 방향으로는 모이지

기상 역학

만 다른 방향으로는 흩어지는 운동이다. 변형 성분은 다시 신장 변형 성분과 비틀림 변형 성분으로 나누어진다. 신장 변형 성분을 시계 방향으로 45도 회전하면 비틀림 변형 성분과 같아진다. 두 변형 성분은 좌표계의 회전에 따라 겉모양이 달라질 뿐 사실상 같은 것이다.

어느 한 지점(x_0, y_0)에서 바람장을 테일러 급수(Taylor series)로 전개하고 고차 미분항을 무시하면, 1차 미분항은 (2.1a)와 (2.1b)와 같이 회전, 발산, 변형 성분의 합의 형태로 나타나고, 상수항은 직진 성분을 대변하게 된다[5].

$$u(x,y) = u_0 + \frac{1}{2}(-\zeta_0 y + \delta_0 x + STD_0 x + SHD_0 y) \tag{2.1a}$$

$$v(x,y) = v_0 + \frac{1}{2}(\zeta_0 x + \delta_0 y - STD_0 y + SHD_0 x) \tag{2.1b}$$

여기서 하단 첨자 0은 테일러 급수로 전개하는 기준점이고, ( )$_0$는 기준점에서 해당 변수의 값이다. ζ는 회전 성분 또는 소용돌이도, δ는 발산 성분, STD는 신장 변형 성분, SHD는 비틀림 변형 성분이다.

$$\delta = \frac{\partial u}{\partial x} + \frac{\partial v}{\partial y} \tag{2.2a}$$

$$STD = \frac{\partial u}{\partial x} - \frac{\partial v}{\partial y} \tag{2.2b}$$

---

[5] http://derecho.math.uwm.edu/classes/SynI/Kinematics.pdf

$$SHD = \frac{\partial v}{\partial x} + \frac{\partial u}{\partial y} \tag{2.2c}$$

$$\zeta = \frac{\partial v}{\partial x} - \frac{\partial u}{\partial y} \tag{2.2d}$$

대규모 운동계에서는 회전 성분이 발산 성분보다 훨씬 크다. 두 성분의 비율은 대략 8:2 정도이다. 하지만 중소 규모 운동계에서는 발산 성분이 다른 바람 성분과 유사한 규모를 갖기도 한다. 발산 성분은 6장에서 다루게 될 비지균풍과 관련되어 있다. 비지균풍은 운동 방정식 (1.2b)에서 우변의 힘끼리 서로 균형을 이루지 못해 가속하는 바람 성분이다.

2. 회전 성분

회전 바람은 방향과 세기를 갖는 소용돌이도 벡터 (vorticity vector)로 나타낼 수 있다. 벡터는 Fig.2.2와 같이 오른손 법칙을 따라 회전하는 볼트가 움직이는 방향을 향한다. 벡터의 크기는 회전 속도에 비례한다. 반시계 방향으로 회전하는 바람은 볼트가 조여지며 하늘을 향하므로, 양의 값을 갖는다. 반대로 시계 방향으로 회전하는 바람은 볼트가 풀리며 지면을 향하므로, 음의 값을 갖는다. 대규모 운동계에서는 연직 방향의

Fig.2.2 소용돌이도 벡터(vorticity vector)의 정의. 오른손의 엄지를 치켜들면 엄지가 가리키는 방향이 벡터의 방향이고, 다른 손가락이 가리키는 방향으로 회전하는 속도가 벡터의 크기가 된다.
https://en.wikipedia.org/wiki/Right-hand_rule

회전 벡터가 중요한 의미를 갖는다. 중소 규모 운동계에서는 수평 방향의 회전 벡터도 연직 방향의 회전 벡터로 전환될 수 있어 관심의 대상이 된다.

회전 바람은 소용돌이도 ζ외에도 각속도 Ω(rotation rate), 각운동량 M (angular momentum)과 같이 다양한 방식으로 나타낼 수 있다. 또한 소용돌이도의 면적 적분을 취해 회전 바람 구역 전체의 회전 정도를 C(circulation)로 나타낼 수도 있다. 반경이 r, 각속도 Ω로 회전하는 강체의 운동계(solid body rotation)에서, 각운동량은 회전 중심에서의 팔의 길이 r에 접선 방향 선속도 $v = r\Omega$를 곱해, $M = r^2\Omega$가 된다. 중심 방향 선속도는 0이므로, 2차원 실린더 좌표계에서 소용돌이도는 $\zeta = \dfrac{1}{r}\dfrac{\partial}{\partial r}rv = 2\Omega$으로, 각속도의 2배가 된다(Holton, 1972). 면적 적분한 소용돌이도는 $C = \pi r^2\zeta = 2\pi r^2\Omega$, 즉 각운동량의 2π배에 해당한다.

지구의 자전에 따른 소용돌이도는 자전축에 나란한 방향에서 2Ω가 된다. 지구 위의 φ위도 에서 수직선과 자전축은 $\pi/2 - \varphi$만큼 각도가 벌어져 있어, 소용돌이도의 수직 성분은 $f = 2\Omega\sin\varphi$가 된다. 같은 위도에서 지구 자전에 따른 각운동량은, r을 지구 반경으로 하여 $M = r^2\Omega\sin\varphi = fr^2/2$이 된다. 앞으로는 f를 지구 소용돌이도라고 부르기로 하자. 일반적으로 유체의 회전 운동에서는 구역마다 회전 정도가 달라질 수 있어서, 앞서 제시한 소용돌이도, 각속도, 면적 적분한 소용돌이도 사이의 관계는 정성적인 의미를 갖는데 그친다.

회전 바람은 Fig.2.3의 위 그림과 같이 곡률의 형태를 보이거나 아래 그림과 같이 시어의 형태를 보인다. 하층의 기압계에서는 등고선이 흔히 폐곡을 이루기 때문에 회전 바람을 쉽게 식별할 수 있다. 반면 상층 기압계에서는 강한 동서 기류, 즉 직진 성분이 두드러져, 곡률에 의한 회전 바람은 흔히 V형(또는 U형)의 기압골이나 이를 뒤집어 놓은 기압능의 모습으로 나타난다. 시어는 바람이 비틀린 모양새로 직진 바람 사이에 회전 바람이 숨어 있는 형태다. 북쪽으로 가면서 서풍이 약해지면 좌측 하단 그림에서 보듯이, 시계 반대 방향의 회전 성분이 섞여 있어 저기압성 시어를 갖는다. 남쪽으로 가면서 서풍이 강해지거나, 동쪽으로 가면서 남풍이 강해지거나, 서쪽으로 가면서 북풍이 강해져도 저기압성 시어를 갖는다. 반대로 북쪽으로 가면서 서풍이 강해지면 우측 하단 그림에서 보듯이, 시계 방향의 회전 성분이 섞여 있어 고기압성 시어를 갖는다. 남쪽으로 가면서 동풍이 강해지거나, 동쪽으로 가면서 북풍이 강해지거나, 서쪽으로 가면서 남풍이 강해져도 고기압성 시어를 갖는다. 상층 기압계에서는 주로 시어의 구조를 보고 회전 바람을 유추하지만, 평균류를 분리하여 직진 성분을 따로 떼어내면 회전 바람을 외형적으로 드러내 보일 수 있다.

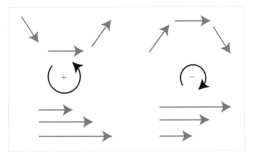

Fig.2.3 곡률(상)과 시어(하)에 따른 소용돌이도. 직선 화살표는 바람 벡터, 곡선 화살표는 회전 방향을 각각 나타낸다. http://www.meteo.mcgill.ca/wxlab/ATOC-546/notes/lesson08.vorticity_advection/

흔히 상층 제트의 북쪽에는 저기압성 시어가, 남쪽에는 고기압성 시어가 나타난다. 대기 중층의 기압골 후면에서 저기압성 시어를 가진 북서 기류가 형성되면 회전 성분이 가세하며 시간이 지남에 따라 기압골이 더욱

기상 역학

깊어지게 된다는 신호다.

연직 시어

한편 연직적으로 바람의 차이가 생기면, 소용돌이도 벡터가 수평 성분을 갖게 된다. 북쪽을 바라보며 고도가 높아질수록 서풍이 강화되면 소용돌이도 벡터의 북쪽 성분이 증가한다. 고도가 낮아질수록 동풍이 강화되어도 같은 결과를 얻는다. 반대로 북쪽을 바라보며 고도가 높아질수록 동풍이 강화되면 회전 벡터의 남쪽 성분이 증가한다. 고도가 낮아질수록 서풍이 강화되더라도 같은 결과를 얻는다. 연직 기류가 수평 방향으로 변하더라도 소용돌이도 벡터는 수평 성분을 갖는다. 동쪽으로 갈수록 하강 기류가 강화되거나, 서쪽으로 갈수록 상승 기류가 강화되면 소용돌이도 벡터의 북쪽 성분이 증가한다.

연직 시어는 수평 바람 성분의 방향성에 따라 Fig.2.4와 같이 크게 2가지로 나누어진다. 첫째, 직선형 시어(linear shear)다. 고도에 따라 풍속은 달라지지만 풍향은 같은 구조다. 좌측 그림에서 연직 평균장은 서풍이고, 수

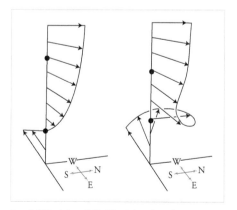

Fig.2.4 직선형 시어(좌)와 회전형 시어(우)의 모식도. Bluestein(1993).

평 소용돌이도 벡터는 북쪽을 향한다. 둘째, 회전형 시어(rotational shear)다. 고도에 따라 풍향이 달라지는 구조다. 실제 현실에서는 두 가지 유형의 시어가 혼합되어 나타난다. 회전형 시어는 직선형 시어와 달리 연직 평균장과 나란한 방향으로도 소용돌이도 벡터 성분을 갖게 된다는 점이 다르다. 우측 그림을 예로 들면, 연직 평균장은 서풍이고 상층에서 소용돌이도 벡터는 북쪽을 향한다는 점은 좌측 그림과 같지만, 하층에서는 서쪽과 북서쪽 방향의 소용돌이도 벡터도 나타난다는 점이 다르다. 연직 시어는 운동계의 역학적 불안정성과 관련이 많다. 연직 시어가 커지면 작은 운동계에서는 기계적 난류의 운동이 활발해지고, 큰 운동계에서는 온대 저기압이나 고기압이 발달하기 유리한 환경이 조성된다.

3. 발산 성분

발산 성분은 모이거나 흩어지는 바람 구조다. 대기의 흐름은 연속적이므로, 등압면에서 발산하거나 수렴하는 바람은 연직 기류를 분석하는데 중요하다. 바람이 모이면 발산 성분이 음의 값을 갖고, 바람이 흩어지면 양의 값을 갖는다. 비지균풍이 주로 발산 성분에 기여하므로, 연직 기류는 비지균풍의 발산 성분과 연동되어 있다.

발산 성분에 회전 성분이 섞이면, 나선형으로 모이거나 흩어지는 바람이 나타난다. 태풍을 연상해보면 알기 쉽다. 태풍의 하부에서는 수렴하는 기류가 저기압성 회전을 하며 중심을 향해 휘감아 들어온다. 중심 외곽의 강수대도 유사한 나선형 구조를 보인다. 아열대 북태평양 상공에는 열대 대류권 상층 기압골(tropical upper tropospheric trough)이 종종 나타난다. 태풍이 발달하는 과정에서 상층 기압골을 만나 태풍에서 상승한 기류가 기압골의 남서쪽 골을 타고 빠르게 태풍 외곽으로 벗어나면, Fig.2.5와 같이 그 공백을 메우기 위해 하층에서는 상승 기류가 더욱 활발해져 태풍이 일시적으로 발달하게 된다. 상층에서 흩어지는 기류는 위성 영상에서 태풍 외곽으로 뻗어 나가는 나선형 나뭇잎 모양의 구름대를 통해 확인할 수 있다.

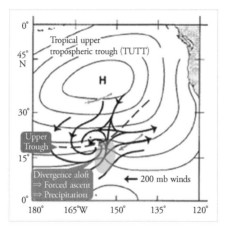

Fig.2.5 열대 대류권 상층 기압골(TUTT)과 태풍 발달. 점선은 TUTT이고 엷은 실선은 지상 기압 분포이다. 진한 화살표는 200hPa 등압면의 유선이다. 채색 구역은 TUTT의 발산 기류에 의해 유발된 기류 상승 지역과 주 강수 지역이다.
http://www.chanthaburi.buu.ac.th/~wirote/met/tropical/textbook_2nd_edition/print_9.htm

질량 보존의 원리에 따라, 기류가 모이면 공기가 쌓이게 되고 밀도가 증가한다. 반대로 기류가 흩어지면 공기가 희박해지며 밀도가 감소한다. 자오선 순환계에서 아열대 고압부는 기후적으로 하드리 세포의 하강 기류가 자리잡은 곳이다. 대부분의 사막 지역이 여기에 속한다. 반면 열대 수렴대는 하드리 세포의 상승 기류가 자리잡은 곳으로 기압골이 위치한다.

열대 수렴대의 위치는 계절에 따라 달라진다. 여름철에는 적도에서 북반구 쪽으로 편중되고 겨울에는 남반구 쪽으로 조금 이동한다. 여기에 계절풍이 가세하며 열대 수렴대의 위치는 동서로 균질하지 않다. 대륙 계절풍의 영향으로 북반구의 열원에 수렴해 가면서 시계 방향으로 회전한 남반구 기류와 북측의 북동 무역풍이 만나는 접점에서 열대 수렴대는 Fig.2.6과 같이 아열대 고압부 남단에서 몬순 기압골로 이어진다. 장마전선은 아열대 고압부를 사이에 두고 몬순 기압골의 북쪽에 자리한다.

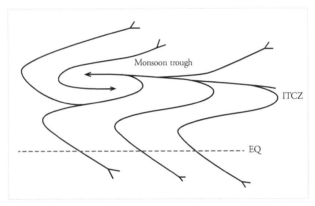

Fig.2.6 적도(EQ)를 넘는 계절풍에 작용하는 전향력과 몬순 기압골(monsoon trough). 겨울 반구에서 여름 반구를 향해 부는 기류가 적도를 넘어서는 동안 전향력의 작용으로 시계 방향으로 방향을 틀게 된다. 열대 수렴대(ITCZ)도 양 반구의 무역풍과 함께 여름 반구 쪽으로 이동한다. 여름 반구의 무역풍과 적도를 넘는 기류가 만나 열대 수렴대가 몬순 기압골로 이어진다. 실선은 유선이다.
http://snowball.millersville.edu/~adecaria/ESCI344/esci344_lesson03_general_circulation.pdf

4. 변형 성분

변형 성분은 발산 성분과 달리 한쪽 방향에서 기류가 수렴하면 다른 방향으로는 기류가 발산하는 구조다. 기류가 한 점을 향해 모이는 대신, 기류가 한 방향으로 늘어지는 형태다. 짜장면을 만들 때 밀가루 반죽이 한 방향으로 길게 늘어지는 모습을 연상해보면 알기 쉽다. 이상적인 변형장에서는 수축하는 축과 신장하는 축이 서로 직각으로 포진한다. 여기에 회전 성분이 가세하면 두 축은 다양한 각도를 보이게 된다.

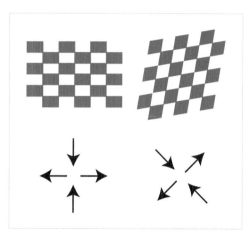

Fig.2.7 변형장의 바람과 비틀림 과정. 정사각형 바둑판 모양이 바람의 시어에 따라 변형되는 모습이다. (좌) 신장 변형장, (우) 비틀림 변형장. 화살표는 바람 벡터이다.
https://www.researchgate.net/figure/Illustration-of-the-decomposition-of-flow-into-divergence-curl-and-shear-components-a_fig2_227712435

대규모 운동계에서는 흔히 비발산풍(nondivergent wind)을 가정한다. 한 방향으로 수렴이 일어나더라도 다른 방향으로 발산하는 변형장의 형태를 취한다고 볼 수 있다. 변형 성분은 기온의 분포와 맞물려, 전선대 발달 여부를 식별하는 기초가 된다. 위성 영상을 보면, 한랭 전선이나 온난 전선 주변에서 흔히 구름이 늘어지는 곳에서 변형 성분을 분석할 수 있다. Fig.2.8의 상단 그림과 같이 등온선이 신장 축과 나란하게 배치하여, 기류가 등온선에 직각인 방향으로 수렴하게 되면 등온선의 간격이 좁아지고 전선대는 강화된다. 반면 등온선이 수축 축과 나란하게 배치하면 등온선의 간격은 벌어지고 전선대는 약화된다. 어느 방향에서든지 수렴 기류가 형성되는 곳에서는 효과적으로 전선대가 강화될 수 있다.

바람 시어도 전선대에 영향을 준다. 식 (2.2c)와 (2.2d)에서 알 수 있듯이, 서로 다른 방향의 바람 시어는 결합하는 방식에 따라 비틀린 변형장이나 회전장의 형태를 보이므로 변형장과 무관하지 않다. 등온선과 바람의 각도에 따라 예각이 되면 등온선이 밀집하고 둔각이 되면 벌어진다. Fig.2.8의 아래 그림과 같이 온난 전선 북측에서는 동풍이 불고 남측에서는 남풍이 약하게 분다. 전선을 사이에 두고 바람의 수평 시어로 인해 등온선 간격이 벌어지면서 동서 방향의 온난 전선대는 약화된다. 반면 한랭 전선 부근에서는 한기쪽의 북풍이 강화된다. 북풍에 의해 등온선(또는 등온위선)이 비틀리며 등온선 간격이 조밀해지게 된다. 즉 남서에서 북동 방향으로 한랭 전선이 강화된다.

변형 성분이건 시어건 간에 기상장을 한 방향으로 길게 늘어뜨리는 방식으로 힘을 가하므로 등온선의 조밀도가 달라진다. 실제 상황에서는 변형 성분과 발산 성분이 섞여 복잡한 방식으로 진행한다. 흔히 온난 전선 주변에서는 기류가 모이면서 전선대는 강화되지만 변형 성분이 등온선의 간격을 늘리면서 두 성분의 역할이 상쇄되는 경우가 많다. 반면 한랭 전선 주변에서는 수렴 성분과 변형 성분이 서로 가세하며 전선대는 더욱 빠르게 발달한다(MetED, 2007).

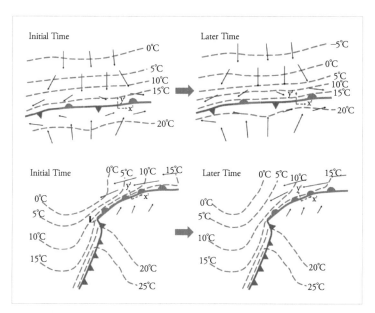

Fig.2.8 (상) 신장 변형장에 의한 정체 전선 발달과 (하) 수평 바람 시어에 따른 온난 전선 약화 과정의 시간 변화. 좌측 그림은 초기 시각(initial time)이고, 우측 그림은 시간이 경과한 이후의 모습(later time)이다. 점선은 등온위(potential temperature)선이고 화살표는 수평 방향의 바람 벡터이다. Eastin의 강의 노트에서 발췌한 것이다.

https://pages.uncc.edu/matt-eastin/wp-content/uploads/sites/149/2018/10/METR4245-15-fronts-kinematics-dynamics.pdf

이류 과정

1. 두 가지 프레임

이류 과정(advection process)은 바람을 타고 기체가 이동하는 과정이다. 이류 과정을 기술하는 방법에는 라그랑지언(Lagrangian) 방법과 오일러리언(Eulerian) 방법이 있다. 라그랑지언 방법은 추적하는 기체 또는 표식(lable)을 고정시킨 가운데 운동계를 바라보는 것이다. 초기 시각에 기체의 구성 단위마다 좌표를 읽어 $\xi(x,\ t = 0)$라는 표식(label)을 붙인 다음, 각 표식마다 시간에 따라 $\xi(x,\ t)$를 추적하게 된다. 이 방식에서는 표식 ξ와 t가 독립 변수이다. 오일러리언 방법은 고정된 좌표에서 운동계를 바라보는 것이다. 시간에 따라 그 지점에 머무르는 기체가 다르다는 점을 감안한다. 이 방식에서는 좌표 x와 t가 독립 변수이다.

좌표 $x(\xi,\ t)$를 ξ의 함수로 고쳐 쓰면, 일차원 선상에서 기체의 특성을 나타내는 변수 $\psi(x(\xi,\ t),t)$의 전미분(total derivative)을 다음과 같이 쓸 수 있다.

$$\frac{d\psi}{dt} = \left(\frac{\partial \psi(x(\xi,\ t),t)}{\partial t}\right)_\xi = \left(\frac{\partial \psi}{\partial t}\right)_x + \left(\frac{\partial x}{\partial t}\right)_\xi \left(\frac{\partial \psi}{\partial x}\right)_t \qquad (3.1)$$

여기서 편미분항은 각각 미분에 쓰이지 않는 독립 변수를 고정시킨 가운데 변화율을 계산한다. 바람을 $u = dx/dt \equiv [\partial x(\xi,\ t)/\partial t]_\xi$라고 정의하여 (3.1)에 대입하면, 라그랑지언 방법과 오일러리언 방법의 관계를 알 수 있다.

$$\frac{d\psi}{dt} = \left(\frac{\partial \psi}{\partial t}\right)_x + u\left(\frac{\partial \psi}{\partial x}\right)_t \qquad (3.2)$$

기상 역학

여기서 좌변과 우변은 각각 라그랑지언 방법과 오일러리언 방법으로 나타낸 ψ의 시간 변화율이다. 식 (3.2)의 우변에서 각 항은 특정 기체의 표식과는 상관없이 계산하는 것이 특징이다. 우변 첫 항은 고정된 좌표에서 ψ의 시간 변화율이다. 우변 둘째 항은 이류 항이다. 바람에 실려 기체가 이동하여 일어나는 ψ의 변화량을 시간이 고정된 조건에서 계산한 것이다. 변수의 수평 경도(gradient)와 바람을 알면 단위 시간 동안 기체가 이동하는 거리를 알 수 있고, 거리 차에 해당하는 변숫값의 차이를 알 수 있기 때문이다.

라그랑지언(Lagrangian) 방식은 예보 업무에서 기단을 추적하는 입장과 같다. 기단의 궤적을 파악하면, 이 기단이 어디서 왔는지 알 수 있고, 그 기단의 성질을 이해할 수 있다. 오일러리언 방식은 한 지점에서 지나가는 기류를 조사하는 것이다. 어느 곳에 오랫동안 머물다 보면 시시각각 다른 기류가 그 지점을 지나간다. 다시 말해 하나의 기단을 끝까지 따지는 대신, 여러 기단을 잠깐잠깐 살피는 식이다. 자동차를 예로 들어보자. 서울에서 자가용으로 부산을 간다고 하자. 아침에 출발해서 오전에 대전을 지나 점심 무렵 부산에 도착한다. 내가 운전하는 차량 주변의 교통 혼잡도를 출발지에서 도착지까지 시간대에 따라 추적하는 것이 라그랑지언 방식이다. 한편 서울, 대전, 대구, 부산 등 경로상의 주요 톨게이트에서 통과하는 차량의 대수를 측정하여 교통 혼잡도를 특정하는 것이 오일러리언 방식이다. 라그랑지언 방식으로 여러 대의 목표 차량을 전국 각지로 보내 추적하든지, 아니면 여러 톨게이트에서 시시각각 지나가는 차량을 감시하든지 간에 이론적으로는 결국 같은 결과를 얻게 된다. 기상 역학 방정식을 수치적으로 풀어갈 때 흔히 후자의 방식으로 이류 과정을 계산하지만, 일부 모델에서는 전자와 후자의 하이브리드 방식을 쓰기도 한다.

식 (3.2)를 3차원으로 확장하면, 다음 식을 얻는다.

$$\frac{d\psi}{dt} = \left(\frac{\partial}{\partial t} + \boldsymbol{v} \cdot \nabla \right) \psi \tag{3.3}$$

여기서 $\boldsymbol{v}$는 3차원 바람 벡터다. 마찬가지로 질량 보존의 원리도 ξ를 고정시킨 가운데 질량 $m = \int_{V(t)} \rho(\boldsymbol{x}(\boldsymbol{\xi}, t), t)dV$을 시간에 대해 미분, 즉 $(dm/dt)_\xi$하여 유도할 수 있다(Lynch, 2002; Hirasaki, 2006).

$$\frac{D\rho}{Dt} = -\rho \nabla \cdot \boldsymbol{v} \tag{3.4}$$

2. 바람의 역할

공기에 담긴 현열(또는 기온), 운동량, 수증기(또는 잠열)는 바람과 함께 이동한다. 풍속이 강할수록 이동 속도는 빨라진다. 특히 수증기는 강수의 원료로서, 수증기가 어떻게 유입되느냐에 따라 강수 시점과 양이 좌우된다. 안정한 고기압권에서 오랫동안 머무른 공기 집단은 환경 조건에 따라서 독특한 특성을 갖는 기단을 형성한다. 바다에서 온 기단은 습하고 대륙에서 온 기단은 건조하다. 열대나 아열대에서 온 기단은 따뜻하고, 극지방에서 내려온 기단은 차갑다. 적운이나 소낙성 강수가 잦은 기단이 유입해오면 불안정한 대기 조건을 형성한다.

대기의 흐름은 입체적이다. 통상 3차원 물질면을 따라 이동하며 상승하거나 하강한다. 지형은 견고한 물질면이다. 산악에 접근하는 기류는 지형을 따라 상승하거나 주변을 우회하게 된다. 한편 한란의 경계에서는 전선면을 형성한다. 전선면 위로 따뜻한 공기가 흐르면서 자연히 전선면에는 역전층이 형성된다.

공기만 이류되는 것이 아니다. 바람의 회전, 변형, 발산 성분도 각각 바람에 실려 이류된다. 먼저 회전 성분의 이류 과정을 예로 들어 보자. 동서 편서풍대에서 상층 강풍대 밑에서는 고도에 따라 서풍이 증가하는 시어 구조를 가지므로, 소용돌이 벡터는 북쪽 성분을 갖는다. 이 소용돌이도 벡터가 상승 기류를 타고 올라 지면에 수직하게 방향을 틀면 연직 방향의 회전 성분으로 전환하기도 한다. 미국 대륙의 회전형 뇌우(rotating thunderstorm)는 이런 과정을 통해 발달하기도 한다. 지상 저기압이나 상층 기압골을 추적하는 것도 곧바로 회전 바람이 이류되는 과정을 살펴보는 것이다.

태풍도 마찬가지다. 태풍 진로를 추적하는데 있어서 가장 기본적인 요소는 지향류다. 지향류를 따라 태풍의 눈 주위를 회전하는 바람계가 이류되는 것을 살피는 것이다. 적도 무역풍대에서는 태풍이 주로 서진하게 된다. 기압계로 본다면 아열대 고기압의 남단에 태풍이 위치할 때 무역풍을 따라 이동한다. 아열대 고기압의 약한 부분이 뚫리면 고기압의 가장자리를 따라 북진하다, 고기압의 북쪽 가장자리에 들어서면 이번에는 동진하게 된다. 일반적으로 태풍이 고기압 북쪽 가장자리에서 동진할 때는 서쪽에서 상층 골이 접근하거나 하층에서 고기압의 지향류가 강해지며 이동 속도가 빨라진다. 그러다가 상층 강풍대에 근접하면 이동 속도가 더욱 빨라진다. 실제 태풍 주변의 일기도에 나타난 지향류에는 5장에서 다루게 될 베타 효과, 즉 태풍이 자체적으로 생성하는 비대칭적 이동 성분 (Fig.3.1)

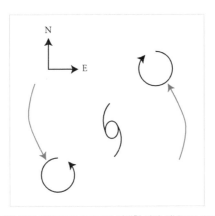

이 포함되어 있다.

다음으로 전선대를 추적하는 것은 변형장의 신장축이 이류되는 과정을 조사하는 것이다. 통상 온대 저기압의 중심에서 4시 방향에는 온난 전선, 8시 방향에는 한랭 전선이 형성된다. 전선은 저기압과 함께 지향류를 따라 이동하기도 하지만, 전선 주변의 비지균풍이 가세하면 신장축이 이동하는 속도와 방향이 달라진다. 전선이 발달하는 과정도 기본적으로 이류 과정에 기인한다. 변형장의 수축하는 축의 방향으로 나란하게 등온선이 배치하면 수축하는 기류에 현열이 이류하면서 등온선이 점차 밀집하게 된다. 찬 공기와 따뜻한 공기가 더욱 첨예하게 대치하고, 전선대는 발달한다. 반대로 발산하는 축의 방향으로 등온선이 배치하면 이번에는 등온선이 점차 소해지며 전선대는 약화된다.

발산 또는 수렴하는 바람 성분은 비지균풍과 관련되어 있고 연직 순환

기상 역학

과 연동되어 있어 이류 과정을 통해 직접 추적하기는 쉽지 않다. 특히 대규모 운동계에서 수렴하거나 발산하는 바람 성분은 크기가 작아 지향류에서 분별해내기가 쉽지 않다. 대개 구름 패턴에 동반한 날씨 시스템을 추적하여, 수렴 기류나 신장축의 이류 과정을 확인할 수 있다. 또한 수렴하는 바람 성분과 밀접한 역학적 특징, 예를 들면 온대 저기압이나 태풍의 개념 모델에서 소용돌이도와의 관계를 참작하여, 간접적으로 추적하기도 한다.

3. 시스템의 관점

강수나 구름을 동반한 운동계는 조직화된 시스템을 구성한다. 대개 이러한 시스템은 한동안 자율적으로 구조를 유지하며 이동하게 된다. 온대 저기압, 태풍, 전선대, 폭풍우나 뇌우는 대표적인 날씨 시스템이다. 시스템의 구조를 분석하기 위해서는 시스템의 이동과 시스템 내부의 운동을 분리하여 살펴보는 것이 효과적이다. 시스템 내부의 운동은 시스템과 함께 이동하는 상대 좌표계에서 바라본 것이다.

$$\boldsymbol{v}' = \boldsymbol{v} - \boldsymbol{c} \tag{3.5}$$

여기서 $\boldsymbol{v}'$과 $\boldsymbol{v}$는 각각 상대 좌표계와 고정 좌표계에서의 바람 벡터이다. $\boldsymbol{c}$는 시스템의 이동 벡터이다. Fig.3.2는 이상적인 호도그래프(hodograph)에서 바람 벡터의 연직 분포(profile)를 보인 것이다. 여기서는 폭풍우를 $\boldsymbol{c}$의 속도로 이동하는 시스템으로 볼 수 있다. 폭풍우가 2시 방향으로

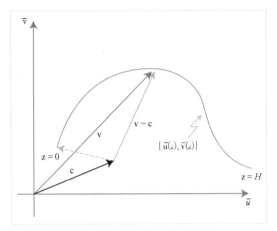

Fig.3.2 호도그래프(hodograph)와 상대 좌표계에서 바라본 바람 벡터. 곡선은 지상($z = 0$)에서 운정 고도($z = H$)까지 주변 환경의 바람 벡터 $\boldsymbol{v}(z) = (\bar{u}(z), \bar{v}(z))$의 호도그래프다. c는 폭풍우의 이동 속도 벡터이다. 폭풍우와 함께 이동하는 상대 좌표계에서 바람 벡터는 $\boldsymbol{v} - \boldsymbol{c}$가 된다.

나아가는 동안 지상의 남남서풍은 상대 좌표계에서 동풍 (점선)으로 다가온다. 고도 z에서 폭풍우가 마주치는 바람은 $\boldsymbol{v} - \boldsymbol{c}$가 된다.

　　시스템의 이동을 논할 때는 지향류와 시스템을 먼저 구분하여 정의해야 한다. 시스템은 추적하고자 하는 목표물이고 지향류는 시스템의 이동에 관여하는 바람이다. 지향류와 시스템은 상대적인 개념이다. 시스템의 규모에 따라서 주변 환경도 달라지고 지향류도 달라진다. 예를 들면 폭풍우에서는 통상 1~6km 고도의 평균 바람장이 지향류가 된다. 전체 바람장에서 지향류를 제하고 나면 폭풍우에 유입하거나 유출하는 바람의 구조를 분석할 수 있다. 온대 저기압에서는 행성 규모의 제트 기류가 지향류가된다. 편서풍에서 5일 평균장을 제거하고 나면 종관 규모의 단파동이 남게 되고, 이것이 온대 저기압이나 이동성 고기압을 대표하는 시스템이 된다. 중층 바람장에서 태풍 중심축에 대칭인 회전 바람을 제거하면 태풍을 이끌어 가는 지향류를 추출해낼 수 있다. 지향류를 따라 시스템을 추적할 때, 시스템의 속성 중에서도 이류 과정에서 보존되는 것을 찾아 추적물로 사용한다. 대규모 운동계에서는 회전 바람으로 시스템을 구분해내고, 상층의 강풍대 흐름을 지향류로 간주하더라도 상당한 효과를 거둘 수 있다.

제4장

힘의 균형

1. 유체의 연속성

질량 보존의 원리 (3.4)는 유체의 연속성을 전제하는 것으로, 연속 방정식이라고도 부른다. 카테시언 직교 좌표계에서 연속 방정식을 다시 쓰면,

$$\frac{d\rho}{dt} = -\rho \left(\frac{\partial u}{\partial x} + \frac{\partial v}{\partial y} + \frac{\partial \mathrm{w}}{\partial z} \right) \tag{4.1}$$

여기서

$$\frac{d\rho}{dt} = \left(\frac{\partial}{\partial t} + u\frac{\partial}{\partial x} + v\frac{\partial}{\partial y} + \mathrm{w}\frac{\partial}{\partial z} \right)\rho \tag{4.2}$$

기체는 밀도가 자유자재로 변하는 탄성(elastic)을 갖는다. 기체가 수렴하면 밀도가 증가하고, 발산하면 밀도가 감소한다. 음파는 기체의 탄성력으로 전파한다. 동서 방향의 1차원 직선 위에 고압부와 저압부가 교대로 줄 이은 파동계를 생각하자. 또한 고압부에는 서풍이 불고 저압부에는 동풍이 분다고 하자. 시간이 조금 지나면 기압 경도력이 작용하여 고압부 전면의 무풍 지역에는 서풍이 증가한다. 이곳은 또한 기류가 모이면서 밀도가 높아지고 기압이 상승하는 곳이기도 하다. 따라서 서풍을 동반한 고압부는 계속 동쪽으로 전파해 간다. 같은 방식으로 동풍을 동반한 저압부도 계속 동진해 간다. 음파는 소리로 환원되므로 소통의 주요 수단이기는 하지만 날씨에는 별 영향을 미치지 않기 때문에 기상 역학에서는 별로 다루어지지 않는다. 굳이 관련성을 찾는다면 발달한 적란운에서 번개가 칠 때

들려오는 천둥소리다. 다만 운동 방정식을 수치적으로 계산할 때는, 음파의 진동수가 크고 전파 속도가 중력파 이상으로 빠르기 때문에 이를 미리 여과해야 유의미한 기상 파동을 경제적으로 계산할 수 있다.

부시네스크 근사

음파가 널리 퍼져나가면 기체의 밀도는 평형 상태에 도달한다. 수평 방향으로 기류가 모이면 연직 방향으로 신장하고, 수평 방향으로 기류가 흩어지면 연직 방향으로 수축한다고 보는 것은, 엄밀한 의미에서 밀도의 시간 변화 또는 기체의 탄성력을 무시한 것으로, 밀도 평형을 가정한 것이라 볼 수도 있겠다. 중규모 운동계에서 흔히 사용하는 부시네스크 근사(Boussinesq approximation)가 대표적이다.

$$\left(\frac{\partial u}{\partial x} + \frac{\partial v}{\partial y} + \frac{\partial w}{\partial z} \right) \sim 0 \tag{4.3}$$

이 근사에서는 바람이 수렴하거나 발산하지 않아 기체의 밀도가 변하지 않는다고 가정한다, 즉 $d\rho/dt \sim 0$. 다만 연직 방향의 운동 방정식에서 부력을 유발하는 밀도의 변화는 용인하므로, 적란운 발달 과정을 다루는 데는 별 무리가 없다. 대기는 고도가 높아질수록 밀도가 희박해지기 때문에, 연직으로 깊은 운동계에서 부시네스크 근사는 상당한 오차가 따른다.

비탄성 근사

비탄성 근사(inelastic approximation)에서는 부시네스크 근사를 조금 완화하여 연직 방향으로 기체의 탄성은 용인하는 대신, 밀도의 공간적 분포는 정상 상태(steady state)를 유지한다고 본다. 다시 말해 밀도의 변화가 일어나더라도 순간적으로 밀도의 차이가 해소되어 다시 본래의 밀도 분포로 되돌아온다는 것이다. 또한 수평 방향의 밀도 차는 무시하고, 연직 방향의 밀도 차에 따른 이류 효과만을 고려한다. 기체가 상하 운동을 통해서 밀도가 높거나 낮은 곳으로 이동할 때, 순간적으로 주변의 밀도와 같아지는데 필요한 만큼의 수렴 또는 발산 기류가 지원된다고 본다.

$$\mathrm{w}\frac{\partial \ln\rho_0}{\partial z} + \left(\frac{\partial u}{\partial x} + \frac{\partial v}{\partial y} + \frac{\partial \mathrm{w}}{\partial z}\right) \sim 0 \tag{4.4}$$

여기서 ρ_0는 기준 기압으로 고도만의 함수이다. 일반적으로 밀도는 하층에서 높고 상층에서 낮기 때문에 상승하는 기체는 하층에서 수평으로 모이는 기류의 수렴 성분보다 상층에서 더욱 강하게 발산해야만 밀도의 평형을 유지할 수 있게 된다.

2. 균형 운동계

지구와 함께 각속도 벡터 $\boldsymbol{\Omega}$로 회전하는 좌표계에서 (3.3)을 이용하여 운동 방정식 (1.2b)를 다시 쓰면,

$$\frac{d\boldsymbol{v}}{dt} = \left(\frac{\partial}{\partial t} + \boldsymbol{v} \cdot \nabla\right)\boldsymbol{v} = -2\boldsymbol{\Omega} \times \boldsymbol{v} - \frac{1}{\rho}\nabla p + \boldsymbol{g} + \boldsymbol{F}_r \tag{4.5}$$

여기서 좌변 둘째 항은 이류 과정으로, 3장에서 이미 자세하게 살펴본

바 있다. 지구 위의 구면 좌표계에서 (4.5)의 우변 첫 항과 좌변 둘째 항은 복잡한 구면 기하항(metric term)을 동반하며, 통상 규모 분석(scale analysis)을 통해서 근사한 수식을 이용한다. 열역학 방정식 (1.4)의 좌변, 연속 방정식 (4.1)의 좌변도 마찬가지로 구면 기하항을 동반한다. 식 (4.5)에서 우변의 항들은 외관상 선형의 형태를 가지나, 좌변은 복잡한 비선형 형태를 갖는다. 대기 운동계를 이해하려면 운동 방정식 (4.5), 연속 방정식 (4.1), 열역학 방정식 (1.4), 상태 방정식 (1.1)을 함께 풀어야 한다. 하지만 이류 과정이 갖는 비선형성 때문에 해석적 해를 구하기 어렵고, 수치 해석(numerical analysis)을 통해 해를 구하는 것이 현실적이다. 다만 제한된 조건하에서는 선형계에 대한 해석적 근사 해를 구할 수 있고, 이론은 주로 선형계 또는 선형계에 근접한 약한 비선형계(weakly nonlinear system)를 다룬다. 식 (4.5)에서 좌변의 시간 변화 항을 무시하면 우변의 힘 사이에 균형을 이루는 운동을 설명할 수 있다. 또한 (4.5)에서 $dv/dt = 0$으로 놓는 대신, $\partial v/\partial t = 0$으로 놓게 되면, 정상 흐름(steady state)에 대한 운동계를 설명할 수 있다. 반면 급격히 발달하는 온대 저기압이나 전선대처럼 변동하는 운동계를 설명하기 위해서는, 균형 운동에서 무시한 시간 변화 항을 고려해 주어야 한다.

지균풍

수평 방향으로 작용하는 기압 경도력과 전향력이 서로 균형을 이룰 때 부는 바람이 지균풍이다. 식 (4.5)에서 마찰력을 무시하고 수평으로 작용하는 힘의 균형 조건을 적용하면,

$$-\boldsymbol{k} \times f\boldsymbol{v}_g - \frac{1}{\rho}\nabla p \sim 0 \tag{4.6}$$

여기서 v_g는 지균풍, k는 연직 방향 단위 벡터, ρ는 공기 밀도, f는 코올리올리 매개 변수, p는 기압이다. 북반구에서는 고기압을 우측에 끼고서 등압선에 나란하게 분다. 저기압 주변에서는 시계 반대 방향으로 바람이 불고, 고기압 주변에서는 시계 방향으로 분다. 지균풍 균형이 일시적으로 깨진 상태에서 바람의 변화를 살펴보면 지균풍 근사의 의미를 보다 현실적으로 이해할 수 있다. 저기압 주변에서 기압 경도력이 작용하여 바람이 분다고 치자. 저기압 중심을 향해 이동하는 동안 공기는 서서히 전향력의 작용으로 우측으로 휘게 된다. 점차 등압선에 나란하게 바람이 불게 되고 지균 관계를 회복한다. 반대로 고기압 중심에서 주변으로 기압 경도력이 작용하면 공기는 다시 우측으로 휘게 된다. 점차 등압선에 나란하게 시계 방향의 바람이 불게 된다.

전향력은 지구 자전에서 비롯한 것으로, 지균풍 균형에 도달하기까지 $O(1일)$의 시간 동안 $O(10^3 km)$를 이동하게 된다. 다시 말해 운동계의 시공간 규모가 작으면 지균풍 균형이 성립하기 어렵다는 얘기다. 또한 적도 부근에서는 전향력이 작아 지균풍을 정의하기 어렵고 대신 다른 힘이 기압 경도력과 균형을 이루게 된다. 지균풍이라는 정적 균형만으로도 대규모 운동계의 8할 정도는 이해할 수 있다. 남은 2할은 지균풍 균형이 깨진 동적 상태에 있다는 점에 유념할 필요가 있다. 원심력이나 마찰력, 그 외 물리적인 힘의 작용을 고려해야 한다. 비지균풍은 대기의 연직 운동을 파악하는 데 중요한 성분이다. 기상 상태를 파악하려면 지균풍을 분석해야 하겠지만, 기상 상태의 변화를 예측하려면 추가적으로 비지균풍을 분석해 보아야 한다.

마찰력

지면 부근에서는 마찰력이 상당하다. 자유 대기에서는 난류가 바람의 흐름을 저지하는 마찰력으로 작용한다.

식 (4.5)에서

$$-\boldsymbol{k} \times f\boldsymbol{v}_g - \frac{1}{\rho} \nabla p + \boldsymbol{F}_r \sim 0 \qquad\qquad (4.7)$$

여기서 마찰력 $\boldsymbol{F}_r$은 바람을 거스르는 방향으로 작용한다. 지균풍에 마찰력이 작용하면, 풍속이 약화되어 전향력이 기압 경도력을 충분하게 상쇄하기 어렵게 된다. 따라서 기압이 낮은 방향으로 바람이 일부 흐르게 된다. 지상 저기압 주변에서는 바람이 모이게 되고, 고기압 주변에서는 바람이 흩어지게 된다. 산맥에 부딪히는 바람도 마찰력의 영향을 받는다. Fig.4.1과 같이 서쪽에서 동쪽으로 부는 지균풍을 상정하면 남쪽에는 고기압, 북쪽에는 저기압이 각각 자리잡는다. 지균풍이 산맥에 접근하면 마찰력이 작용하여 점차 속도가 느려지고 전향력이 줄게 됨에 따라 기류는 점차 기압 경도력을 따라 북쪽으로 흐르게 된다. 또한 유속이 느려지며 공기가 산맥 부근에 쌓이면서 국지적으로 기압이 높아지고 기압과 바람과 마찰력이 자연스럽게 서로 균형을 맞추어 가게 된다. 이 과정은 산 아래 깔리는 한기 축적 현상(cold air damming)의 주요한 발단이 된다.

마찰력은 지면 또는 해면에서 최대가 되고, 경계층(PBL) 상부로 올라가면서 점차 줄어들어 자유 대기에 이르면 더욱 작아진다. 마찰력과 균형을 이루는 바람도 지면 부근에서는 저압부를 향하고 풍속도 작은 반면, 자유

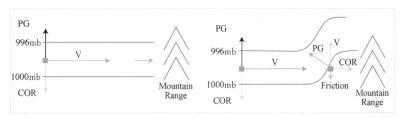

Fig.4.1 마찰력과 산맥에 접근하는 기류의 변화. (좌) 남북으로 길게 늘어선 산맥을 향해서 서쪽에서 지균 풍 V가 접근하면 마찰력(Friction)으로 인해 속도가 점차 느려진다(화살표). 실선은 등압선으로 동서 방향과 나란하게 배치되어 있다. (우) 기류가 감속함에 따라 비정역학 고기압이 산 아래 쌓이고 전 향력(Cor)이 줄어드는 만큼 고압부에서 저압부를 향해 기압 경도력(PG)에 나란하게 부는 비지균풍 성분(남풍)이 증가한다. 바다 쪽에 머물던 서늘한 해양성 기단이 내륙으로 침투함에 따라 산맥 아래 찬 공기가 쌓이고 산맥이 끝나는 지점에서 남풍의 풍속은 최대가 된다.
http://www.inscc.utah.edu/~hoch/KMA/2016b_KMA_DynamicallyDriven_Hoch.pptx.pdf

대기에 이르면 풍향이 점차 등압선에 나란해지고 풍속도 지균풍에 근접하게 된다. Fig.4.2의 좌측 그림에서 기압 경도력은 서쪽에서 동쪽으로 작용하고, 지균풍의 풍향은 북풍이 된다. 지면 부근에서는 서풍 성분이 주류를 이루고 고도가 높아지면서 풍향은 점차 북풍으로 순전하여 호도그래프는 나선형의 모습을 보인다.

한편 해면에서도 마찰력이 작용하여 바람은 해류를 끌게 된다. 해수면 부근 수온 약층(thermocline)에서는 바람이 미는 힘과 해수의 전향력이 균형을 이루는 표층 해류(drift current)가 흐르게 된다. 북반구에서 수온 약층의 평균 해류는 우측 그림과 같이 해상풍의 진행 방향에서 45~90° 우측 방향으로 흐른다. 표층 해류에 의해 유도된 전향력은 해상풍이 끄는 힘과 반대 방향으로 작용함으로써 힘의 균형을 이루게 된다. 표층 해류는 마찰력으로 인해 일어난다는 점에서 지표 부근의 지균풍과 유사하다. 북반구 여름철 대륙의 서안에 큰 고기압이 자리잡으면 북풍에 의해 해안을 벗어나는 방향으로 해류가 흐르고, 반대급부로 해저에서는 차가운 해수가 용승하며

기상 역학

대기가 습한 가운데 안정해져 안개가 지속하는 날씨가 한동안 지속한다. 열대 중태평양에서는 무역풍이 동쪽에서 서쪽으로 불게 되어, 표층 해류는 적도를 기준으로 양 반구에서 각각 적도를 벗어나는 방향으로 흐른다. 북반구와 남반구의 전향력이 서로 반대이기 때문이다. 이로 인해 차가운 바닷물이 해면으로 용승하여 냉수대를 형성한다.

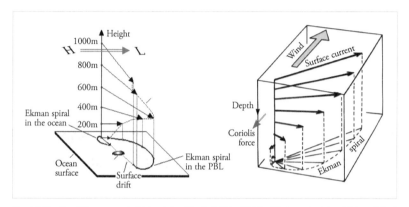

Fig.4.2 에크만 나선(Ekman spiral) 모식도. (좌) 자유 대기에서 기압 경도력(이중 화살표)이 고압부(H)에서 저압부(L)을 향해 작용하면 반대 방향으로 전향력(Coriolis force)이 작용하여 지균풍은 균형을 이룬다. 대기 경계층(PBL)에서는 해면 마찰력이 개입하여 저압부 방향으로 흐르는 바람 성분이 일어난다. 해면에서는 마찰력이 최대가 되어 풍향은 저압부를 향한다. 고도가 높아지면 마찰력의 영향에서 점차 벗어나며 풍향은 순전하여 경계층 상부에서는 온전히 지균풍에 근접한다. 화살표는 바람 벡터이고, 점선은 연직 바람 분포를 나타낸다(Sorbjan. 2003). (우) 표층 해류(surface drift)는 해상 풍과 45° 비틀린 방향으로 흐른다. 수온 약층(thermocline)에서는 바람의 힘(wind stress)과 전향력(이중 화살표)이 균형을 이룬다. 수심이 깊어지면서 해류는 순전하고, 점차 바람의 영향에서 벗어나 해류 속도도 줄어든다. 자료 출처: 다트무스 대학 강의노트. https://www.researchgate.net/figure/The-Ekmanspirals-in-the-atmosphere-and-in-the-ocean_fig20_228751584

라니냐 해에는 이러한 무역풍이 강화되어 동태평양의 해수 온도가 더욱 낮아지는 반면, 엘니뇨 해에는 무역풍이 약화되며 동태평양의 해수 온도가 상승하게 된다.

경도풍

원형에 가까운 흐름에서는 곡률로 인해 회전 중심에서 바깥을 향해 원심력이 작용한다. 북반구에서 저기압 부근에서는 원심력과 전향력이 바깥을 향하고 기압 경도력이 두 힘과 균형을 이루게 된다. 회전 운동계에서 3가지 힘이 균형을 이룰 때 부는 바람이 경도풍(gradient wind)이다. 회전계의 중심에서 바깥을 향하는 방향(radial)의 힘의 균형은 다음과 같다.

$$fv_g \sim fv + \frac{v^2}{R} \qquad\qquad (4.8)$$

여기서 v와 v_g는 각각 회전계에서 접선 방향의 경도풍과 지균풍이다. 마찰력은 설명의 편의상 무시하였다. R은 곡률 반경으로, 바람이 시계 반대 방향으로 회전할 때 (+)값을 갖는 것으로 정의한다. 좌변은 (4.6)의 지균풍으로 나타낸 기압 경도력이다. 기압 경도력은 우변 첫 항의 전향력, 둘째 항의 원심력과 균형을 이룬다.

저기압 부근에서는 바람이 시계 반대 방향으로 회전하며 $R > 0$이 된다. 식 (4.8)에서 원심력이 전향력을 일부 지원하는 만큼, 지균풍보다 작은 풍속($v < v_g$)으로도 힘의 균형을 유지할 수 있다(subgeostrophic). 반면 고기압 부근에서는 바람이 시계 방향으로 회전하며 $R < 0$이 된다. 원심력과 기압 경도력이 바깥을 향하고 전향력이 두 힘과 균형을 이루게 된다. 전향력은 원심력의 크기만큼 커지게 되고, 경도풍의 풍속도 지균풍의 풍속보다 커진다(supergeostrophic). 즉 $v > v_g$이 된다. 자유 대기에서, 예를 들면 500hPa 등압면에서 강풍대는 기압골을 지나며 약해지다가 다시 기압능을 만나면 강해진다. 기압골과 기압능 사이에서는 풍속이 증가함에 따라 기류가 흩

기상 역학

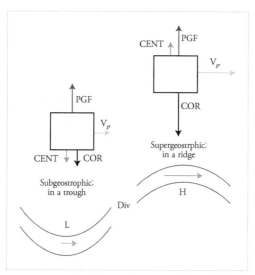

Fig.4.3 경도풍(v_{gr})과 발산 기류. 북반구 상층 기압골 주변에서는 기압 경도력(PGF)이 전향력(COR), 원심력 (CENT)과 맞서 힘의 평형을 유지한다. 풍속이 줄어들어도 전향력에는 원심력이 지원되어 평형을 이루게 되므로 경도풍의 세기는 지균풍보다 약하다(subgeostrophic). 반면 상층 기압능 주변에서는 전향력이 기압 경도력, 원심력과 맞서 힘의 평형을 유지한다. 풍속이 충분해야 전향력은 원심력 이 반대 방향으로 작용하더라도 평형을 이룰 수 있게 되므로 경도풍의 세기는 지균풍보다 강하다 (supergeostrophic). 상층 골에서 능으로 가는 길목에는 풍속이 강해지므로 발산 기류(Div)가 형성되고 하층에서 수렴 기류가 유발되어 지상 저기압이 발달하기 유리한 조건이 된다.
https://www.e-education.psu.edu/meteo300/node/736

어지며 하층에서 상승 기류가 유도된다. 반대로 기압능과 기압골 사이에 서는 풍속이 감소함에 따라 기류가 모이면서 하층에서는 하강 기류가 유 도된다. 이는 나중에 다룰 준지균 이론과도 일치하는 결론이다.

한편 운동계의 반경이 작거나 운동계가 적도 부근에 머물면 전향력의 영향이 줄어든다. 이때는 기압 경도력과 원심력이 균형을 이루는 회전 운 동, 즉 선형풍(cyclostrophic balance)이 가능하다. 적도 부근이 아니더라도 회 전 운동계의 공간 규모가 작고 대신 회전하는 풍속이 매우 강하다면 선형풍에 이를 수 있다. 태풍의 중심부에 도넛 모양의 발달한 적란운 주변으로 매우 강한 반시계 방향의 회전 바람이 대표적인 사례다[6]. 원심력은 회전 운동의 방향과는 상관없이 바깥쪽을 향하기 때문에, 선형풍에서는 시계 방향이건 반시계 방향이건 회전 중심부의 기압이 주변보다 낮아야 한다. 저기압 주변에서 시계 방향으로 회전하는 선형풍은 지균 평형에 배치되기 때문에 대규모 운동계에서는 찾아보기 어렵다. 하지만 토네이도를 동반한 거대 세포 폭풍우(super cell storm)에서는 시계 방향의 회전 운동이 종종 나타난다.

원심력은 (4.4)의 좌변 둘째 항인 운동량의 이류 과정(advection process)에서 비롯한 것이다. Fig.4.3에서 저기압 주변을 이동하는 기체는 기압 경도력이 전향력보다 강해 저압부를 향한 힘이 작용한다. 하지만 원의 궤도를 따라 흐르는 바람이 운동량을 이류하여 원의 바깥으로 벗어나려는 힘을 제공하므로, 기체는 곡선의 궤도를 이탈하지 않게 된다. 다시 말해 운동량의 이류 과정을 통해 원심력이 지원되는 셈이다. 경도풍이나 선형풍은 라그랑지언(Lagrangian) 관점에서 힘의 균형 조건, $d/dt = 0$을 충족하지 않으므로 지균풍[7]과 대비된다. 대신 경도풍이나 선형풍은 오일러리언(Eulerian) 관점에서 힘의 균형을 전제한다. 즉, $\partial/\partial t = 0$. 바람장의 공간 분포가 시간에 따라 변하지 않는 정상 흐름(steady state)을 가정한다.

[6] 태풍의 눈 부근에서 바깥으로 벗어나면 강풍 지역은 일반적으로 경도풍에 근접한다. 중심 부근의 적운 벽 부근에서 지상 바람은 경도풍의 90%에 육박하지만, 그 외부로 나가면 마찰력으로 인해 비율은 이보다 떨어진다. 한편 태풍의 외곽 지역은 곡률이 떨어지며 점차 지균풍 관계를 회복한다.(MetED, 2011)

[7] 물론 지균풍 균형 조건도 정상 상태라고 볼 수 있다.

정역학 균형과 부력

이제 연직 방향에서 힘의 균형을 생각해 보자. 중력은 기본적인 힘 중 하나다. 대기도 무게를 갖기 때문에 중력이 작용한다. 머리 위의 공기 무게의 총합이 바로 대기압이다. 한편 공기 밀도 또는 기압은 위로 갈수록 작아지기 때문에 기압 경도력은 위를 향한다. 중력과 기압 경도력이 서로 반대 방향으로 작용하면서도 힘의 세기가 같아지면, 대기는 상하로 움직임이 없다. 이러한 상태는 안정한 상태고 정역학 균형(hydrostatic balance)이라고 정의한다. 식 (4.5)에서 마찰력을 무시하고 연직으로 작용하는 힘의 균형 조건을 적용하면,

$$dp = -\rho g dz = -\frac{p}{RT} g dz \qquad (4.9)$$

여기서 연직 방향의 전향력은 크기가 작아 무시하였다. 또한 상태 방정식 (1.1)을 이용하여, 기층의 밀도를 기압과 기온으로 나타내었다. 정역학 균형 상태에서는 등압면 기층의 두께에 따라 밀도가 결정된다. 두 등압면 사이의 기층의 두께가 커지면 밀도가 작아지고 두께가 작아지면 밀도가 커진다. 식 (4.9)에서 $T \propto \Delta z/\Delta \ln p$가 되므로, 기층의 두께가 커지면 기온이 높아지고 두께가 작아지면 기온이 낮아진다. 단위 질량당 중력은 어디서나 동일하므로, 밀도가 작거나 기온이 높을 때는 고도에 따라 기압은 완만하게 줄어들어야 연직 기압 경도력이 중력과 평형을 유지할 수 있다. 반대로 밀도가 크거나 기온이 낮을 때는 고도에 따라 기압은 가파르게 줄어들어야 연직 기압 경도력이 중력과 평형을 유지할 수 있다.

한편 구름이 빠르게 발달하는 곳에서는 상승 기류가 가속한다. 잠열로

공기의 밀도가 낮아지면서, 위로 향한 기압 경도력이 중력보다 우세하게 되어 정역학 균형이 깨진 것이다. 기압 경도력이 중력을 거슬러서 위로 향한 잉여의 힘을 흔히 부력(buoyancy)이라고 정의한다. 부력은 적란운 대류계에서 중요한 힘의 원천이다. 다만 준지균 운동계에서는 시공간 규모가 충분히 커서 부력이 발생하더라도 금방 정역학 평형을 회복하게 되므로 부력을 별도로 고려하지 않아도 무리가 없다.

3. 온도풍

정역학 균형과 지균풍 균형 원리를 결합하면, 바람의 연직 시어 또는 온도풍(thermal wind)을 이해할 수 있다. 식 (4.6)을 z에 대해 편미분하고, (4.9)를 대입하면,

$$\frac{\partial \boldsymbol{v}_g}{\partial z} \sim -\boldsymbol{k} \times \frac{g}{\rho_0 f} \nabla \rho \qquad (4.10)$$

여기서 ρ_0는 평균을 취한 밀도다. 바람의 연직 시어는 등밀도선에 나란한 방향을 향한다. 연직 시어를 사이에 두고 양측의 밀도 차가 클수록 연직 시어도 커진다. 북반구에서는 연직 시어 방향을 바라보았을 때, 우측의 밀도가 좌측보다 낮다. 등압면 기층 내부의 기온은 밀도에 반비례하므로, 두 등압면 사이의 연직 시어 방향을 기준으로 우측에는 난기, 좌측에는 한기가 각각 배치한다. Fig.4.4에서 정역학 균형에 따라 좌측의 따뜻한 기층은 두텁고, 우측의 차가운 기층은 얇다. 기층 상부에서는 난역의 고도가

한역의 고도보다 높아진다. 기층 하부가 평평하여 기압 경도력이 0인 경우에도, 기층 상부에서는 난역에서 한역을 향해 기압 경도력이 형성된다. 자연히 기층의 상부에는 등온선에 나란한 방향으로 지균풍이 불게 된다. 이를 일반화하면 바람의 연직 시어는 등온선에 나란하게 불고, 시어의 크기는 한란의 차이에 비례한다. 그래서 찬 공기와 따뜻한 공기가 대치한 전선면의 상층에 제트(jet)가 조성된다. 중위도 지역에서 극 제트(polar front jet)는 하층 전선대와 온도풍 균형을 이루고 있으므로, 중위도 종관 파동계의 경로와 구조를 이해하는데 도움이 된다. 한편 아열대 제트는 중위도 제트와 달리 하층 전선대와 대응하지 않는다. 참고로 아열대 제트는 열대 수렴대에서 상승한 기류가 극지방을 향해 이동하며 전향력에 의해 상당 부분 유지되는 구조다. 아열대 제트의 북측에는 지면 부근에 아열대 고압부가 자리잡는다.

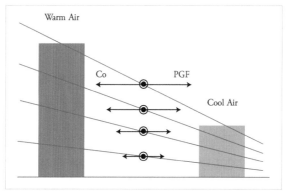

Fig.4.4 온도풍 균형 관계. 사선은 등압면의 고도이고, 상자는 등압면 기층의 두께다. 좌측에 난기(warm), 우측에 한기(cool)가 배치하여, 기층의 두께는 정역학 관계에 따라 서쪽으로 가면서 커진다. 기층의 두께는 누적되어 상층으로 갈수록 기압 경도력(PGF)이 증가하고, 이와 균형을 이루는 전향력(Co)도 같은 크기(화살표)로 증가한다. 점이 박힌 동그라미는 북반구에서 지면 밖으로 나오는 지균풍을 가리킨다.
https://www.weather.gov/media/zhu/ZHU_Training_Page/winds/pressure_winds/pressure_winds.pdf

마구르스(Margulus)가 제시한 전선의 기울기도 온도풍 균형 조건과 관련이 있다. 난기와 한기가 대치한 경계면을 사이에 두고, 양측에는 각각 밀도와 바람이 균질한 대기의 연직 단면을 생각하자. Fig.4.5에서 전선면을 가로질러 난기에서 한기의 방향을 y축(그림의 우측 방향), 난기를 우측에 두고 전선면에 나란한 방향을 x축(그림에서 지면 밖으로 나오는 방향)으로 놓고, (4.10)을 다시 쓰면 다음과 같다.

$$\frac{\partial u_g}{\partial z} \sim \frac{g}{\rho_0 f}\frac{\partial \rho}{\partial y} \tag{4.11}$$

다시 정돈하면,

$$tan\gamma = \frac{\Delta z}{\Delta y} \propto \frac{\Delta u_g}{\Delta \rho} \sim \frac{u_g^W - u_g^C}{\rho^C - \rho^W} \tag{4.12}$$

여기서 γ는 전선면의 기울기, ρ_0는 평균 밀도, 상단 첨자 W와 C는 각각 대치하는 기단의 난기와 한기를 뜻한다. 전선면을 가로질러 바람의 수평 시어는 전선면의 기울기에 따라 연직 시어와는 반대 방향으로 작동한다.[8] 한란의 차이가 작아지면 연직 시어가 작아지고 대신 수평 시어는 커지므로 전선면의 기울기는 커지게 된다. 마찬가지로 한란의 차이가 커지면 연직 시어가 커지고 수평 시어는 작아지게 되어 전선면의 기울기는 작아진다.

---

[8] 전선면이 가팔라지면 연직 시어는 작아지는 대신 수평 시어는 커지게 된다. 전선면을 가로질러 기온의 차이가 일정한 가운데, 연직 시어가 커진다면 전선면도 가팔라져야 연직 시어를 줄이면서 온도풍 균형을 유지할 수 있다. 반대로 연직 시어가 작아지면 전선면도 완만해져야 연직 시어를 늘리면서 온도풍 균형을 유지할 수 있다.

기상 역학

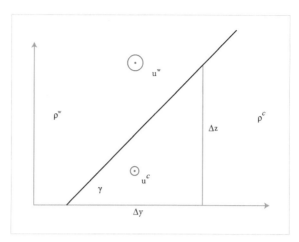

Fig.4.5 전선 모델. ρ는 밀도, 상단 첨자 W와 C는 각각 난기와 한기다. u는 지면 밖으로 나오는 서풍 바람 성분(작은 동그라미)이다. $\tan\gamma = \Delta z/\Delta y$이고, γ는 전선면의 기울기다.

전선면을 가로질러 밀도 또는 기온의 차이가 커지면, 온도풍 균형을 유지하기 위해서 전선대에 나란한 바람 성분의 연직 시어가 커져야만 한다. 하지만 연직 시어가 일정하다면, (4.12)에서 전선면이 완만해져야 연직 시어가 커지면서 전선대를 가로지른 밀도 또는 기온 경도와 온도풍 관계를 만족하게 된다. 반대로 전선면을 가로질러 밀도 또는 기온의 차이가 작아지게 되면, 연직 시어가 일정한 가운데 전선면이 가팔라져야 연직 시어가 작아지면서 온도풍 관계를 유지할 수 있다(Illari, 2010).

전선을 사이에 두고 난기 쪽으로 전선면이 기울어져 있다면, (4.12) 또는 온도풍 관계에 따라서 전선면에 나란하게 연직 시어가 존재해야 한다. Fig.4.6과 같이 연직 시어 벡터 $\boldsymbol{v}_g^{\ W} - \boldsymbol{v}_g^{\ C}$의 우측에 난기, 좌측에 한기가 각각 배치하므로, 전선대 위에서 바람의 분포는 저기압성 회전 성분을 갖게 된다. 그림 좌측의 한랭 전선 위에서는 연직 시어가 1시 방향을 가리키므

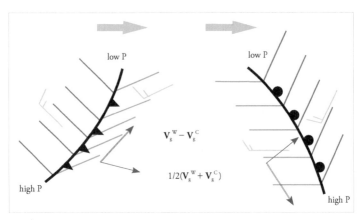

Fig.4.6 전선 주변의 바람 시어와 온도풍 관계. 저기압(low p) 주변에서 $\boldsymbol{v}_g^w$와 $\boldsymbol{v}_g^c$는 각각 난역과 한역의 지균풍이다. 두터운 화살표는 난역과 한역의 지균풍의 평균이고, 이중 화살표는 난역과 한역의 지균풍의 차이, 즉 시어다. (좌) 한랭 전선, (우) 온난 전선.
https://maths.ucd.ie/met/msc/fezzik/Synop–Met/Ch08–4–Slides.pdf

로, 한기 측의 북서풍은 전선을 지나오면서 남서풍으로 전환한다. 그림 우측의 온난 전선에서는 연직 시어가 5시 방향을 가리키므로, 난기 측의 서풍은 전선을 지나면서 남남서풍으로 전환한다.

태풍의 바람과 기온도 온도풍 균형을 보인다. 태풍의 중심부가 주변보다 따뜻한 기온 구조를 갖고 있어서, 고도가 낮아질수록 반시계 방향으로 회전하는 기류의 풍속은 커지게 된다. Fig.4.7의 우측 그림에서 보면 접선 방향 바람 성분의 연직 시어는 지면 바깥쪽을 향한다. 800~900hPa 부근에서 저기압성 회전 바람의 풍속이 가장 강하므로 그 위로 올라가면 바람이 점차 약해진다. 상층에서는 풍향이 역전되어 고기압성 회전 바람이 불게 된다.

앞서 지균풍과 마찬가지로 온도풍도 이상적인 균형 조건에 지나지 않는다. 실제 일기도에서는 온도풍 균형이 부분적으로 어긋난 상태에 놓여

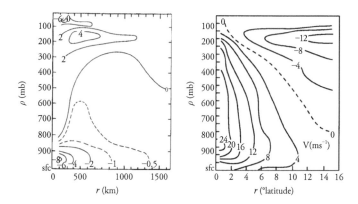

Fig.4.7 태풍의 연직 단면도. (좌) 태풍 눈에서 외곽으로 나가는 바람 성분(ms^{-1})으로 음의 값이 눈을 향한 바람이다. (b) 회전 원의 접선 방향의 바람 성분(ms^{-1})으로 양의 값이 지면으로 들어가는 바람이다. From Gray (1979), Frank (1977)
https://www.meteo.physik.uni-muenchen.de/~roger/TCLecs/Tropical%20Cyclones_Observations.html

있기 때문에 기압골이나 기압능이 발달하거나 쇠약해지게 되는 것이다. 특히 지균풍을 따라 난기나 한기가 이류되는 곳에서는 일시적으로 온도풍 균형을 벗어나게 되고, 날씨의 변화가 심해진다.

제5장

회전 바람

각속도 Ω로 자전하는 지구의 구면 위에서 회전 바람은 크게 기류의 시어나 곡률에 따른 상대 소용돌이도(relative vorticity)와 지구의 회전에 따른 지구 소용돌이도(earth vorticity)로 구분한다. 고도 좌표계의 운동 방정식 (4.5)에서 파생한 상대 소용돌이도 연직 성분의 보존 원리는 다음과 같다.[9]

$$\frac{\partial \zeta}{\partial t} \sim -\boldsymbol{v} \cdot \nabla_b(\zeta + f) - (\zeta + f)\nabla_b \cdot \boldsymbol{v} + \boldsymbol{\zeta}_h \cdot \nabla_h w + \boldsymbol{k} \cdot (\nabla_h p \times \nabla_h \alpha) - \boldsymbol{k} \cdot (\nabla_h \times \boldsymbol{F}_r)$$

$$(5.1)$$

여기서 ζ는 상대 소용돌이도의 연직 성분, $\boldsymbol{\zeta}_h$는 수평 방향의 상대 소용돌이도 벡터, f는 지구 소용돌이도의 연직 성분, $\boldsymbol{v}$는 수평 방향의 바람 벡터, w는 연직 바람 성분, p는 기압, α는 비체적, $\boldsymbol{F}_r$는 마찰력을 비롯한 각종 외력, $\boldsymbol{k}$는 연직 방향의 단위 벡터이다. 위도 φ에서, $f = 2\Omega \sin\varphi$가 된다. 하단 첨자 h는 지구 구면 위에서 접선 방향(또는 수평 방향)을 나타낸다.

상대 소용돌이도 벡터의 연직 성분이 변화하는 방식은 크게 5가지다. 식 (5.1)의 우변을 보면, 순서대로 이류(advection), 신장(stretching), 비틀림(twisting), 밀도 차(solenoid), 마찰력이 각각 작용하여 상대 소용돌이도가 변화한다. 위 식에서 비틀림 항은 대규모 운동계에서 간소한 형태로 정돈하였다[10]. 이하에서는 상대 소용돌이도의 '상대' 수식어는 편의상 생략하여

---

[9] 식 (4.5)의 양변에 $\nabla \times$ 연산을 취하면 상대 소용돌이도 벡터 $\boldsymbol{\zeta} = \nabla \times \boldsymbol{v}$에 관한 운동 방정식을 유도할 수 있다.

[10] 비틀림 효과에서 수평 방향의 지구 소용돌이도의 작용과 수평 방향의 소용돌이도 벡터의 발산 효과는 무시하였다. 3차원 소용돌이도 벡터의 보존 원리의 유도 과정은 다음 노트에 자세히 나와 있다. (https://kiwi.atmos.colostate.edu/group/dave/pdf/Vorticity.pdf; http://pordlabs.ucsd.edu/rsalmon/chap4.pdf)

소용돌이도로 칭하기로 하고, 다른 유형의 소용돌이도와 차이를 밝혀야 할 때만 전체 명칭을 쓰기로 한다. 또한 구면 좌표계 위에서 소용돌이도라 함은 연직 성분을 뜻하는 것으로 간주하고, 혼동의 소지가 있을 때만 벡터 성분을 분명하게 언급하기로 한다. 이류는 회전 바람 성분이 바람에 실려 유입하거나 유출하는 과정이다. 둘째와 셋째도 본래 바람에 의한 운동량의 이류 과정에서 파생된 것이다. 다만 이류에 작용하는 바람의 유형에 따라 세분해 본 것이다. 첫째가 지향류에 의한 이류라면, 둘째는 수렴 발산 기류에 의한 이류고, 셋째는 소용돌이 벡터의 수평 성분에 의한 이류다. 넷째는 순전히 기압 경도력의 작용에 의한 것이다. 잠열을 비롯해서 외부에서 가해진 열은 직접 소용돌이도를 변화시키는 것이 아니라, 비단열 힘과 균형을 맞추는 2차 연직 순환 기류로 인해 기층이 신장 또는 수축하는 과정을 통해서 소용돌이도를 변화시킨다. 한편 회전 바람은 결국 마찰력에 의해 소멸된다. 저기압이 쇠퇴하는 단계에서는 상층부로 운동 에너지가 옮겨가면서 변형장에 의해 파동이 길게 휘어지고 급기야는 파동이 파쇄 되는 과정을 겪으며 회전 운동 에너지는 일부 동서 편서풍에 흡수되거나 더 작은 운동계로 전이하게 된다. 종국에는 난류의 분산 과정에 의해 회전 운동 에너지가 소실된다.

1. 이류 효과

소용돌이도는 바람을 타고 이동한다. 주변에서 작은 회오리바람이 일정 기간 동안 모양을 유지한 채 먼지를 일으키며 여기

저기 이동해 가는 것을 목격한다. 마찬가지로 대규모 운동에서 회전 운동계는 주로 지균풍을 타고 이동한다. 위성 영상에서는 매일매일 상층 제트 축을 따라 제트 주변의 소용돌이 운동계가 서에서 동으로 이동하는 것이 관측된다.

한편 자전하는 지구 위의 대기는 지구의 회전 각속도에 상응하는 회전 운동을 한다. 자전축에서 멀어질수록 선속도는 증가하므로 북반구에서 대기는 저기압성 회전 바람의 잠재성을 지니고 있다. 소위 지구 소용돌이도라는 것이다. 적도로 갈수록 자전축에 나란해지고 극으로 갈수록 자전축의 직각에 가까워지므로, 동일한 위도에 대해서는 극으로 갈수록 지구 소용돌이도 연직 성분이 커지게 된다. 이제 남북 방향의 바람이 불게 되면 상대 소용돌이도도 이류되지만, 특히 지구 소용돌이도도 이류된다는 점에

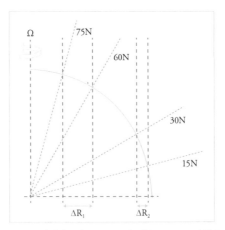

Fig.5.1 각속도 Ω로 회전하는 지구 위에서 고위도(15~30N)와 저위도(60~75N)의 선속도 차이. 반경 R에서 선속도는 $R\Omega$가 된다. 자전축에 직각인 방향으로 선속도(페이지 속으로 들어가는 방향)는 중심에서부터 떨어진 거리 R에 비례하여 증가한다. 고위도에서는 수평선이 자전축과 직각에 근접하고, 저위도에서는 수평선이 자전축과 나란해진다. 위도의 폭이 15°로 일정한 두 위도대를 적도 대원에 투영해보면 고위도의 거리 차 ΔR_1이 저위도의 거리 차 ΔR_2보다 크다. 두 위도대의 선속도의 차이는 각각 $\Omega\Delta R_1$와 $\Omega\Delta R_2$가 된다. $\Omega\Delta R_1 > \Omega\Delta R_2$가 되어, 지구 소용돌이도 연직 성분은 저위도보다 고위도에서 커진다.

기상 역학

주목하자. 대규모 운동계에서는 지구 소용돌이도가 상대 소용돌이도보다 크기 때문에 지구 소용돌이도 이류가 중요한 역할을 한다.

절대 소용돌이도 보존

외력이 차단된 가운데 지구 소용돌이도의 남북 이류 효과만 고려한다면 대규모 회전 운동계는 북반구에서 서진하게 된다. 지구 소용돌이도는 극지방으로 가면서 증가하기 때문에 벌어진 현상이다. 온대 저기압의 서쪽 반원에서 북풍이 저위도를 향해 불게 되면 저기압성 소용돌이도가 증가한다. 고위도가 저위도보다 지구 소용돌이도가 크기 때문이다. 이 저기압의 동쪽 반원에서는 같은 이유로 이번에는 저기압성 소용돌이도가 감소한다. 또는 고기압성 소용돌이도가 증가한다. 따라서 저기압의 서쪽에서는 기압골이 패이고 동쪽에서는 기압능이 형성되어 저기압은 서진하게 된다. 회전 운동계의 서진 현상은 위도에 따른 지구 소용돌이도의 기울기, 즉 $\beta = \partial f / \partial y$에 의해 유발된 것이라 베타 효과(beta effect)라고 부르기도 한다.

한편 편서풍이 불면 상대 소용돌이도 이류 효과로 인해 온대 저기압은 동진하게 된다. 편서풍이 강할수록 동진 속도도 빨라진다. 베타 효과와 상대 소용돌이도 이류 효과의 우열에 따라 회전 운동계의 이동 방향이 달라진다. 편서풍이 강해 상대 소용돌이도 이류 효과가 커지면 회전 운동계는 동진한다. 하지만 회전 반경이 커서 베타 효과가 이류 효과보다 우세하면 동진 속도는 줄어들고 심하면 서진하게 된다. 기압의 진폭이 일정한 가운데 회전 반경이 커지면 상대 소용돌이도의 진폭이 작아져, 상대적으로 지구 소용돌이도의 남북 이류 효과가 편서풍의 이류 효과를 압도하기 때문이다. 저기압이나 고기압의 규모가 커질수록 베타 효과에 따른 파동의 서진 속도가 증가한다고 볼 수 있다.

회전 운동계에 외력이 작용하지 않으면 운동계의 에너지가 증가하거나 감소하지 않는다. 즉 저기압의 강도는 달라지지 않고 단순히 회전 운동계가 이동하는데 그친다. 라그랑지언 좌표계에서 보면 회전 운동계의 이동 과정은 절대 소용돌이도(absolute vorticity) 보존의 원리로 설명할 수 있다. 식 (5.1)의 좌변과 우변 첫 항을 한데 모으면,

$$\frac{d}{dt}(\zeta+f) = \frac{\partial \zeta}{\partial t}+\boldsymbol{v} \cdot \nabla_h(\zeta+f) = 0 \qquad (5.2)$$

여기서 절대 소용돌이도 $\eta = \zeta+f$는 상대 소용돌이도와 지구 소용돌이도의 합이다. 회전 바람이 생성되거나 소멸하지 않는다면, 보존의 원리에 따라 지향류에 실린 절대 소용돌이도는 보존된다. 북반구에서 Fig. 4.3의 상층 골에서 출발한 기류는 고위도의 기압능으로 옮겨가며 점차 지구 소용돌이도 f가 증가하게 되어 대신 상대 소용돌이도 ζ는 줄어들게 된다. 시계 방향의 회전 바람이 증가하고 기압능과 경도풍 균형을 이룬다. 같은 방식으로 상층 능에서 출발한 기류는 저위도의 기압골로 옮겨가며 점차 지구 소용돌이도 f가 감소하게 되어 대신 상대 소용돌이도 ζ는 늘어나게 된다. 반시계 방향의 회전 바람이 증가하고 기압골과 경도풍 균형을 이룬다.

태풍 이동과 베타 효과

북반구 태풍에 전향력이 작용하면 중위도 파동계와 마찬가지로 동쪽에서는 고기압성 회전이 유도되고 서쪽에서는 저기압성 회전 기류가 유도되

어, 태풍은 서쪽으로 이동하게 된다. 서진 속도는 지구 소용돌이도의 남북 경도, 즉 $\beta = \partial f / \partial y \propto 2\Omega\cos\varphi$에 비례하므로 위도가 낮을수록 서진 속도도 빨라진다. 태풍이 고위도로 북상할 때보다는 아열대에서 움직일 때 서향 이동 성분도 커진다. 한편 태풍의 반경이 커지면 상대 소용돌이도 이류 효과보다 지구 소용돌이도 이류 효과가 더 커지기 때문에, 서진 속도가 증가한다. 처음에는 태풍 주변의 저기압성 회전 바람이 축 대칭을 이루다가도 베타 효과가 작용하면 작은 회전 운동보다는 큰 회전 운동이 더 빠르게 서진하면서 태풍의 동쪽 반원에서는 등압선이 밀착되어 바람 시어에 따른 소용돌이도가 가세한다. 같은 이유로 서쪽 반원에서는 등압선이 소해지며 소용돌이도는 줄어든다. 즉 소용돌이도 또는 회전 바람의 비대칭 성분 또는 베타 회전계(Beta gyre)가 유도된다. 베타 회전계는 쌍극자 형태로 처음에는 태풍 중심의 동쪽에 (+)ζ, 서쪽에 (−)ζ가 쌍을 이룬다. 태풍의 축대칭 바람을 따라 베타 회전계는 Fig.3.1과 같이 시계 반대 방향으로 회전한다. 태풍의 북측에는 소용돌이도가 증가하고 남쪽에는 감소하며, 태풍은 북쪽 방향으로 이동하게 된다. 베타 서진 효과와 합하면 태풍은 결국 북서 방향으로 이동하게 된다. 이는 태풍의 축대칭 바람을 따라 규모가 작은 비대칭 회전 바람 성분이 이류하는 비선형 효과에 기인한 것이다.

2. 신장 효과

기류가 수렴하여 연직으로 늘어지면 회전 중심으로부터 팔의 길이가 짧아진다. 각운동량 보존의 원리에 따라 팔과 직각인 방향으로 선속도가 증가하고 결국 회전이 빨라진다(Decaria, 2008). 반대로 발산하여 연직으로 수축하면 이번에는 회전이 느려진다.

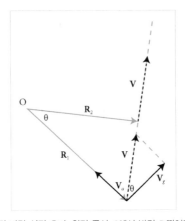

Fig.5.2 수렴 기류에 의한 회전 바람 신장 효과. 회전 중심 *O*에서 반경 *R*₁떨어진 곳에서 바람 벡터 **V**가 분다. 이 바람 벡터는 위치 벡터 **R**₁에 직각인 방향의 지균풍(또는 경도풍)**V**₉와 회전 중심을 향해 수렴하는 비지균풍 **V**ₐ의 성분으로 나누어 볼 수 있다. 바람 벡터 **V**에 직각인 위치 벡터 **R**₂를 그으면, 각운동량은 *R*₂*V*가 된다. 각 *θ*를 사이에 두고 벡터 **V**와 **V**₉로 둘러싸인 삼각형과, **R**₁과 **R**₂로 둘러싸인 삼각형은 서로 닮은꼴이므로, *R*₁*V*₉ = *R*₂*V*가 성립한다. 즉 위치 벡터 **R**₁에서 측정한 각운동량 *R*₁*V*₉는 위치 벡터 **R**₂에서 측정한 각운동량과 같다. 되돌아보면 바람 벡터 **V**의 수렴 성분인 *V*ₐ가 위치 벡터 **R**₂에서는 팔에 직각인 성분으로 전환하여 결국 회전 속도가 늘어나게 된 것이다. 바람 벡터 **V**는 변하지 않았기 때문에, 이류 과정에서 운동 에너지는 보존된다. 또한 각운동량도 보존된다.

이 효과는 원초적으로 비지균풍에 의해 회전 기류의 운동량이 이류한 데서 비롯한 것이다. 회전 운동계에서 경도풍은 정의상 기압 경도력에 수직한 접선(tangential) 방향의 균형풍이다. 반면 중심을 향하거나 벗어나는 방향(radial)의 바람은 기압 경도력과 나란한 비지균풍에 속한다. 회전 중심을 향해 비지균풍이 불면, 중심으로부터 팔의 길이가 짧아지는 대신 비지균풍의 일부가 회전 성분으로 전환하여 선속도는 증가한다. 회전 반경이 줄어드는데다 선속도는 증가하여 회전 속도는 빨라지게 된다. 마찬가지로

기상 역학

회전 중심 바깥으로 비지균풍이 불면 이번에는 팔의 길이는 길어지고 회전 바람의 일부가 회전 중심 바깥쪽을 향한 비지균풍으로 전환하며 선속도는 느려진다. 회전 반경이 늘어난데다 선속도는 감소하여 회전 속도는 느려지게 된다. 이 과정에서 지균풍과 비지균풍의 운동 에너지의 총합은 변하지 않지만, 두 운동 에너지의 비율은 달라진다. 기류가 수렴하면 이 비율이 높아지고 발산하면 비율이 떨어진다.

회전 바람이 시어에 의한 것인지 아니면 지구 자전에 의한 것인지에 따라 신장 효과는 다르게 작동한다. 첫째, 시어에 의해 생겨난 회전 바람, 즉 상대 소용돌이도를 갖는 기류가 수렴한다면 신장 효과는 기류의 회전 방향이나 회전 운동계의 기압 배치와는 상관이 없다. 단지 수렴 또는 발산하는 기류의 세기에 따라 회전 속도가 달라진다. 당초 고기압성 회전을 하고 있다면 수렴에 의해 이 방향의 회전이 강화된다. 저기압성 회전을 하고 있다면 그 방향의 회전이 강화된다. 회전체의 반경이 크면 외곽과 중심부의 선속도의 차이도 커지고, 수렴 기류를 따라 회전 속도가 증가할 수 있는 용력이 커진다. 태풍의 반경이 크고 중심 기압이 낮아 기압경도력에 의해 중심을 향한 비지균풍의 강도가 강하다면 중심 부근에서 회전 속도는 큰 폭으로 증가하게 된다. 마찬가지로 거대 폭풍우(super storm)의 회전 반경이 클수록 수렴 기류에 의해 내부에서 발생하는 토네이도의 회전 속도도 빨라진다.

둘째, 지구 자전에 따른 회전 바람은 회전 운동계의 기압 배치에 따라 신장 효과가 다르게 작동한다. 북반구에서 저기압을 향해 기류가 수렴하면 전향력에 의해 시계 반대 방향의 회전 속도가 증가한다. 또한 고기압 바깥으로 기류가 발산하면 시계 방향의 회전 속도가 증가한다.

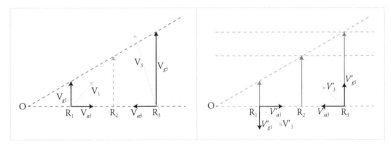

Fig.5.3 북반구에서 전향력에 의한 회전 바람 성분의 변화 모식도. 북반구에서 볼 때 지구는 시계 반대 방향으로 돈다. 지구를 강체라 본다면 자전에 의한 선속도는 중심 O에서 멀어질수록 선형적으로 증가하여, 반경 R_1과 R_3에서 V_{g1}과 V_{g3}로 나타난다. (좌) 지구의 중심에서 본 절대 좌표계를 상정하자. 회전 바람은 좌표계를 선형 이동하더라도 변함이 없으므로, R_2에서 본 회전 바람도 지구 자전에 따라 저기압성 회전을 한다. 이제 R_1과 R_3에서 각각 R_2를 향해 기류가 수렴한다고 하자. 앞서 각운동량 보존 원리를 여기에 적용하면 R_3에서는 V_3로 인해 접선 방향의 선속도가 증가하는 반면, R_1에서는 V_1으로 인해 접선 방향의 선속도가 줄어든다. 따라서 R_2에서 본다면 수렴 기류에 의해 회전 반경이 줄어들 뿐 아니라 양 방향의 시어의 세기가 커지면서 회전 속도가 증가하게 된다. (우) 이러한 효과는 R_2의 상대 좌표계에서 바람을 표시해보면 더욱 분명해진다. 상대좌표계에서 V_1과 V_3는 각각 V_1'과 V_3'로 나타난다. V_{g1}'과 V_{g3}'을 V_1'과 V_3'와 비교해 보면 수렴 기류에 의해 회전 반경이 줄어들고 대신 시어의 크기는 강해짐을 알 수 있다.

상층에서 발산 기류가 형성되면 하층에서 수렴 기류가 유도되어 저기압이 발달하기 쉽다. 상층에서 수렴 기류가 형성되면 하층에서는 발산 기류가 유도되어 고기압이 강화된다. 전향력은 기류의 방향만 바꾸어줄 뿐 힘을 가하는 것이 아니므로, 전향력 효과를 통해 늘어난 회전 속도는 결국 이류에 관여하는 바람의 운동 에너지에서 비롯한 것이다. 회전이 빨라진다 하더라도 회전 반경이 작다면 회전이 느리더라도 반경이 큰 회전 운동과 에너지가 다르지 않을 것이다. 수렴 기류에 의한 회전 바람의 에너지는 수렴 기류의 운동 에너지가 전환된 것이다. 앞서 시어에 따른 상대 소용돌이도와는 달리, 지구 소용돌이도에 작용한 신장 효과는 저기압과 고기압에 대해 비대칭적 형태를 보인다. 이는 북반구에서 f가 항상 (+)값을 갖는 반면 ζ는 기압계에 따라 (+) 또는 (−)값을 갖는 데서 비롯한다. 식 (5.1)에

서 신장 효과만 분리해서 본다면,

$$\frac{\partial \zeta}{\partial t} \propto -(f+\zeta)\nabla_h \cdot \boldsymbol{v} \sim \eta \frac{\partial w}{\partial z} \tag{5.3}$$

절대 좌표계에서 보게 되면 북반구에서 저기압 주변에서는 시계 반대 방향의 ζ 위에 f가 합해져 $\eta = \zeta + f$는 증가한다. 저기압 주변에서 기류가 수렴하면, 지구 소용돌이도와 상대 소용돌이도가 모두 신장 효과를 통해 회전 바람을 늘리는데 기여한다. 수렴 기류에 전향력이 작용하여 시계 반대 방향의 회전 바람이 늘어나고 동시에 기층이 신장하며 같은 방향으로 회전 바람이 가세하기 때문이다. 반면 고기압 주변에서는 시계 방향의 ζ와 f의 부호가 반대라서 η는 작아진다. 고기압 주변에서 기류가 발산하면 지구 소용돌이도는 신장 효과를 통해 회전 바람을 늘리는데 기여하는 반면 상대 소용돌이도는 회전 바람을 줄이는 역할을 한다. 발산 기류에 전향력이 작용하여 시계 방향의 회전 바람이 늘어나는 반면 기층이 수축하며 회전 바람을 저지하기 때문이다.

따라서 고기압보다는 저기압에서 회전 바람이 빠르게 증가하고 중심 기압의 심도도 깊다. 저기압보다는 고기압에서 기류가 지균 평형을 이루는데 더 오랜 시간이 걸린다. 이러한 결론은 앞서 경도풍을 논의할 때, 동일한 기압 경도와 평형(balanced) 조건에서는 저기압보다 고기압에서 바람이 강해진다는 원리와는 다른 것이다. 즉 발달하는 기압계에서는 힘의 균형이 깨진 상태에서 비지균풍에 의한 신장 효과가 두드러지는 반면, 경도풍에서는 지균 균형을 유지하는 조건을 가정하였기 때문이다.

중위도 준지균 운동계에서는 f가 ζ보다 크기 때문에, 신장 효과를 따질 때 후자의 영향을 무시할 수 있다. 하지만 열대 지역과 같이 전향력이 작아지면 신장 효과에 ζ를 고려해야 한다. 태풍의 중심부에서는 운동의 규모가 작아 주로 기층의 신장과 수축에 따라 회전 기류가 강화되거나 약화된다. 전향력의 작용은 기압 경도력이나 이류 효과에 비해 상대적으로 작은 편이다. Fig.4.7에서 보면, 중심 외곽의 주 적운 띠에서 상승한 기류는 주변으로 퍼져나가면서 전향력의 작용으로 시계 방향으로 회전하게 되지만, 동시에 기류가 발산하면서 기층이 수축하며 회전 기류는 일부 저지되어 풍속은 약하다. 반면 하층에서는 기류가 눈의 중심을 향해 모여들면서 기층이 신장하며 회전 기류는 강해지고, 여기에 전향력이 가세하여 풍속은 더욱 강해진다. 수렴 기류가 강할수록 눈의 크기도 작아지고 그만큼 눈 주변의 회전 바람도 강해진다. 다른 조건이 동일하다면 태풍의 외곽에서 중심에 이르는 기압 차가 클수록 수렴하는 비지균풍이 강해지고, 그만큼 신장 효과를 통해 회전 바람이 강해진다. 한편 준지균 운동계에서 (5.2)에 (5.1)의 우변 둘째 항인 신장 효과를 포함하면 잠재 소용돌이도 보존 원리를 얻게 되는데, 보다 자세한 내용은 8장에서 다루게 된다.

3. 비틀림 효과

연직으로 바람이 비틀려서 수평 방향의 회전 벡터가 연직 방향으로 정렬하면 연직 방향의 축을 중심으로 회전하는 바람 성분이 늘어난다. 직교하는 회전 바람끼리 상호 이류하는 과정에서 비롯한 것으로, 연직 기류가 중요한 역할을 한다. 토네이도를 유발하는 적란운 대류계에서는 이 효과가 상대적으로 큰 비중을 차지한다. 하지만 대규모 운동계에서는 흔히 연직 운동으로 인한 운동량의 이류 과정을 무시한다. 비틀림 효과가 지구 소용돌이도의 신장 효과보다 훨씬 작기 때문이다.

전선대 주변에서는 온도풍 균형에 맞추어 신장축 방향으로 고도에 따른 바람 시어가 강하다. 이로 인해 수축하는 축 방향으로 소용돌이도 벡터가 정렬한다. 전선대를 사이에 두고 한기와 난기 사이에서 이차 연직 순환이 일어나면, 수축축 방향의 소용돌이도 벡터가 연직 방향으로 전환하게 된다. 폭풍우의 강한 상승 기류 지역에서는 연직 시어에 동반한 수평 방향의 소용돌이도 필라멘트가 불룩하게 솟아 나오면서, 그 양 옆으로 저기압성 회전 대류계(rotational storm)와 고기압성 회전 대류계로 각각 분리되기도 한다. 이 주제는 7장에서 자세하게 다룰 것이다.

4. 밀도 차 효과

기압 경도력이 작용하는 방향으로 바람이 불 때, 인접한 공기의 밀도가 서로 다르면 가벼운 공기가 무거운 공기보다 빠르게 이동하면서 생겨난 효과다. 체적 또는 기온이 서로 다른 기체에 기압 경도력이 작용하게 되면 가벼운 공기가 무거운 공기보다 가속하여 회전 운동이 유도된다. 등압면에서 등고선과 등온선이 교차할 때, 밀도 차에 따른 연직 방향의 회전 벡터가 생성된다. Fig.5.4의 우측 그림에서는 남고 북저의 기압 배치에서 기압 경도력은 북쪽을 향한다. 동쪽에 난기, 서쪽에 한기가 각각 놓여 있다면, 동쪽의 남풍은 서쪽의 남풍보다 커지게 된다.

자연히 시계 반대 방향의 소용돌이가 유도된다. 시간이 흐르면 가벼운 공기는 북으로 이동하고 무거운 공기는 남으로 이동하여 기압과 밀도는 균형을 이루게 된다. 즉 등기압선과 등밀도선이 나란하게 되어 밀도 차 효과는 사라진다. 균형점에 이르기까지 밀도 차에 따른 잠재 에너지는 회전 운동 에너지로 전환된다.

정역학 평형을 유지하는 가운데 기체가 열을 받으면 밀도가 낮아져 부력이 발생한다. 부력의 주변에는 수평 방향의 소용돌이도 벡터가 형성된다. Fig.5.4의 좌측 그림과 같이 동쪽에 난기, 서쪽에 한기가 각각 놓이게 되면 동쪽이 서쪽보다 부력이 강해 동쪽의 난기는 상승하고 서쪽의 한기는 하강한다. 이로 인해 남쪽을 향한 소용돌이도 벡터가 형성된다. 해륙풍의 연직 순환에서 한낮에 육지가 바다보다 빨리 더워지면 밀도가 낮아진다. 육지의 가벼운 공기가 상승하고 바다의 무거운 공기는 하강하므로, 하층에서는 바다에서 육지로, 상층에서는 육지에서 바다로 부는 바람의 연직 순환 고리가 형성된다. 부력에 의해 유발되는 수평 방향의 소용돌이도가 중규모 운동계에 미치는 영향은 7장에서 자세하게 다룰 예정이다.

기압 좌표계에서는 기압 경도력을 계산하는 과정에서 정역학 관계를 이용하게 되는데, 이로 인해 기압 경도력이 밀도에 반비례하는 특성이 명시적으로 드러나지 않게 된다[11]. 따라서 밀도 차 효과를 분석하기 위해서는 기압 좌표계를 피하는 것이 바람직하다.

....

[11] 기압 좌표계로 전환하는 과정에서 다음과 같이 정역학 관계가 쓰였다.
$(\partial p/\partial x)_z = -(\partial p/\partial z)_x (\partial z/\partial x)_p \sim -\rho g(\partial z/\partial x)_p$
일반적으로 기압이 밀도만의 함수(homentropic flow)라면, 밀도 차 효과는 사라진다.
http://pordlabs.ucsd.edu/rsalmon/chap4.pdf

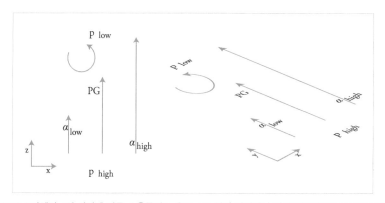

Fig.5.4 비체적 α의 차이에 따른 소용돌이도 유도. (좌) 연직 단면에서 기압 경도력(실선 화살표)이 위로 작용하는 가운데 동쪽으로 가면서 기온이나 비체적이 증가하면 단위 질량당 기압 경도력(PG)도 동쪽으로 가면서 커지게 되어 지면에서 나오는 방향으로 소용돌이도(곡선 화살표)가 유도된다. (우) 남고 북저의 기압(p) 배치에서 북쪽 방향으로 기압 경도력이 작용하는 가운데, 동쪽에 난기 서쪽에 한기가 각각 놓이게 되면 동쪽에서 북향 기압 경도력이 서쪽보다 커지게 된다. 연직 방향(시계 반대 방향)의 소용돌이도가 유도된다.

5. 마찰력의 역할

경도풍에 마찰력이 작용하면 바람은 등압선에 나란하게 부는 대신 기압 경도력의 방향으로 일부 흘러간다. 이는 마찰력으로 인해 소실되는 운동 에너지를 보충하기 위해 기압 경도력이 일을 하는 것이다. 앞서 Fig.4.2에서 설명한 바와 같이, 경계층에서는 에크만 나선을 그리면서 비지균풍이 저압부를 향해 불게 된다. 지상 저기압 주변에서는 바람이 모이고 고기압 주변에서는 바람이 흩어진다. 대기가 연속적인 흐름이라고 본다면, 저기압 주변에서는 약한 상승 기류가, 고기압 주변에서는 약한 하강 기류가 일어난다. 경계층 상부에서 발산하는 기류는 시계 방향으로 회전하며 저기압의 회전 기류에 역행하여 일종의 마찰 효과를 보인다. 마찬가지로 고기압 위의 경계층 상부에서도 기류가 수렴하며 시계 반대 방향의 회전 바람을 지원하므로 고기압의 시계 방향 회전을 줄이는 방향으로 작동한다. 결국 마찰력은 지면 부근에서는 직접 바람을 저지하는 효과로 인해서 바람의 운동 에너지를 소모하고, 경계층 상부에서는 회전 바람의 운동 에너지를 소비하게 된다. 태풍이 육지에 상륙하게 되면 마찰력이 커지면서 태풍의 회전 바람이 빠르게 약화되는 것도 같은 이유다.

하지만 예외적으로 태풍이 바다 위를 이동할 때는 마찰력이 에너지를 생산하는 촉매 역할을 하기도 한다. 열대 해상에서는 고온 다습하고 대기 안정도가 낮기 때문에 마찰력을 통해 약한 수렴 기류가 형성되기만 하면 깊은 적운 대류를 통해 많은 잠열을 만들어 낸다(Evans, 2017). 물론 이 경우에도 마찰력은 잠열에 의해 생산된 에너지를 일부 소비하게 된다. 하지만 잠열에 의해 생산된 에너지가 훨씬 많기 때문에 해상에서 발달하는 태풍을 자주 볼 수 있다.

6. 규모의 문제

소용돌이도의 시간 변화에 관여하는 바람의 역할은 지균풍과 비지균풍으로 나누어 생각해 볼 수 있다. 이류 과정에서도 지균풍과 비지균풍의 역할을 나누어 볼 수 있다. 통상 지균풍 성분이 바람의 80% 이상을 차지하므로 비지균풍 성분을 무시한데서 비롯한 오차도 이 크기를 넘지 않는다. 둘째, 신장 과정에서는 주로 비지균풍 성분이 좌우한다. 지균 균형을 이루는 바람은 발산 성분이 미약하기 때문이다. 셋째, 비틀림 과정에서도 비지균풍 성분이 좌우한다. 연직 기류는 주로 비지균풍 성분에 달려있다. 넷째, 밀도 차 과정에서는 기압 경도력의 방향으로 기체가 일을 할 때만 가능한 효과이다. 지균풍은 정의상 기압 경도력과 직각인 방향으로 흐르므로, 비지균풍이 밀도 차 효과를 좌우한다. 덧붙여서 비지균풍이 흐르는 방향을 가로질러 밀도나 온도가 차등 분포해야 연직 방향의 회전 바람이 가능하다. 등압면에서 보면 등압선과 등온선이 서로 교차해야 한다.

대규모 파동계에서는 주로 지균풍에 의한 운동량 이류 과정을 고려한다. 다만 예외적으로 지구 소용돌이도에 작용하는 비지균풍의 신장 효과는 반영한다. 지구 소용돌이도가 상대 소용돌이도보다 우세하므로 상대 소용돌이도에 작용하는 신장 효과는 무시하게 된다. 한편 전선대, 적란운 대류계를 비롯한 중규모 운동계에서는 비지균풍에 의한 이류 과정을 대부분 고려한다. 비지균풍에 의한 현열이나 지균 운동량의 이류 효과도 함께 다룬다. 또한 지구 소용돌이도뿐만 아니라 상대 소용돌이도에 작용하는 신장 효과도 반영한다.

힘의 불균형

1. 안정도 분석

　　　　　　　날씨를 예측하고자 할 때는 먼저 운동계에서 온대 저기압, 태풍, 전선대와 같은 기본 요소의 특징을 먼저 살피게 된다. 이것들이 발달할 수 있는 것인지 따져보는 것이 안정도 분석의 목적이다. 발달하게 된다면 주변 환경은 불안정한 것이고, 발달하지 못한다면 주변 환경은 안정한 것이 된다. 서로 다른 운동계는 상호 작용 과정에서 에너지를 주고받는다. 하나의 운동계가 발달한다는 것은 주변 환경으로부터 에너지를 받는 것이다. 주변 환경의 입장에서 보면 에너지를 빼앗기는 것이 된다. 불안정성이란 상대적인 개념으로, 특정한 운동계가 성장하는 과정에 초점을 맞춘 것이다.

　성장 초기 단계에서는 섭동이 주변 환경에 비해 미소하다고 간주하고 섭동과 주변 환경의 관계는 통상 선형적(linear)으로 접근하게 된다. 에너지를 주는 운동계가 받는 운동계에 비해 규모가 매우 크다면, 받는 운동계는 빠르게 에너지가 늘어나는 반면 주는 운동계의 에너지는 별로 줄어들지 않을 것이다. 에너지를 주는 운동계와 상관없이 받는 운동계의 성장 단계에 따라 이 운동계가 받아들이는 에너지의 양이 선형적으로 결정된다. 쌍방향의 상호 작용이라기보다는 일방향의 관계다.

　주는 운동계의 규모에 비해 받는 운동계의 규모가 현저하게 작은 경우, 에너지를 주는 운동계와 받는 운동계를 각각 기본장(또는 평균장)과 섭동(또는 편차)으로 구분한다. 섭동이 발달하며 그 규모가 기본장에 비견될 만큼 커지게 되면, 섭동에 의해 기본장의 구조가 달라지므로, 기본장과 섭동의 관계는 더 이상 선형적 가정을 만족하지 못하고, 비선형적(nonlinear)

상호 작용의 단계로 이행하게 된다.

대기와 같이 복잡한 운동계에는 크고 작은 규모의 운동이 한데 섞여 있어서, 기본장과 섭동을 어떻게 정의하느냐에 따라서 문제가 달라진다. 극단적으로 전체 운동계를 하나의 시스템으로 본다면 이 시스템의 에너지는 외력이 없는 한 보존되므로 늘어나거나 줄지 않는다. 다시 말해 발달하지 않는다. 또 다른 극단으로 이 시스템을 무한히 작은 단위로 나눈다면 실용적인 의미를 찾기 어렵다. 뿐만 아니라 개개 시스템은 각기 나름의 성장 단계를 거치는 동안 수많은 주변 시스템과 복잡하게 상호 작용을 하게 되므로 이론적인 분석도 곤란하다.

안정도 분석의 초점은 기본장이 섭동에 힘을 가하고 에너지를 제공하는 과정을 밝히고, 지속적으로 에너지를 제공할 수 있는 조건을 찾아내는 것이다. 미소한 섭동은 이미 주어진 것으로 전제한다. 기본장이 안정하면 섭동은 기본장과 힘의 균형 상태에 있게 되지만, 기본장이 불안정하면 힘의 균형이 깨지고 섭동은 한 방향으로 가속하며 기본장의 에너지를 계속해서 받게 된다. 기본장의 불안정 조건을 완화하는 방아쇠 요인(trigger)이 갖추어지면, 섭동은 보다 손쉽게 성장할 수 있다. 한편 섭동의 구조에 따라 기본장의 에너지를 받아들이는 효율이 달라진다. 최적의 구조를 유지하면 섭동은 최대로 발달한다.

2. 연직 불안정

　　　　　　　대기가 연직적으로 불안정해지면 적란운이 발달하고 강한 비나 눈이 내린다. 때로는 강풍과 우박을 동반한다. 적란운 세포는 서로 연합하여 중규모 운동계로 조직화하거나 태풍과 같이 보다 큰 운동계로 발전하기도 한다. 연직 대기 불안정 현상은 연직 방향으로 미소한 상승 기류의 섭동이 가해질 때, 이 기류가 한 방향으로 계속 가속할 수 있는가에 달려있다. 여기서는 대기의 연직 구조가 기본장을 구성한다. 고도 좌표계에서 섭동에 대한 연직 방향의 운동 방정식은 (4.5)를 이용하여 다음과 같이 나타낼 수 있다(Gibbs, 2015; Hennipman, 2012).

$$\frac{d\mathrm{w}'}{dt} = -\frac{1}{\rho_0}\frac{\partial p'}{\partial z} + g\frac{\theta'}{\theta_0} + 0.61gq_v' - gq_l' \tag{6.1a}$$

　　여기서 g는 중력가속도다. w'와 p'는 각각 섭동의 연직 속도와 기압이다. $\theta' = \theta - \theta_0$는 섭동의 온위이고, $\theta_0(z)$는 기본장의 온위다. 또한 q_v'과 q_l'은 각각 섭동의 수증기와 수적의 질량을 나타내며 건조 공기 질량으로 정규화한 것이다[12]. 우변 첫 항은 기압 경도력, 둘째 항은 부력(buoyancy), 셋째 항은 수증기의 무게에 따른 부력, 넷째 항은 수적의 하중으로 인해 대기를 아래로 누르는 힘(water loading)이다. 통상 비습의 크기는 $q_v' \sim 1g/kg$

---

[12] 수증기와 수적의 효과를 반영한 가온위는 $\theta_v = \theta(1 + 0.61q_v - q_l)$이고, 가온위의 편차는 $\theta_v' \sim \theta' + \theta_0(0.61q_v' - q_l')$가 된다. 여기서 $\theta'q_v'$과 $\theta'q_l'$은 소량으로 무시하였다. 규모 분석에 따르면 밀도 또는 가온위의 변동 폭은 다음과 같다.
$-\frac{\rho'}{\rho_0} \sim \frac{\theta_v'}{\theta_{v0}} \sim \frac{\theta'}{\theta_{v0}} + \frac{\theta_0}{\theta_{v0}}(0.61q_v' - q_l') \sim \frac{\theta'}{\theta_0} + (0.61q_v' - q_l')$ 여기서 하단 첨자 0는 기준 대기의 평균값을 뜻한다.

정도이다(Holloway and Neelin, 2009). 상대 습도가 일정하게 유지된다는 조건 하에 기온의 변동 폭이 1%일 때, 비습의 변동 폭은 20%가 된다(Peixoto and Oort, 1996). 또한 기온이나 노점 온도의 변동 폭이 1%일 때, 상대 습도의 변동 폭은 20%가 된다. 식 (6.1a)에서 수증기의 무게에 따른 부력과 수적 의 중력을 무시하면 우변 셋째와 넷째 항을 생략할 수 있다. 또한 기압 섭 동은 순간적으로 주변의 연직 기압 분포에 동화된다고 보고 우변 첫 항도 무시하면, 연직 가속은 주로 기체의 밀도 섭동에 따라 결정된다.

$$\frac{d\text{w}'}{dt} \sim g\,\frac{\theta'}{\theta_0} \qquad\qquad (6.1\text{b})$$

연직적으로 기압 경도력[13]과 중력이 서로 균형을 이루는 가운데 기체 의 밀도가 주변보다 낮아지게 되면, 가벼워진 물체가 더 빠르게 움직일 수 있기에 기압 경도력이 중력보다 강해진다. 힘의 균형이 깨지고 부력으로 인해 기체는 위로 상승하는 힘을 받는다.

기체가 계속 상승하려면 연직 경로상에서 부력을 계속 받아야만 하는 데, 기본장이 갖는 기온과 습도의 연직 분포가 관건이다. 섭동이 상승하면 기압이 낮아지면서 팽창하는 만큼 냉각된다. 냉각 비율은 통상 9.8℃/km 로서, 건조 단열 감율(dry adiabatic lapse rate)로 정의한다. 섭동 내부의 기온이 떨어지며 포화 수증기량이 줄게 되어 급기야는 섭동 내부의 수증기가 포 화 상태에 이른다. 이 고도가 상승 응결 고도(LCL, lifting condensation level)다. 섭동이 상승 응결 고도를 넘어서면 기온이 낮아지는 만큼 포화되고 남은

....

[13] 공간 평균한 기압의 연직 방향 기압 경도력

수증기가 응결하여, 잠열이 방출된다. 이로 인해 단열 냉각은 일부 저지된다. 수증기 $1g/kg$이 응결하면 약 3℃ 기온이 증가한다. 잠열에 따른 기온 상승률에서 건조 단열 감률을 제하면 포화 상태의 섭동이 상승하며 겪게 되는 순 기온 감율, 즉 습윤 단열 감율(moist adiabatic lapse rate)을 구할 수 있다. 습윤 단열 감률은 잠열 효과 때문에 건조 단열 감률보다 고도에 따라 기온이 하강하는 폭이 작아진다.

부력은 섭동의 기온이 기본장의 기온보다 높아, 섭동의 공기가 기본장의 공기보다 가벼워질 때 발생한다. 섭동 내부의 수증기가 포화되기 전까지는 기본장의 기온 감률이 건조 단열 감률보다 커야만 섭동이 부력을 받게 된다. 이 조건이 성립하면 섭동은 내부 수증기량의 크기나 포화 여부에 상관없이 연직으로 부력을 받으며 계속 상승해 갈 수 있다. 다시 말해 처음 주어진 미소한 미동의 방향으로 섭동의 연직 운동이 계속 가속되는 것이다. 이 조건이 절대 불안정(absolute instability) 조건이다. 기본장의 기온 감률이 습윤 기온 감률보다도 작게 되면, 섭동은 어떤 경우에도 부력을 받기 어렵다. 이것은 절대 안정(absolute stability) 조건이다. 주변 기온 감률이 습윤 단열 감률보다는 크고 건조 단열 감률보다는 작다면, 조건부 불안정(conditional instability) 조건에 이른다. 섭동이 상승 응결 고도에 이르기 전까지는 부력을 받기 어렵지만, 일단 이 고도를 넘어서면 포화되어 잠열을 얻게 되고, 자유 상승 고도(LFC, level of free convection)에 도달하면 자력으로 부력을 받을 수 있게 된다.

조건부 불안정 과정에서는 공기가 함유한 수증기의 포화 여부가 관건이다. 기본장의 연직 기온 분포가 명시적으로 불안정 조건을 좌우한다면, 기본장의 연직 습도 또는 수증기량의 분포는 섭동의 상승 응결 고도를 결정지으며 조건부 불안정에 필요한 충분 요건을 결정한다. 하층 대기가 습윤할수록 상승 응결 고도와 자유 상승 고도가 낮아져 초기에 큰 힘을 주지 않아도 낮은 고도에서부터 부력이 발생하기 용이하다. 상당 온위(equivalent potential temperature)는 수증기의 잠열을 반영한 온도로서, 포화 상당 온위가 고도에 따라 감소하면 대기는 조건부 불안정 상태에 놓이게 된다(Holton, 2004).

$$\frac{\partial \theta_e^*}{\partial z} < 0 \tag{6.2}$$

여기서 θ_e^*는 기압이 일정한 조건에서 수증기를 보태 포화 상태에 도달할 때 갖는 상당 온위다. 열역학선도에서 포화 상당 온위를 구하려면 현재의 기온과 기압을 지나는 습윤 단열선을 찾고, 습윤 단열선의 온위를 읽으면 된다. 기본장이 (6.2)의 불안정 조건을 갖추었다 하더라도 섭동은 먼저 포화 상태에 이르러야 비로소 상승 가속할 수 있다. 상승하는 섭동이 건조하다면 (6.2)에서 θ_e^*대신 온위 θ를 사용한다. Fig.6.1은 이상적인 조건 불안정 구조를 보인 것이다. 식 (6.2)의 조건에 따라, 지면에서 중층까지 불안정 구역이 존재한다. 예를 들어 지면 부근에서 $\theta_{e,sfc}$의 상당 온위를 가진 습윤 공기가 강제 상승하여 포화된 후 자유 상승 고도를 넘어서면 자체 부력으로 계속 상승하게 된다. 섭동의 상당 온위가 주변 대기의 포화 상당 온위보다 커서 부력을 받기 때문이다. 상당 온위는 기온이 높아지면 증가하지만, 수증기량이 늘어나도 증가한다. 부력을 따지려면 서로 다른 공기의 밀도 또는 기온만을 비교해야 하므로, 주변 대기의 θ_e대신 θ_e^*와 비교하는 점에 유의하자. 대류권에서는 고도에 따라 기온이 감소하지만, 권계면 부근에 이르면 다시 증가하여 안정한 성층권을 형성한다. 대기가 연직으로 불안정하다 하더라도, 일정 고도에 이르면 주변 기온보다 기온이 낮아져 언젠가는 부력이 끊기게 된다. 이 고도를 평형 고도(equilibrium level)라고 부른다. 이렇게 해서 상승 응결 고도와 평형 고도가 각각 구름의 하단과 상단을 결정한다.

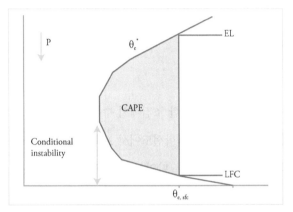

Fig.6.1 조건 불안정(conditional instability) 연직 구조. $\theta_{e,\,sfc}$는 지면에 인접한 기층의 상당 온위, θ_e^*는 기온에 대응하는 포화 수증기량을 가정한 포화 상당 온위이다. CAPE(채색 구역)는 대류 가용 잠재 에너지, LFC는 자유 상승 고도, EL은 평형 고도이다. 기압(p)이 증가하는 방향은 화살표로 나타나있다. http://www-das.uwyo.edu/~geerts/atsc5160/cond_pot_instability.pdf

부력을 연직으로 자유 상승 고도에서 평형 고도까지 적분하면 부력이 한 일 또는 운동 에너지, 즉 대류 가용 잠재 에너지(convective available potential energy, 또는 CAPE)를 구할 수 있다. 연직 운동 에너지의 정의에 따라 적운 내부의 평균 상승 속도는 대략 CAPE를 2로 곱한 후 제곱근을 취해 구할 수 있다(Bechtold, 2015).

$$w = \sqrt{2CAPE} \propto \left[2g \int_{LFC}^{EL} \frac{\theta_{e,\,sfc} - \theta_e^*}{\theta_e^*} dz \right]^{1/2} \qquad (6.3)$$

기상 역학

여기서 CAPE는 Fig.6.1의 채색 구역을 따라 부력 에너지를 자유 상승 고도(LFC)에서 평형 고도(EL)까지 적분한 것으로, 단위 질량당 에너지의 단위를 갖는다. $\theta_{e,sfc}$는 지면 부근의 상당 온위다. 내륙에서 일사를 강하게 받으면 지면 부근의 공기가 불안정해져 상승한다는 것을 전제한 것이다. 만약 경계층 상부의 기층이 강제 상승하여 자유 상승 고도에 이른다면, (6.3)에서 $\theta_{e,sfc}$대신 경계층 상부의 상당 온위값을 대입하면 된다. 부력은 기체 내부의 열에너지에서 비롯한 것으로, 불안정한 연직 대기는 열에너지를 받아 잠재 에너지가 충전된 상태다. 부력을 통해 대류 가용 잠재 에너지는 섭동의 운동 에너지로 전환된다.

대기가 조건부 불안정 상태에 있을 때는, 섭동이 자유 상승 고도에 이를 수 있어야 비로소 부력을 받게 된다. 통상 대기 하부에는 기온 역전층이 자리 잡고 있어서, 강제력이 웬만큼 크지 않으면 자유 상승 고도에 이르기 어렵다. 강제적인 힘이 작동하여 섭동을 이 고도까지 밀어 올려주어야 비로서 대기의 가용 잠재 에너지가 섭동의 운동 에너지로 전환할 수 있다. 이것은 방아쇠 조건의 일종으로, 산악, 경계층, 전선면 등 다양한 기상 조건이 강제 상승을 지원하게 된다.

한편 저기압 주변과 같이 광범위한 상승 기류의 영향권에 들어가 기층 전체가 상승하게 되면 기층은 점차 불안정한 쪽으로 기울어진다. 기층 상부보다는 하부에 수증기가 많이 몰려있기 때문에, 하부에서 출발한 기체는 상부에서 출발한 기체보다 빠르게 상승 응결 고도에 도달하고 상부보다 기온 하강 폭이 줄어들며 하부가 상대적으로 따뜻해져 기층은 불안정해진다. 대규모 기류 상승이 일종의 방아쇠 역할을 하게 되는 셈이다.

적운으로 인해 강수가 내리게 되면 하중으로 인해 대기를 아래로 누르는 힘이 작용하므로 부력을 계산할 때 이 점을 감안해야 한다. 통상 수적 $10g/kg$이 갖는 중력은 $1g/kg$의 수증기가 응결하여 만들어낸 부력을 상쇄하는 크기다(Gibbs, 2015). 적운이 발달하며 열이 연직으로 재분배되면 대기는 빠르게 안정한 상태를 회복한다. 하지만 대규모 기압계가 지속적으로 불안정한 주변 여건을 지원해주거나, 적운에 의해 유발된 상승 기류가 하강 기류를 불러오고 그 일단이 다시 적운 주변에서 수렴하여 상승하게 되면 재차 적운이 발달할 수 있다.

태풍의 2차 순환

태풍 발달 이론 중 하나인 CISK(conditional instability of second kind)에 따르면 해면의 경계층에서 마찰력으로 인해 열대 저기압으로 수렴하는 기류가 해상의 온습한 수증기를 태풍에 제공하고, 태풍의 눈 외벽에 위치한 도넛 모양의 적운 군집은 이를 소비하여 잠열을 방출함으로써 중심부의 기압을 낮추고 이차 순환 기류가 강화됨에 따라 더 많은 수증기를 태풍에 공급하며 자가 발달의 구조를 갖게 된다는 것이다. 태풍의 눈 주변의 적운 벽 바깥에 이차 적운 벽(eyewell replacement cycle)이 형성되기도 한다. 이차 적운 벽이 해수에서 유입한 잠열을 일부 소모하므로, 본래 눈 주변의 적운 띠는 점차 쇠퇴해간다. 대신 이차 적운 띠는 수렴 기류의 작용으로 회전 에너지를 키워가면서 점차 수축하여 결국 본래의 눈을 대체하게 된다(Houze et al., 2007).

또 다른 이론인 WISHE(wind induced surface heat exchange)는 태풍의 에너지 흐름을 열역학적 카르노 순환(Carnot cycle)에 비유한다. Fig.6.2는 카르노 순환과 태풍의 연직 순환을 4단계로 구분하여 보인 것이다. 먼저 하층

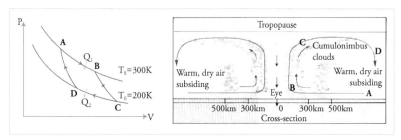

Fig.6.2 카르노 순환에 비추어본 태풍의 에너지 흐름도. (좌) 기압(P)과 체적(V)의 상태 공간에서 카르노 순환의 4단계. A→B와 C→D는 등온 과정이고, B→C와 D→A는 단열 과정이다. (우) 태풍의 연직 단면도에 카르노 순환의 4단계를 대응하여 보인 것이다. A→B는 하부 습윤 경계층에서 기류가 중심(eye)을 향해 이동하는 동안 등온 과정을 통해서 해수로부터 열을 공급 받는다. 열의 일부는 기체가 팽창하며 일을 하는데 쓰인다. B→C는 단열 팽창에 따라 태풍이 외부에 일을 하는 과정이다. 깊은 적운(cumulonimbus)이 발달하면서 생성된 잠열은 기류가 권계면(tropopause)까지 상승하는 동안 운동 에너지로 전환한다. 수증기가 응결하여 비로 내리면서 기체의 습도는 낮아져 건조해진다. C→D는 상부에서 외부로 기류가 흐르는 동안 등온 과정을 거쳐 기류가 외부에 열을 내주게 된다. D→A는 열원에서 단절된 상태에서 하강하는 건조 공기(warm dry air subsiding)가 단열 압축되어 운동 에너지의 일부가 잠재 에너지로 축적된다.

physics.unl.edu/.../Hurricanes%20and%20the%20Carnot%20cycl...

에서 태풍의 중심을 향해 유입하는 기류(A→B)는 열대 해상의 습윤 경계층에서 등온 과정을 통해서 열에너지를 받게 된다. 해면에서는 현열(sensible heat)과 잠열(latent heat)이 하층 대기로 유입한다. 대기가 받은 열에너지는 해면에서 증발로 빼앗긴 열과 기압이 낮은 중심부로 이동하며 팽창한데 따른 일 에너지 소모분을 보충하게 된다(MetED, 2011). 태풍 중심부로 접근하며 하층에서 온습한 수증기를 공급받은 기체는 발달하는 적운을 따라 권계면까지 상승하며 단열 팽창한다(B→C). 이 과정에서 기체는 단열 냉각되고 잠열은 운동 에너지로 전환된다. 상승한 기류는 태풍 외곽으로 발산하며 등온 과정을 거쳐 열을 외부로 내보낸다(C→D). 기체는 압축되어 운동 에너지는 일부 잠재 에너지로 전환된다. 태풍 외곽에서는 기류가 단열 압축 과정을 거쳐 다시 해면으로 하강한다(D→A). 기류가 하강하는 동안 운동 에너지는 일부 잠재 에너지로 전환된다. 대기 카르노 엔진의 효율 η 은 하층 해면 온도 T_s와 태풍 상부의 기온 T_0의 차이에 달려있다.

$$\eta = |W|/|Q_i| = (T_s - T_0)/T_s \qquad (6.4)$$

여기서 $|Q_i|$는 해면에서 태풍으로 유입한 열에너지로서 T_s에 비례한 다. 또한 $|W|$는 태풍이 한 일의 량으로 $(T_s - T_0)$에 비례한다. 단열 팽창 과 정(B→C)을 따라 적운 하부의 기온 T_s에서 출발한 기류는 습윤 단열선(mois-tadiabat)을 따라 상부로 이동하여 일을 하고난 후 T_0가 되기 때문이다.

자오선 순환

동서 평균장은 자오선 단면에서 연직 순환 기류를 형성한다. 태양광을 받아 적도 지방이 극지방보다 기온이 더 많이 상승하면 동서 평균장의 가용 잠재 에너지가 증가한다. 열대 수렴대에서 발달하는 적운 대류는 자오선 순환에서 하드리 세포(Hadley cell)를 구동하는 동인이다. 열대 수렴대에서 부력에 의해 상승한 기류는 아열대 고압부에서 하강하고, 다시 열대 수렴대로 모이면서 순환계를 완성한다. 연직 순환계의 상층에서 중위도로 향한 기류는 전향력의 작용으로 서풍 성분이 강해지고, 하층에서 아열대로부터 적도 수렴대를 향한 기류는 동풍 성분이 더해진다.

하드리 세포는 Fig.6.3와 같이 차등 태양 복사로 인해 열대 수렴대에서 상승한 난기가 극 방향으로 이동하여 아열대 지역에서 하강하는 방식으로 직접 열 순환을 한다. 이 과정에서 이차 순환 기류는 동서 평균장의 가용 잠재 에너지를 소모하며 운동 에너지를 키워간다. 열대 수렴대에서는 난

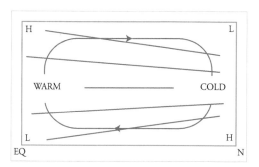

Fig.6.3 직접 열 순환에서 잠재 에너지가 운동 에너지로 변환되는 과정. 화살표는 열 순환의 흐름이고 가는 실선은 등압선이다. 정역학 관계에 따라 적도(EQ) 부근의 난역(warm)은 층후가 두텁고 북쪽(N)의 한역(cold)은 층후가 얇다. 난역의 상부에는 고압부(H), 하부에는 저압부(L)가 자리 잡고, 한역의 기압 분포는 반대가 된다. 기압 경도력은 상부와 하부에서 고압부에서 저압부로 작용하여 기류의 운동 에너지는 증가한다. 연직 순환의 측면에서 보면, 연직 기류와 기온은 양의 상관을 보인다. Wallace(2010).

기가 상승하고 아열대 고압부에서는 한기가 하강하며 연직으로 열이 재분배되어 연직 방향의 대기 안정도를 높이게 된다. 또한 대기 상부에서 난기는 아열대로 이동하고, 대기 하부에서 한기는 다시 열대로 이동하며 열이 재분배되어 남북 기온 경도는 완화된다. 차등 태양 복사에 따른 남북 기온 경도와 이를 해소하기 위해 유발된 하드리 순환계가 균형을 유지하는 것이다.

한편 하드리 세포의 북단에서 하강한 기류는 아열대 지역에서 분기하여 일부는 극지방을 향해 이동하다가 중위도 북단에서 상승하여 상부에서는 다시 아열대 지방을 향해 이동하게 된다. 페릴 세포(Farrel cell)는 Fig.6.3과는 상반되게 간접 열 순환을 보인다. 중위도 북단에서 찬 공기가 상승하고 대신 아열대 지역에서는 따뜻한 공기가 하강하여 대기 안정도는 낮아진다. 또한 대기 상부에서 난기는 아열대로 이동하고, 대기 하부에서 한기는 다시 열대로 이동하며 남북 기온 경도는 강화된다. 페릴 세포에서 자오선 순환계는 운동 에너지를 동서 평균장의 가용 잠재 에너지로 일부 전환하게 된다. 페렐 세포는 하드리 세포와 달리 중위도 파동의 영향을 많이 받는 만큼 자오선 순환이 뚜렷하지 않다.

회전 바람 운동 에너지

부력을 받아 기체가 상승하면 연속 방정식 (4.2)에 따라 상부에는 기체가 쌓여 밀도가 증가하고 하층에는 기체가 소산하며 밀도가 감소한다. 상부에서는 기압이 증가하고 하부에서는 기압이 감소한다. 동시에 수평 방향으로 기압 경도력이 작용하여, 하층에서는 기류가 유입하고 상층에서는 발산한다. 상층에서 발산하는 기류는 고압부에서 주변의 저압부로 흐르므로 기압 경도력이 일을 하여 기류의 운동 에너지는 증가한다. 마찬가지로 하층에서 수렴하는 기류도 주변의 고압부에서 저압부로 흐르므로 기압 경도력이 일을 하여 기류의 운동 에너지가 증가한다. 시간이 흐르면 상층의 고압부와 하층의 저압부 사이의 기압 경도력이 아래로 향해 부력을 저지하며 정역학 평형을 유지하는 방향으로 작용하게 된다.

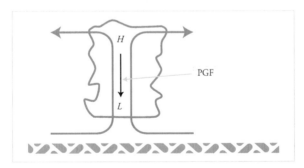

Fig.6.4 적운의 부력으로 유발된 연직 기압 분포. 기다란 화살표는 유선이다. 부력의 작용으로 구름 하부에서 수렴하는 공기는 상부에서 외부로 흩어진다. 부력에 대항하여 구름 상부에 고압부(H), 하부에는 저압부(L)가 각각 유도되고, 비정역학 기압 변화에 따른 기압 경도력(PGF)은 부력과 반대 방향으로 작용하여 힘의 평형을 도모한다. http://twister.caps.ou.edu/MM2015/

한편 대기는 하층에서 밀도가 크고 상층에서 밀도가 작은 연직 분포를 보인다. 기체가 상승하게 되면 밀도 차 때문에 상층에서 흩어지는 저밀도 공기의 발산 기류는 하층에서 모이는 고밀도 공기의 수렴 기류보다 더 강해져야만 연속적인 유체의 흐름을 유지할 수 있다. 기체가 하강하게 되면 하층에서 흩어지는 고밀도 공기의 발산 기류는 상층에서 모이는 저밀도 공기의 수렴 기류보다 약해져야 한다. 일반적으로 밀도의 시간적 변화는 음파와 마찬가지로 적운보다 훨씬 짧은 시간 규모를 갖기 때문에, 적운의 운동계를 살펴볼 때는 (4.3)이나 (4.4)와 같이 유체를 비탄성적(unelastic)이라 가정하고 밀도의 시간 변화를 무시하기도 한다.

에너지의 관점에서 보면 잠열로 인해 대류 가용 잠재 에너지가 충전되면, 부력을 통해서 기류가 상승하며 대류 가용 잠재 에너지는 운동 에너지로 전환한다. 또한 상층과 하층에서는 각각 기압 경도력이 일을 하며 기류의 수평 방향 운동 에너지가 증가한다. 결국 열에너지는 연직 방향과 수평 방향의 운동 에너지로 전환하게 된다.

부력이 작용하는 시간 규모는 대략 적운의 수명과 유사하게 대략 수십 분 정도이다. 하지만 연직 시어가 작용하며 적운이 군집을 이루면서 조직화되면 몇 시간 또는 1~2일간 동일한 구조를 유지하기도 한다. 적란운 대류계나 태풍이 대표적인 사례다. 하층에서 수렴하는 기류가 몇 시간 이상 지속하면 연직으로 늘려진 기둥에 전향력이 작용하여 시계 반대 방향의 회전 바람이 증가한다. 반면 상층에서 발산하는 기류에도 전향력이 작용하여 시계 방향의 회전 바람이 증가한다. 결국 부력에 의해 생성된 운동 에너지의 일부는 하층에서는 시계 반대 방향의 회전 운동 에너지로 전환하고 상층에서는 시계 방향의 회전 운동 에너지로 전환한다. 북반구 중위도에서는 고기압에서 기류가 발산할 때 전향력과 신장 효과가 서로 상충하기 때문에, 고기압성 회전 바람은 그 크기가 저기압성 회전 바람만큼 커지기 어렵다. 다만 적운의 운동만을 생각한다면 운동의 수평 규모가 작아서, 전향력의 효과는 상대적으로 작아 무시할 수 있다.

3. 수평 불안정

자유 대기에서 대규모 기압계는 일반적으로 (4.6)을 만족하는 지균 평형 상태로 볼 수 있다. 편서풍 파동계도 일차적으로 지균 평형을 유지한다. 기압능이나 기압골 주변에서 질량과 바람은 서로 균형을 이룬다. 균형이 일시적으로 깨지더라도 이내 곧 본래의 구조를 회복한다. 하지만 특정한 기압 배치에서는 바람이 기압계의 흐름에서 이탈하며 바람장과 기압계의 분포가 크게 변하게 된다. 관성 불안정(inertial instability)은 지균 평형을 이루는 안정한 상태에서 불안정한 상태로 전이하는 과정이다.

지균풍이 불며 기압 경도력과 전향력이 균형을 이루는 가운데, 바람이 약해져 전향력이 줄어들면 두 힘의 균형이 깨지고 기압 경도력이 작용하는 방향으로 기체가 가속한다. 즉 기압 경도력의 방향으로 바람이 강해진다. 고압부에서 저압부로 기압 경도력을 따라 부는 비지균풍은 주변 기압계의 지균풍 또는 등압선 구조에 따라 저압부를 향해 계속 가속하거나, 감속하여 고압부로 되돌아온다. 온위의 연직 분포가 기본장의 연직 불안정을 좌우한다면, 절대 지균 운동량(absolute geostrophic momentum)의 남북 분포는 수평 방향으로 관성 불안정 여부를 결정한다. 절대 지균 운동량은 $M_g = fy - u_g$으로 정의한다. 우변 첫 항은 섭동이 자오선을 따라 극 방향으로 이동할 때 전향력을 받아 증가하는 서풍 운동량이고, 둘째 항은 바람 시어로 인해 섭동이 느끼는 기본장의 서풍 운동량이다. M_g는 고도가 하강할수록 증가하고, 북쪽으로 가면서 증가한다.

동서로 나란한 등압선 구조에서 미소한 남풍 섭동 바람이 남에서 북을 향해 분다고 하자. 지균풍은 서풍으로 기본장에 해당한다. 주풍에 섞인 미소한 남풍은 등압선을 가로질러 부는 비지균풍이다. 서풍 운동량(westerly momentum)을 가진 섭동은 남풍을 타고 북으로 이동한다. 섭동이 북쪽으로 이동하는 동안 전향력이 작용하여 서풍 운동량이 증가한다. 섭동의 서풍 운동량이 기본장의 서풍 운동량보다 크다면, 전향력이 기압 경도력보다 우세하여 섭동은 남쪽으로 방향을 틀고 급기야는 제자리로 되돌아온다. 다시 말해 복원력이 작용한다. 하지만 섭동의 서풍 운동량이 기본장의 서풍 운동량보다 작게 되면, 기압 경도력이 전향력보다 우세하여 섭동의 북진 속도는 빨라진다.

결국 섭동이 기압 경도력의 방향으로 가속할 것인지 여부는 기본장과 섭동의 서풍 운동량 증가율의 대소로 결정된다. 하나는 전향력의 작용으로 인한 섭동의 서풍 운동량 증가율이다. 다른 하나는 기본장의 남북 바람 시어에 따라 섭동이 북상하며 느끼게 되는 서풍 운동량 증가율이다. 후자가 전자보다 크면 섭동은 계속 기압 경도력의 방향으로 전진하게 되며, 기본장은 관성 불안정 상태에 놓이게 된다. 후자가 전자보다 작으면 섭동은 기압 경도력에 역행하여 본 위치로 되돌아오게 되어, 기본장은 관성 안정 상태가 된다. 이를 수식으로 나타내면,

$$f(\partial M_g/\partial y)_h < 0 \qquad\qquad (6.5a)$$

여기서 하단 첨자 h는 고도가 일정한 가운데 편미분한 것이고, M_g는 고도면에서 절대 지균 운동량이다. $(\partial M_g/\partial y)_h$는 다름 아닌 지균풍의 절대 소용돌이도이며, 관성 불안정 조건은 절대 소용돌이도를 기준으로 삼아 따져볼 수 있다.

$$\zeta + f < 0,\ \text{북반구}$$
$$\qquad\qquad\qquad (6.5b)$$
$$\zeta + f > 0,\ \text{남반구}$$

여기서 ζ는 상대 소용돌이도, f는 지구 소용돌이도이다. 절대 소용돌이도가 음이 될 때 기본장은 관성 불안정 조건을 만족하게 된다. 북반구 저기압 주변에서는 일반적으로 지구 소용돌이도와 상대 소용돌이도가 모두 양의 값을 가지므로 관성 불안정 구조를 갖기 어렵다. 실제 일기도에서 등압선 구조는 위에서 든 사례보다 훨씬 복잡한 형태를 보인다. 하지만 북반구에서는 절대 소용돌이도가 음의 값을 갖는 지역을 구분해내고, 남반구에서는 양의 값을 갖는 지역을 식별한다면 임의의 등압선 구조에 대해서도 관성 불안정 조건을 판별할 수 있다.

대규모 운동계에서는 지구 소용돌이도가 크기 때문에 고기압 주변에서 음의 상대 소용돌이도가 매우 클 때만 관성 불안정 조건에 근접한다. 저기압 주변에서는 상대 소용돌이도가 양의 값을 가지므로 관성 불안정 조건을 갖기 어렵다. 적도 부근에서는 지구 소용돌이도가 작으므로 중위도보다는 관성 불안정 조건을 만족하기가 유리한 편이다. 반구를 건너가며 관성 불안정 조건의 부호가 반대가 되기 때문에, 절대 소용돌이도가 반구를 가로질러 이류하는 곳에서는 관성 불안정 조건을 만족하기 유리하다(Randall, 2016).

한편 중소 규모 운동계에서는 지구 소용돌이도를 무시할 수 있으므로 기본장이 갖는 상대 소용돌이도의 부호가 관건이 된다. 저기압성 소용돌이 구조에서는 곡률에 의한 소용돌이를 능가할 만큼 접선 방향의 바람 시어가 음의 소용돌이도를 지원해야만 관성 불안정, 즉 $\zeta < 0$에 이를 수 있다. 발달한 태풍 안에서는 바깥으로 갈수록 풍속이 증가하여 관성적으로 안정한 구조를 갖는다. 웬만한 충격을 가하더라도 원형에 가까운 대칭적 바람 구조를 유지한다. 바깥으로 기류의 일부가 이동하더라도 섭동의 접선 속도가 기본장의 접선 속도보다 작으므로, 기압 경도력으로 인해 다시 제자리로 오게 된다. 안쪽으로 이동해도 이번에는 선속도가 주변보다 강해 원심력이 커지면서 다시 원 위치로 오게 된다. 반면 고기압성 소용돌이 구조에서는 손쉽게 관성 불안정 조건을 만족할 수 있겠으나 이는 다음 7장에 나오는 비정역학 기압 배치[14]에 역행한다. 기압 경도력의 방향으로 기류가 흘러가면 머지않아 질량이 재분배되어 다시 안정한 구조로 옮겨 간다.

절대 지균 운동량이란 지구 바깥의 절대 좌표계(예를 들면 자전축 상공)에서 바라본 운동량이다. 절대 좌표계에서는 겉보기 힘인 전향력[15]은 정

---

[14] 중소 규모 운동계에서 시계 방향 또는 반시계 방향으로 회전하는 운동계에는 중심 부근에 저압부가 위치하며 기압과 바람이 균형을 이루게 된다.

[15] 엄밀한 의미에서 전향력은 절대 좌표계에서 바라본다면 지구 소용돌이도에 작용하는 원심력에 불과하다. 원심력은 상대 소용돌이도와 지구 소용돌이도에 각각 작용하고, 편의상 이중 상대 소용돌이도에 작용하는 부분을 원심력이라 하고, 지구 소용돌이도에 작용하는 부분을 전향력이라고 구분하여 편의상 부를 뿐이다.

의상 존재하지 않는다. 대신 지구의 자전 운동과 기본장의 운동을 합한 회전 운동계에서는 원심력과 기압 경도력이 대치하게 되는데, 섭동이 이류하는 절대 각운동량(absolute angular momentum)과 기본장의 절대 각운동량의 대소를 따져 관성 불안정을 진단할 수 있다(Randall, 2016). 이때에도 관성 불안정 조건은 절대 소용돌이도를 기준으로 삼으면 (6.5b)와 동일하다. 다만 (6.5a)에서 관성 불안정 조건은 M_g 대신 절대 지균 각운동량(absolute geostrophic angular momentum)을 대입하고, f 대신 절대 지균 각운동량을 대입하면 된다.

관성 불안정한 기압계에서 섭동은 기압 경도력의 방향으로 전진하며 기본장의 에너지를 받게 된다. 기압 경도력을 따라 섭동이 움직이면 기본장이 섭동에 일을 하면서 기본장의 가용 잠재 에너지[16]가 섭동의 운동 에너지로 전환된다. 일반적으로 관성 불안정 조건은 일시적인 현상으로 오래 지속하기 어렵다. 지균 조절 과정을 통해서 대기는 빠르게 지균 평형의 상태를 회복하기 때문이다. 하지만 다음에 소개할 대칭 불안정 현상은 대규모 기압계의 지원을 통해서 상당한 지속성을 보인다.

비지균풍의 역할

관성 불안정 과정이 진행되는 동안 힘의 균형이 깨지게 된다. 식 (4.5)의 우변에 해당하는 합력의 크기로 섭동은 가속하게 된다. 지균풍 균형식 (4.6)을 (4.5)에 대입하면, 대규모 운동계에서 비지균풍의 수평 성분을 다

---

[16] 기압 경도력은 기압 차이에서 나온다. 기압은 밀도와 기온의 함수이므로, 기압 경도력에 대응하는 포텐셜 에너지는 결국 위치 에너지와 내부 에너지에서 나온다. 정역학 평형 조건에서 위치 에너지는 내부 에너지에 비례하므로, 기압 경도력은 결국 잠재 에너지에서 비롯한 것으로 해석할 수 있다

기상 역학

음과 같이 나타낼 수 있다.

$$v_a \sim \frac{1}{f_0} \boldsymbol{k} \times \frac{d_g \boldsymbol{v}_g}{dt} \qquad (6.6)$$

여기서 $\boldsymbol{v}_g$와 $\boldsymbol{v}_a$는 각각 지균풍과 비지균풍이고, $\boldsymbol{k}$는 구면 위에서 연직 방향의 단위 벡터다. f_0는 코올리올리 매개 변수 평균값이다. d_g/dt는 지균풍을 따라가며 측정한 시간 변화율이다. 북반구에서 지균풍을 가속하는 힘 벡터의 좌측 방향으로 비지균풍은 불게 된다. 기본장의 서풍 시어가 $\partial \bar{u}/\partial y > f$이면 남북 방향의 조그만 변위에도 기본장은 관성적으로 불안정하다. 북으로 조금 이동한 섭동은 기압 경도력의 방향으로 북진 가속하게 되어 지균 균형에서 벗어난다. 이때 비지균풍은 (6.6)에 따라 동쪽에서 서쪽으로 불게 되고, 전향력을 통해서 북진 가속을 지원한다.

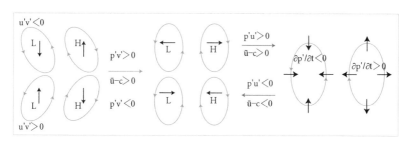

Fig.6.5 비지균풍 사례. 기본장의 절대 소용돌이도는 $f_0 - \partial \bar{u}/\partial y > 0$이라 가정하였다. 북반구 2차원 평면에서 타원 모양의 고압부(H)와 저압부(L)는 각각 시계 방향과 반시계 방향의 지균풍(곡선 화살표)을 유도한다. 실선 화살표는 c의 속도로 이동하는 파동의 상대 좌표계에서 기본장의 서풍 $\bar{u} - c$를 나타낸다. 짧은 직선 화살표는 비지균풍 성분이다. (좌)와 (중)은 각각 기본장의 서풍에 의해 유도되는 비지균풍의 남북 성분과 동서 성분을 나타낸 것이다. $\overline{p'v'}$와 $\overline{u'v'}$는 각각 남북 방향의 비지균풍 에너지 플럭스와 지균풍 운동량 플럭스다. (우)는 기압 경향 $\partial p'/\partial t$에 따른 비지균풍을 보인 것이다.

운동계가 변화하는 곳에서는 힘의 균형이 깨지고, 어김없이 비지균풍이 역할을 한다. 힘의 균형이 어긋나는 방식은 다양하다. 기본장의 서풍

$\bar{u}$에 따라 이류하는 이상적인 중립 파동(neutral wave)을 상정하면, 비지균풍의 수평 성분은 (6.6)을 이용하여 다음과 같이 쓸 수 있다.

$$(\bar{u}-c)\frac{\partial u'}{\partial x} - \left(f_0 - \frac{\partial \bar{u}}{\partial y}\right)v_a' = -v_g'\frac{\partial \bar{u}}{\partial y} \tag{6.7a}$$

$$(\bar{u}-c)\frac{\partial v'}{\partial x} + f_0 u_a' = 0 \tag{6.7b}$$

여기서 $u_g' = -\rho_0^{-1}f_0^{-1}\partial p'/\partial y$과 $v_g' = \rho_0^{-1}f_0^{-1}\partial p'/\partial x$는 섭동의 지균풍 성분이다. 섭동은 실수 $c>0$의 속도로 동진하는 이상적인 중립 파동 형태, $e^{ik(x-ct)}$를 갖는다고 가정하였다. $u_a' = u'-u_g'$과 $v_a' = v'-v_g'$는 각각 비지균풍 성분이고, f_0는 기준 위도의 코올리올리 매개 변수 값이다. ρ_0는 기준 밀도다. 식 (6.7a)에 기압 섭동 p'을 곱한 후 동서 평균을 취하면,

$$-\rho_0(\bar{u}-c)\overline{u'v'} = \overline{p'v_a'} = \overline{p'v'} \tag{6.8}$$

이 된다(Lindzen, 2008). 여기서 $\overline{(\ )}$는 동서 평균이다. (6.7a)의 우변 항은 지균풍에 의한 지위 플럭스로서, 동서 평균을 취하면 0이 된다. 마찬가지로 지균풍은 등압선에 나란하게 불기 때문에 $\overline{p'v_g'}=0$이 되는 점을 이용하였다. 식 (6.8)에서 $\bar{u}-c>0$일 때, 남북 방향의 에너지 플럭스는 서풍 운동량 플럭스와 반대 방향이다. 고도 좌표계 대신 기압 좌표계를 사용하면 기압은 지위에 대응하고, (6.8)은 지위 에너지 플럭스와 서풍 운동량 플럭스의 관계를 나타내게 된다.

Fig.6.5에서는 동서 방향으로 이상적인 기압 파동을 갖는 운동계에서

비지균풍이 유도되는 방식을 보인 것이다. c의 속도로 이동하는 파동의 상대 좌표계에서 바라본 것으로, 그림에서 파동은 정지해 있는 것으로 보인다. 편의상 기본장의 절대 소용돌이도는 $f_0 - \partial \bar{u}/\partial y > 0$이라 가정하였다. 좌측 위쪽 그림에서 $\bar{u} - c > 0$이므로, 저압부에서는 서쪽의 섭동 서풍 성분이 기본장을 타고 옮겨와 서풍이 가속하게 된다. 파동의 모양을 정상 상태로 유지하려면 (6.7a)에서 서풍을 감속하는 방향으로 전향력이 작용해야 한다. 비지균풍의 북풍 성분이 전향력을 지원한다. 마찬가지로 고압부에서는 서쪽의 섭동 동풍 성분이 기본장을 타고 옮겨와 서풍이 감속하게 된다. 파동의 모양을 정상 상태로 유지하려면 서풍을 가속하는 방향으로 전향력이 작용해야 한다. 비지균풍의 남풍 성분이 전향력을 지원한다. 이렇게 해서 $p'v' > 0$이 되어 운동 에너지는 북쪽으로 전달된다. 좌측 아래 그림에서는 위 그림과 타원 장축이 반대 방향으로 기울어져, 저압부에서는 비지균풍 남풍 성분이 유도되고 고압부에서는 비지균풍 북풍 성분이 유도된다. $p'v' < 0$이 되어 운동 에너지는 남쪽으로 전달된다. 한편 $\bar{u} - c > 0$일 때 남북 방향의 에너지 플럭스 $p'v'$와 운동량 플럭스 $u'v'$는 서로 반대 방향으로 흐르게 된다. 그림에서 보이지는 않았지만, $\bar{u} - c < 0$일 때는 남북 방향의 에너지 플럭스와 운동량 플럭스가 같은 방향으로 흐르게 된다는 점도 쉽게 이해할 수 있다. 설명의 편의상 $c > 0$인 경우를 예로 들었지만, $c < 0$인 경우도 다르지 않다.

중앙 위쪽 그림에서 $\bar{u} - c > 0$이므로, 저압부에서는 서쪽의 북풍 성분이 이류해 와 남풍이 감속하게 된다. 파동의 모양이 정상 상태를 유지하기 위해서는 (6.7b)에서 남풍을 가속하는 방향으로 전향력이 작용해야 한다. 비지균풍의 동풍 성분이 전향력을 지원한다. 마찬가지로 고압부에서는 서쪽의 남풍 성분이 옮겨와 남풍이 가속하게 된다. 파동의 모양이 정상 상태를 유지하기 위해서는 남풍을 감속하는 방향으로 전향력이 작용해야 한다. 비지균풍의 서풍 성분이 전향력을 지원한다. 이렇게 해서 $p'u' > 0$이 되어 운동 에너지는 동쪽으로 전달된다. 중앙 아래 그림에서는 $\bar{u} - c < 0$이 므로, 저압부에서는 동쪽의 남풍 성분이 옮겨와 남풍이 가속한다. 비지균 풍의 서풍 성분이 전향력을 통해서 남풍이 감속하도록 지원한다. 마찬가 지로 고압부에서는 동쪽의 북풍 성분이 옮겨와 남풍이 감속한다. 비지균 풍의 동풍 성분이 전향력을 통해서 남풍이 가속하도록 지원한다. $p'u' < 0$이 되어 운동 에너지는 서쪽으로 전달된다. 이 과정은 에너지가 $\bar{u} - c$의 상 대적인 크기로 이류함에 따라 비롯한 것이다. 종관 파동의 군속도가 지위 에너지 플럭스에 근사한다는 실증적 연구 결과에 비추어 볼 때(Chang and Orlanski, 1994), 비지균풍은 파동군의 움직임을 분석하는 데에도 유용하다.

우측 그림에서는 기압 경향 $\partial p'/\partial t$에 따른 비지균풍을 보인 것이다. 고 압부가 강화되는 곳에서는 시계 방향의 회전 바람이 증가한다. 식 (6.7)에 따라서, 전향력으로 이 추세를 지원하려면 비지균풍이 발산하여야 할 것 이다. 마찬가지로 저압부가 강화되는 곳에서는 반시계 방향의 회전 바람 이 증가한다. 이번에는 비지균풍이 수렴하여 저기압성 회전 바람을 지원 하게 된다.

4. 대칭 불안정

이 불안정 과정은 연직 방향의 조건부 불안정 과정과 수평 방향의 관성 불안정 과정이 섞인 것이다. 주변 대기가 연직 방향으로든 수평 방향으로든 따로따로 놓고 보면 안정하다 하더라도, 경사면을 따라 비스듬히 상승한다면 조건부 불안정 조건과 관성 불안정 조건을 동시에 충족하는 경우가 생긴다. 이러한 방식으로 발생하는 대류 활동이나 적운계를 조건부 대칭 불안정(CSI, conditional symmetric instability) 현상으로 통칭한다. 여기서 '조건부(conditional)'란 기체가 상승하여 응결한다고 전제하는 조건을 말한다. 또한 '대칭(symmetric)'이란 운동계의 구조가 대칭적일 때, 대칭축을 기준으로 직각인 방향에서 일어나는 운동에 대한 불안정 현상을 의미한다. 앞서 관성 불안정 사례에서는 기본장의 서풍과 나란한 동서축이 대칭축이 되고, 불안정 분석은 대칭축을 중심으로 남북으로 일어나는 변이를 따졌다.

기후학적으로 대기는 극으로 갈수록 차갑기 때문에 연직으로 이동하는 대신 비스듬히 극지방으로 이동하며, 고도가 상승한다면 섭동이 느끼는 외부 기온의 하강 폭은 더욱 커지게 되어 부력이 발생하기 유리하다. 또한 고도가 높아질수록 바람은 강해지므로 비스듬히 상승하는 섭동이 느끼는 주변 측풍의 강도는 단순히 수평으로 이동할 때보다 더 강해져, 기압 경도력의 방향으로 힘(net force)을 받기 쉽다. 이 두 가지 효과가 맞아 떨어지면, 사선을 따라 섭동이 계속 상승하며 강한 적운이 발달할 수 있게 된다. 수직으로 발달하는 적운과 달리 경사면을 따라 사선으로 적운이 발달한다고 해서 경사 대류(slantwise convection)라고 부르기도 한다.

식 (6.5a)에서 고도면 대신 온위면으로 대치하여 편미분을 취하면 대칭 불안정 조건을 얻게 된다(Holton, 2004).

$$f\left(\frac{\partial M_g}{\partial y}\right)_\theta < 0 \tag{6.9}$$

여기서 M_g는 온위면에서 절대 지균 운동량이다. 하단 첨자 θ는 온위가 일정하다는 것을 의미한다. Fig.6.6와 같은 기본장의 구조에서 섭동이 수직으로 상승하면 기본장의 θ가 증가하여 섭동은 음의 부력을 받아 원위치로 되돌아온다. 연직 방향으로 안정한 상태다. 또한 섭동이 수평 방향으로 북(N)을 향해 나아가면 기본장의 M_g가 커지면서, 전향력이 기압 경도력보다 우세하여 다시 원위치로 되돌아온다. 하지만 섭동이 등온위면을 따라 상승하며 기본장의 절대 지균 운동량이 감소하면 대칭 불안정 조건을 만족하여, 섭동은 가속한다.

Fig.6.6의 좌측 그림에서 M_g면보다 θ면의 기울기가 가파르다. 섭동이 화살표 방향으로 사선을 따라 상승하면, 섭동의 온위가 주변보다 높아 계속 상승한다. 또한 섭동의 절대 지균 운동량도 주변보다 커져 계속 북진한다. 기본장은 (6.9)의 불안정 조건을 만족한다. 반면 우측 그림에서는 M_g면보다 θ면의 기울기가 완만하다. 섭동이 화살표 방향으로 사선을 따라 상승할 때, 섭동의 온위가 주변보다 낮아 하강하고, 섭동의 절대 지균 운동량도 주변보다 작아 남쪽으로 되돌아간다. 기본장은 (6.9)의 조건에 위배되어, 대칭 안정 상태가 된다.

섭동의 수증기가 포화되어 있다면 섭동은 온위면 대신 상당 온위면을 따라 상승한다. 상당 온위면을 따라 절대 지균 운동량이 증가하거나 절대

기상 역학

각운동량이 증가하면 대칭 불안정이 일어난다. 단 전제 조건은 섭동이 상승하며 응결할 때까지 외력이 주어져야만 한다. 조건부 대칭 불안정이라고 칭하는 이유다. 경사면을 따라 자유 대류 고도까지는 외력의 힘을 받아 섭동이 강제로 상승하게 되면, 그 후부터는 기압 경도력과 부력을 통해 자력으로 기본장의 가용 잠재 에너지를 뽑아낼 수 있게 된다. 이 같은 방아쇠 조건은 상층 강풍대의 남단이나 아열대 고기압의 가장자리와 같이 고기압성 시어가 형성되어 절대 소용돌이도가 작고 대기가 연직으로 불안정한 지역에서 자주 나타난다(Blanchard et al., 1998).

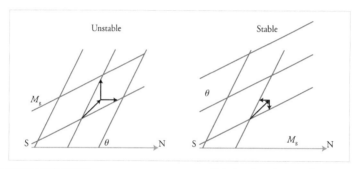

Fig.6.6 조건부 대칭 불안정(CSI, conditional symmetric instability) 현상의 모식도. 절대 지균 운동량 ($M_g = fy - u_g$)과 온위(θ)의 등치선은 각각 실선으로 나타나있다. y는 남북 방향의 좌표로서 북쪽을 향해 갈수록 커진다. u_g는 지면에서 나오는 방향의 지균풍이다. f는 코올리올리 매개 변수 값이다. θ는 고도가 상승할수록 증가하고, 남쪽(S)으로 갈수록 증가한다. M_g는 고도가 하강할수록 증가하고, 북쪽(N)으로 가면서 증가한다. 섭동이 수직으로 상승하면 기본장의 θ가 증가하여 섭동은 음의 부력을 받아 원위치로 되돌아온다. 연직 방향으로 안정한 상태다. 또한 섭동이 수평 방향으로 북(N)을 향해 나아가면 기본장의 M_g가 커지면서, 전향력이 기압 경도력보다 우세하여 다시 원위치로 되돌아온다. (좌) 불안정한 경우. M_g면보다 θ면의 기울기가 가파른 조건에서, 섭동이 화살표 방향으로 사선을 따라 상승하면, 섭동의 온위가 주변보다 높고, 섭동의 절대 지균 운동량도 주변 보다 커져 대칭 불안정(unstable) 현상이 발생한다. (우) 안정한 경우. M_g면보다 θ면의 기울기가 완만하면, 섭동이 화살표 방향으로 사선을 따라 상승할 때, 섭동의 온위가 주변보다 낮고, 섭동의 절대 지균 운동량도 주변보다 작아져 안정(stable)해진다. 절대 지균 운동량 대신 유사 개념인 절대 각운동량(absolute angular momentum)의 등치선을 사용하더라도 분석 결과는 같다(Blaauw, 2011).

대칭 불안정에 의한 강수대는 흔히 등온선에 나란하게 띄엄띄엄 배열한 강수대의 묶음으로 나타난다. 온도풍을 가로질러 적운 강수대와 소강 구역이 교대로 배열하는 불연속적 구조를 보인다. 온위 경사면을 따라 활승하는 구역에는 어디서든 강수 활동이 가능하지만, 강수대가 활성화되면 상승 구역 주변에 하강 구역이 형성되고 이곳에 소강 구역이 나타난다. 개별 강수대는 대략 폭이 10~50km이고 3~4시간 지속하는 중규모 특성을 보인다.

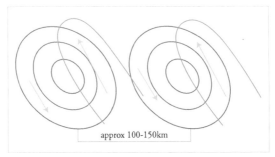

approx 100-150km

Fig.6.7 조건부 대칭 불안정 과정을 통해 발달하는 다중 강수대의 모식도. 화살표 방향으로 온위면을 따라 비스듬히 상승하는 지역에 적운(역 U자 모양)이 발달하고, 건너편에는 하강 구역이 놓여 있다. 그 건너편에 또 다른 상승 구역이 나타난다. 상승 구역 간 거리는 100~150km 떨어져 있다.
www.crh.noaa.gov/Image/eax/science/CSI.ppt

대칭 불안정 구름대는 저기압의 온난 전선 북단이나, 장파 기압골이 접근하기 전에 대기 중층에서 습하고 강한 남서 기류가 유입되는 길목에서 자주 형성된다. 태풍이 온대 저기압으로 전환하는 과정에서도 대칭 불안정 과정이 관여하여 북동쪽의 온난 전선과 강수대가 발달한다(Harr, 2010). 이 지역은 공통적으로 난기와 한기가 부딪히며 온위면의 경사가 심하고 대신 연직 바람 시어가 강해 절대 운동량면의 경사는 완만하다. 수평 방향으로는 바람이 고기압성 시어나 곡률을 보이면서 절대 소용돌이도가

기상 역학

작다.

겨울철 상층 강풍대의 입구 남측에서는 대칭 불안정에 의한 눈 구름대가 종종 발달하기도 한다(MetED, 2005). 또한 겨울철에는 하층에 한기가 갇혀 있어 경사진 물질면이 쉽게 유지된다. 이곳에서는 난기가 한기 위를 활승하는 경사 구조를 갖고 있어 대칭 불안정에 유리하다. 여기에 하층에서 난기가 유입하며 대기 안정도가 떨어지게 되면 대칭 불안정 조건이 빠르게 조성된다. 여름철 따뜻한 고기압의 북쪽 가장자리에서도 유리한 조건이 갖추어진다. 장마 전선에는 남쪽으로 아열대 고압부가 자리하여 소용돌이도가 작고, 고기압의 경계를 따라 온습한 기류가 유입되어 대기는 연직적으로 불안정한 구조를 보인다. 여기에 하층 강풍대가 형성되면 대칭 불안정의 방아쇠 요건이 조성된다.

태풍 상층부와 대칭 불안정

태풍의 중심을 따라 회전하는 강풍은 관성적으로 안정하여 동심원의 구조를 유지하려는 경향을 갖는다. 하지만 상층부에서는 약한 관성 불안정을 보이는 경우가 있다. 태풍의 중심으로부터 300~500km 떨어진 곳에서 상층운이 주변으로 퍼져나가는 것도 대칭 불안정에 기인한다(Morinari, 2014, Fig.5a). 이 지역에서는 회전 바람이 바깥으로 가면서 감소하고 대신 난기는 완만하게 상승하므로, (6.9)의 불안정 조건을 만족하게 된다. 태풍 중심부 상층에서도 아래에 놓인 난기로 인해 대기 안정도가 떨어져 대칭 불안정 현상이 나타나게 된다. 기류는 연직 축에 가깝게 상승하면서 주변으로 퍼져나가게 된다. 태풍의 상부는 관성적으로 불안정한 형태를 갖고 있어 운동량 이류나 다른 힘이 작용하면 태풍의 구조가 쉽게 변할 수 있는 동인이 된다.

태풍 주변의 파동이 갖는 운동량 플럭스가 관성 안정도가 낮은 태풍 상부에 수렴하게 되면 태풍의 상승 기류를 강화시키는 요인으로 작용한다. 북반구에서 에디 운동량 수송으로 저기압성 회전 기류가 강화되면 온도풍 평형을 이루기 위해 태풍 중심부의 난기와 주변 한기의 차이가 줄어들어야 한다. 연직 이차 순환 기류가 태풍의 중심부에서 상승한 후 발산하여 주변에서 하강하게 되면 중심부는 단열 냉각되고 주변부는 승온하며 온도풍 평형을 지원하게 된다. 이차 순환 기류의 하층 지류는 태풍의 중심부에서 수렴하게 되어 태풍의 발달을 촉진하게 된다(Kepert, 2010).

5. 파동의 전파와 추적

시스템에 작용하는 힘의 균형이 깨지고 난 후, 다시 균형을 회복하는 과정에서 파동이 일어난다. 수면 위에 작은 돌멩이를 떨어뜨렸을 때 퍼져가는 물결은 파동의 일종이다. 파동으로 인해 일어나는 변위는 바람의 속도와 파동의 위상 속도에 달려있다. 파동이 느리게 이동하면 그만큼 바람이 골과 마루 사이를 오래 머무르며 변위, 즉 진폭이 커진다. 반면 파동이 빠르게 이동하면 진폭이 작아진다. 대기 중의 파동은 파장과 주기에 따라 다양한 형태를 보인다. 단·중기 날씨는 주로 로스비 파동(Rossby wave)의 위상에 따라 달라진다. 로스비 파동은 지구 자전에 따른 전향력이 작용한 결과다. 한편 중력 파동(gravity wave)은 중력의 작용에서 비롯한다. 로스비 파동보다 파장이 짧고 이동 속도가 빠르다. 소나기구름이나 산악 주변의 기류에 영향을 미치기도 한다. 중위도 지역 일기도에서 중력 파동을 직접 분석해내는 경우는 드물다. 반면 열대 지방에서는 동쪽으로 흐르는 켈빈 중력 파동(Kelvin wave)과 서쪽으로 흐르는 로스비 중력 혼합 파동(mixed Rossby-gravity wave)을 각각 분석하여 열대 지방의 날씨와 기후를 분석하는데 활용한다(Randall, 2005).

파동의 특징은 국지적으로 작은 변위를 움직이지만 이것이 먼 곳까지 전달된다는 것이다. 마치 불을 끄기 위해 나란히 사람이 줄이어 서서 물동이를 옮기는 것을 보면 알기 쉽다. 개인적으로는 물동이는 양팔의 넓이만큼만 움직이지만 물동이는 이보다 훨씬 먼 곳에 전달되는 것이다(Pedlosky, 1987). 일반적으로 파동은 인접한 매질 사이에서 기압 경도력이 작용하여 에너지와 운동량을 전달하기는 하지만, 물질 자체를 직접 수송하지는 않는다(Randall, 2005). 물질의 속성은 질량을 비롯해서, 온도, 수증기량, 밀도, 기압을 들 수 있다.

한편 단일 파장을 가진 파동은 공간적으로 전파하며 곳곳에 변위를 일으키지만 그렇다고 에너지를 전달하지는 않는다. 공간적으로 균질하기 때문에 어떤 신호도 전달되지 않는다. 실제 대기 중에 일어나는 파동이 단일한 파장을 갖는 경우는 드물다. 파동의 범위도 지역적으로 국한되고, 패킷의 모양을 보이는 경우가 많다. 대기 중의 파동은 여러 개의 파장을 가진 파동의 조합으로 구성된다고 볼 수 있다. 서로 다른 위상 속도를 가진 파동이 섞여 있다면, 파동군은 시간에 따라 이동하며 모양이 흐트러진다. 파장과 주기 또는 파수와 진동수 간의 관계(dispersion relation)에 따라 파동군의 진행 과정은 달라진다. 파동군을 이동 매체(carrier)와 여기에 얹혀있는 신호(envelope)로 나누어 본다면, 이동 매체는 파동의 위상 속도(phase velocity)

로 전파되고, 신호 즉 에너지는 군속도(group velocity)로 전파한다. 선형계에서 신호의 형태가 이동 매체보다 시공간적으로 완만하게 진행하거나, 파동군의 진동수가 이동 매체의 진동수 부근에 몰려있다고 가정하면, 진폭 또는 에너지가 군속도로 이동한다는 것을 쉽게 보일 수 있다(Lindzen, 2008; Pedlosky, 1987).

파동선 추적

매질의 특성이 공간적으로 완만하게 변하는 곳에서는 이상적인 파형의 형태를 유지한다고 가정하더라도, 국지적인 파동의 전파 과정을 나타내는 데 무리가 없다.

$$\psi(\boldsymbol{x},\ t) = a(\boldsymbol{x},\ t)e^{i\theta(\boldsymbol{x},\ t)} \tag{6.10}$$

$$\theta(\boldsymbol{x},\ t) = \boldsymbol{k} \cdot \boldsymbol{x} - \omega t \tag{6.11}$$

$$\boldsymbol{k} = \nabla\theta|_t \tag{6.12}$$

$$\omega = -\partial\theta/\partial t|_x \tag{6.13}$$

여기서 파동의 진폭 $a(\boldsymbol{x},\ t)$가 변동하는 공간 규모는 파동의 파장보다 훨씬 길다고 가정한다. 위상 함수 $\theta(\boldsymbol{x},\ t)$, 파수 벡터 $\boldsymbol{k}(\boldsymbol{x},\ t)$, 진동수 $\omega(\boldsymbol{x},\ t)$는 각각 공간 벡터와 시간의 함수가 된다. $\omega = \Omega(\boldsymbol{k},\ \boldsymbol{x},\ t)$는 파수 벡터와 진동수의 분산 관계식으로, (6.10)을 파동의 지배 방정식에 대입하여 구할

기상 역학

수 있다. 식 (6.12)와 (6.13)을 이용하면

$$\frac{\partial \boldsymbol{k}}{\partial t} = \nabla \omega \tag{6.14}$$

분산 관계식 $\omega = \Omega(\boldsymbol{k}, \boldsymbol{x}, t)$를 편미분하고, (6.14)를 이용하면 다음과 같은 파동선 추적 방정식(ray equation)을 얻게 된다[17].

$$\frac{\partial \omega}{\partial t} + \boldsymbol{c}_g \cdot \nabla \omega = \left. \frac{\partial \Omega}{\partial t} \right|_{k, x} \tag{6.15a}$$

$$\frac{\partial \boldsymbol{k}}{\partial t} + (\boldsymbol{c}_g \cdot \nabla)\boldsymbol{k} = \left. \nabla \Omega \right|_{k, t} \tag{6.15b}$$

여기서 $\boldsymbol{c}_g = \nabla_k \Omega$는 파동 군속도 벡터다. 파동선은 군속도 벡터에 나란한 접선이다. 파동선을 이어가면 광학 이론의 광선과 유사한 방식으로 파동선(ray)을 분석할 수 있다. 분산 관계식을 이용하여 파동 군속도 벡터를 비롯하여 (6.15)의 우변을 결정하면, 파동선을 따라가면서 진동수와 파수 벡터의 국지적인 변화율을 계산할 수 있다. 다음 선형 소용돌이도 방정식을 예로 들어보자.

$$\left(\frac{\partial}{\partial t} + \bar{u} \frac{\partial}{\partial x} \right) q' + v' \bar{q}_y = 0 \tag{6.16}$$

....

[17] Paola Rizzoli. 12.802 Wave Motion in the Ocean and the Atmosphere. Spring 2008. Massachusetts Institute of Technology: MIT OpenCourseWare, https://ocw.mit.edu. License: Creative Commons BY-NC-SA.

여기서 $q' = (\partial^2/\partial x^2 + \partial^2/\partial y^2)\psi'$, $\bar{q}_y = \beta - \partial^2\bar{u}/\partial y^2$, $v' = \partial\psi'/\partial x$이다. 위 식은 절대 소용돌이도 보존식 (5.2)를 기본장 $\bar{u}(y)$에 대해 선형화한 것이다. 섭동의 유선 함수 ψ가 국지적으로 이상적인 파형 $\psi'(x, y, t) \propto e^{i(kx+ly-\omega t)}$을 갖는 파동계의 분산 관계식은 다음과 같이 쓸 수 있다(Lu and Boyd, 2008).

$$\omega = \Omega(k, l, y) = \bar{u}k - \frac{\bar{q}_y}{k^2+l^2}k \tag{6.17}$$

$$c = \omega/k = \bar{u} - \frac{\bar{q}_y}{k^2+l^2} \tag{6.18}$$

$$c_{gx} = \partial\omega/\partial k = \bar{u} + \frac{k^2-l^2}{(k^2+l^2)^2}\bar{q}_y \tag{6.19a}$$

$$c_{gy} = \partial\omega/\partial l = \frac{2kl}{(k^2+l^2)^2}\bar{q}_y \tag{6.19b}$$

여기서 k와 l은 각각 동서 파수와 남북 파수이다. c는 동서 방향의 위상 속도이고, (c_{gx}, c_{gy})는 군속도 벡터이다. 우선 (6.19a)에서 보면, 군속도는 정체하는 파동(stationary wave), 즉 $c = 0$일 때도 존재한다는 것을 알 수 있다. 군속도로 에너지가 전파하는 만큼, 정체 파동에서는 마찰이나 다른 방식으로 에너지를 소모하여 균형을 이루게 된다.

순압 파동의 군속도를 Fig.6.5의 에너지 플럭스와 비교해보자. $\bar{q}_y > 0$ 이면, (6.18)에서 $\bar{u} - c > 0$이다. 또한 k와 l의 부호가 같으면 파동의 위상은 북서-남동 방향으로 기울게 되어 Fig.6.5의 좌측 상단 그림의 조건과 일치한다. 에너지 플럭스는 북향이고, (6.19b)에서 남북 방향 군속도 $c_{gy} > 0$이 되어 에너지 플럭스와 군속도는 같은 방향이라는 것을 확인할 수 있다. 마찬가지로 k와 l의 부호가 다르면 파동의 위상은 북동-남서 방향으로 기울게 되어 Fig.6.5의 좌측 하단 그림의 조건과 일치한다. 에너지 플럭스는 남향이고, (6.19b)에서 남북 방향 군속도 $c_{gy}<0$이 되어 에너지 플럭스와 군속도는 역시 같은 방향이 된다. 한편 동서 방향의 군속도 c_{gx}는 (6.19a)에서 kl의 부호에 상관없이 항상 양의 값을 갖는데, 이는 Fig.6.5 중앙 상단 그림에서 $\bar{u}-c>0$일 때 파동의 기울기에 상관없이 에너지 플럭스가 동진하는 것과 일치한다. 동서 방향으로도 군속도와 에너지 플럭스가 같은 방향이라는 점을 확인할 수 있다.

분산 관계식 (6.17)에서 $\Omega(k, l, y)$에는 명시적으로 t나 x가 수식에 나타나 있지 않으므로, $\partial\Omega/\partial t = 0$과 $\partial\Omega/\partial x = 0$이 된다. 따라서 (6.15)를 이용하면 ω와 k는 군속도 벡터를 따라가면서 보존된다. 식 (6.17)을 남북 파수 l에 대해 정리하면,

$$l^2 = \bar{q}_y/(\bar{u} - c) - k^2 \tag{6.20}$$

여기서 $\bar{q}_y$와 $\bar{u}$는 각각 y방향으로 완만하게 변화하는 함수이다. 파동이 y방향으로 전파하려면 (6.20)의 우변이 양수가 되어야 하므로, 우선 $\bar{q}_y$와 $\bar{u}-c$의 부호가 같아야 한다. 또한

$$\bar{q}_y/k^2 > \bar{u} - c > 0 \tag{6.21}$$

을 만족해야 한다. 파동이 정체하는 흐름($c=0$)에서 남북 방향으로 전파하려면, $\bar{q}_y>0$일 때 기본장의 바람은 서풍이 불고 풍속이 작아야 한다. 반대

로 $\bar{q}_y < 0$일 때는 기본장의 바람은 동풍이 불고, 마찬가지로 풍속이 작아야 한다.

매질의 특성에 따라 파동선은 굴절한다. 파동선상에는 크게 2개의 특이층이 나타나게 된다. 첫째, 임계층(critical layer)이다. 임계층에 수직한 방향의 파장은 짧아지고 군속도는 점차 느려진다. 임계층에 나란한 방향의 위상 속도와 주변 바람장의 크기가 같아지며 파동의 흐름이 정체한다. 임계층 부근에서는 기본장을 따라 이동하는 좌표계에서 파동이 정지해있기 때문에 그만큼 오랜 시간 동안 파동이 매질의 영향을 받는다. 둘째, 전환층(turning layer)이다. 전환층에 수직한 방향의 파장은 길어진다. 군속도는 점차 전환층에 나란한 방향으로 굴절한다. 굴절이 심해지면 결국 파동선이 오던 길을 다시 되돌아가는 지점에 이르게 된다. 전환층 부근에서도 파동군 속도가 느려지면서 파동군의 에너지가 축적되어 파동의 진폭이 커지게 된다(Hoskins and Karoly, 1981).

식 (6.20)에서 순압 파동은 $\bar{u} - c = 0$인 위도에서 임계층을 갖게 된다. 정체하는 파동이라면 서풍이 0인 적도 부근이 해당한다. 임계층에서는 l이 매우 커지기 때문에 파동은 동서로 늘어나고 남북으로는 좁아진 구조를 갖게 되어, 파동군은 남북 방향으로 이동하되 이동 속도는 매우 작아진다, 즉 $c_y \sim \omega/l \sim 0$. 동서 방향으로는 (6.19a)에서 $c_{gx} \sim \bar{u}$가 되어 기본장의 서풍에서 보면 군속도는 정지해 있는 셈이다. 한편 고위도로 파동이 옮겨가면 $\bar{u}$가 증가하고 (6.20)에서 l은 작아진다. 파동은 남북으로 길고 동서로 짧은 형태를 보인다. 식 (6.19b)에서 $c_{gy} \sim 0$이 되어, 파동선은 점차 동서 방향으로 틀게 되고 전환층에 이르면 다시 남하하게 된다.

매질이 완만하게 변화하는 선형 파동계에서 파동 패킷(wave packet)의 에너지는 힘의 원천에서부터 군속도 벡터에 나란하게 전파한다. 외력이 작용하지 않고 파동이 이동하는 매질의 특성이 서서히 변화한다고 전제하면, 에너지를 도플러 진동수로 나누어 준 값, 소위 파동 활동량(wave action)은 군속도 벡터를 따라 이동하는 동안 보존된다(Bretherton and Garrett, 1968). 즉 새로 만들어지거나 소멸하지 않는다.

$$\frac{\partial A}{\partial t} + \nabla \cdot c_g A = 0 \qquad\qquad (6.22)$$

여기서 $A = E/\omega'$는 활동량, E는 파동의 에너지 밀도, ω'는 기본장의 이류에 따른 도플러 효과를 제거한 고유 진동수, c_g는 군속도 벡터이다. 활동량 플럭스(wave action flux)는 군속도 벡터에 활동량을 곱한 것으로, 활동량 플럭스가 수렴하거나 발산할 때 파동의 활동량은 변동한다. 활동량의 보존 원리는 파동의 위상이 달라지더라도 유체의 라그랑지언 밀도(Lagrangian density)가 불변한다는 대칭성과 관련되어 있다. 라그랑지언 밀도로부터 활동량 보존 원리의 일반형을 도출하는 과정은 Grimshaw(2009)에 자세히 나와 있다.

폭풍우와
국지 기압계

1. 비정역학 기압

　　　　종관계에서 흔히 다루는 준지균 운동계(quasi-geo-strophic system)는 정역학 기압(hydrostatic pressure)을 전제한 것이다. 연직 방향의 운동 방정식에서 중력과 기압 경도력이 균형을 이룬다고 보고 중력에 반응하는 기압의 분포를 상정한 것이다. 이는 기압이 종관 규모 운동의 시간 규모보다 빠르게 질량(또는 기온)과 정역학적 균형 관계를 회복한 것을 뜻한다. 지상 기압을 대기의 무게로 환산할 수 있다는 것도 정역학 관계식의 다른 측면이다. 한편 수평 방향으로는 지균풍의 정의에 따라 기압 경도력과 전향력이 균형을 이룬다고 본다. 준지균 운동계에서는 소용돌이도와 기압 분포 간에 다음과 같이 단순한 조건을 만족하게 된다.

$$\nabla^2 p = \rho_0 f_0 \zeta_g \qquad\qquad (7.1)$$

여기서 f_0는 기준 위도에서의 코올리올리 매개 변수, ζ_g는 지균 소용돌이도의 연직 성분이다. ρ_0는 기준 밀도다. 식 (7.1)은 (4.6)에서 발산 성분을 취한 것으로, 지균풍 정의의 다른 표현에 불과하다. 준지균 운동계에 대해서는 다음 장에서 자세하게 살펴볼 것이다.

하지만 대기 운동계는 다양한 방식으로 힘의 균형을 유지할 수 있다. 수평 방향의 운동 방정식에서 균형 조건을 도출하거나, 연직 방향의 운동 방정식에서 부력을 감안하면, 이에 반응하는 기압의 분포도 복잡해진다. 비행기의 양력은 날개 위를 지나는 공기의 속도가 아래를 지나는 공기의 속도보다 빨라 날개 위의 기압이 상대적으로 날개 아래의 기압보다 낮아지며 위를 향한 기압 경도력이 작용하여 일어난다. 이때 날개 위에 유도되는 기압의 편차는 주변의 기압과는 달리 국지적인 운동에 의해 일어난 것으로서 역학적 기압(dynamic pressure)이라고 부른다. 전장에서 살펴본 바와 같이, 국지적으로 기체의 밀도가 낮아져 부력을 받게 되면 부력 위쪽과 아래쪽에 각각 고기압과 저기압이 형성된다. 이것은 역학적 기압과 구별하여 부력 기압(buoyancy pressure)이라고 부르기도 한다. 역학적 기압이나 부력 기압 모두 정역학 균형에서 이탈한 것이므로, 비정역학 기압(nonhydrostatic pressure)에 속한다.

일반적으로 대기 운동과 균형을 이루는 기압 분포는 운동 방정식에서 발산 성분을 분리해 보면 알기 쉽다. 직교하는 3차원 좌표계에서 기압과 바람을 각각 기본장과 섭동으로 구분하고, 기본장의 변수는 고도만의 함수이자 정역학 관계를 유지한다고 하자. 전향력은 대규모 운동계에서 중요한 힘이지만, 폭풍우를 비롯한 중소 규모 운동계에서는 크기가 작다. 기본장의 연직 바람과 부력에 따른 기압의 변동량은 무시할 수 있다.[18] 또한 섭동의 발산 성분의 시간 변화도 각 구성 요소들이 대체로 균형을 이루고 있어서 미량이라고 전제하면,[19] 운동 방정식 (4.5)에서 섭동의 발산 성분[20]에 대한 균형 조건을 얻게 된다(Nielson, 2006; Markowski, 2007).

----

[18] 부력이 작용하는 구름의 운동계에서 연속 방정식의 규모 분석과 상태 방정식을 통해서, 기압의 변동 폭은 기온이나 밀도의 변동 폭보다 작아진다는 것을 확인할 수 있다. $\theta'/\theta_0 \sim \rho'/\rho_0$이고, $p'/p_0 \sim 0$이다.

[19] 기류를 따라 이동하는 좌표계에서 섭동의 발산 양은 시간에 따라 변하지 않는다고 가정한 것이다.

[20] 식 (4.5)에서 섭동의 선형 방정식을 분리해낸 다음, $\nabla \cdot$ 연산을 취하면 발산 성분의 섭동에 관한 운동 방정식을 구할 수 있다.

$$-p' \propto \nabla^2 p' = \rho_0 \left(\frac{\partial B}{\partial z} - 2\frac{\partial \overline{\boldsymbol{v}}}{\partial z} \cdot \nabla \mathrm{w}' + \frac{1}{2}\boldsymbol{\zeta}' \cdot \boldsymbol{\zeta}' - \frac{1}{2}\boldsymbol{\epsilon}' \cdot \boldsymbol{\epsilon}' - \nabla \boldsymbol{v}' \cdot \nabla \boldsymbol{v}' \right) \quad (7.2)$$

여기서 $\overline{(\ )}$는 기본장 또는 평균장, $(\ )'$은 섭동을 나타낸다. ρ_0는 기준 밀도로 고도만의 함수다. 또한 $\nabla \boldsymbol{v}' = \frac{\partial u'}{\partial x}\boldsymbol{i} + \frac{\partial v'}{\partial y}\boldsymbol{j} + \frac{\partial \mathrm{w}'}{\partial z}\boldsymbol{k}$ 이다. 진한 글자는 모두 3차원 벡터를 표기한 것이다.

$$B = -\mathrm{g}\rho'/\rho_0 \tag{7.3}$$

$$\boldsymbol{\epsilon}' = \left(\frac{\partial \mathrm{w}'}{\partial y} + \frac{\partial v'}{\partial z} \right)\boldsymbol{i} + \left(\frac{\partial u'}{\partial z} + \frac{\partial \mathrm{w}'}{\partial x} \right)\boldsymbol{j} + \left(\frac{\partial v'}{\partial x} + \frac{\partial u'}{\partial y} \right)\boldsymbol{k}, \tag{7.4a}$$

$$\boldsymbol{\zeta}' = \left(\frac{\partial \mathrm{w}'}{\partial y} - \frac{\partial v'}{\partial z} \right)\boldsymbol{i} + \left(\frac{\partial u'}{\partial z} - \frac{\partial \mathrm{w}'}{\partial x} \right)\boldsymbol{j} + \left(\frac{\partial v'}{\partial x} - \frac{\partial u'}{\partial y} \right)\boldsymbol{k} \tag{7.4b}$$

여기서 B, $\boldsymbol{\zeta}'$, $\boldsymbol{\epsilon}'$는 고도가 연직 축인 3차원 직교 좌표계에서 각각 부력 섭동, 변형 벡터의 섭동, 소용돌이도 벡터의 섭동을 표기한 것이다. 식 (7.2)의 우변에서 첫째 항인 부력을 제외하면 다른 항들은 근원을 따져보면 모두 비선형 이류 과정의 발산 효과, 즉 $\nabla \cdot d\boldsymbol{v}/dt$에서 비롯한 것이다. 우변 둘째 항은 선형 항이고 셋째부터 다섯째 항은 모두 비선형 항이다. 둘째 항부터 넷째 항까지는 모두 바람의 시어간 상호 작용에 따른 것이다. 우변 셋째 항은 회전(rotation), 넷째 항은 변형(deformation), 다섯째 항은 바람의 확장(extension)을 통해서 각각 비정역학 기압을 변화시킨다.

회전과 변형 효과는 시어의 상호 작용을 통해 나타난다. 확장 효과는 기류가 움직이는 방향으로 가속 또는 감속하는 기류 간 상호 작용으로 나타난다. 위의 5가지 요소들이 어우러져 평형을 이루려면 각 변화 요인을

기상 역학

상쇄하는 방향으로 기압 경도력이 수렴하거나 발산해야 한다.

첫째, 기체가 응결하여 잠열을 방출하면 부력을 받아 상승하는 힘이 생긴다. 부력의 힘은 상층에서 수렴하고 하층에서 발산한다. 따라서 이를 상쇄하기 위해 상층에는 발산하는 기압 경도력이 작용해야 하고 하층에는 수렴하는 기압 경도력이 작용해야 한다. 다시 말해 상층에서 고압부, 하층에는 저압부가 형성되어, 기압 경도력은 부력과 반대 방향으로 작용한다.

둘째, 기본장의 연직 시어는 수평 방향의 소용돌이도를 갖는다. 섭동이 같은 방향의 소용돌이도 성분을 갖는다면, 섭동의 소용돌이도는 강화된다. 섭동에 작용하는 원심력이 증가하여 회전 중심 바깥쪽으로 힘이 발산한다. 힘의 균형을 유지하기 위해 기압 경도력은 회전 중심 방향으로 수렴해야 하고, 섭동의 소용돌이도 지역에 역학적 저압부가 형성된다. 만약 섭동이 기본장과 반대 방향의 소용돌이도를 갖는다면, 이번에는 섭동의 소용돌이도가 약화된다. 섭동의 소용돌이도 지역에는 역학적 고압부가 형성된다. 기본장의 연직 시어가 Fig.7.1의 실선 화살표처럼 배치된 곳에 섭동의 회전 바람이 점선 화살표와 같이 놓이게 되면 최대 상승 지역의 풍상측과 풍하측에는 각각 고압부와 저압부가 유도된다. 환경의 연직 바람 시어와 적운의 연직 기류가 합쳐지면, 풍상측에서는 변형장을 이루고 풍하측에서는 회전장을 구성한다. 풍상측에서는 기본장의 연직 바람 시어와 섭동의 회전 바람이 상쇄되는 만큼 줄어드는 원심력을 고압부의 기압 경도력이 보충하게 된다. 풍하측에서는 연직 바람 시어와 섭동의 회전 바람이 상호 지원하는 만큼 늘어나는 원심력을 저압부의 기압 경도력이 상쇄하게 된다.

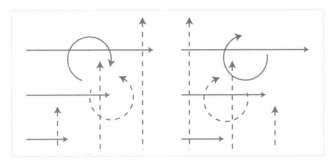

Fig.7.1 변형(deformation)하거나 회전(rotation)하는 바람장에서 바람의 이류에 의해 회전 바람에 가해지는 힘
(torque). 직선 화살표는 바람 벡터이고 곡선 화살표는 회전 방향이다. (좌) 변형장에서 점선의 회전
바람은 실선의 회전 바람과는 반대 방향으로 회전하므로, 회전에 역행하는 방향으로 힘이 작용한
다. 원심력이 줄어드는 만큼 발산하는 힘이 대항해야 균형을 갖게 되는데, 역학적 고압부가 형성
되어 기압 경도력이 힘의 균형을 맞춘다. (우) 회전장에서 점선의 회전 바람은 실선의 회전 바람과
같은 방향으로 회전하므로, 회전을 지원하는 방향으로 힘이 작용한다. 원심력이 늘어나는 만큼 수
렴하는 힘이 맞서야 균형을 갖게 되는데, 역학적 저압부가 형성되어 기압 경도력이 힘의 균형을
맞춘다.

셋째, 기류가 회전하면 원심력을 받아 바깥으로 발산하려는 힘이 형성
된다. 힘의 균형을 이루기 위해서는 기압 경도력이 수렴하려는 힘을 지원
해야 한다. 자연히 역학적 저압부가 형성되어 기압 경도력을 뒷받침하게
된다. 4장에서 이미 소개한 선형풍도 같은 원리다. 대규모 운동계에서는
연직 방향의 소용돌이도 성분이 주류를 이룬다. 하지만 중규모 운동계에
서는 수평 방향의 소용돌이도 성분도 중요한 역할을 한다. Fig.7.1의 우측
그림에서 서로 직교하는 시어는 같은 방향의 소용돌이도를 형성하고 상호
지원하는 형국이다. 앞서 선형항에서는 기본장의 소용돌이도와 섭동의 소
용돌이도가 상호 작용한다면, 여기서는 섭동의 소용돌이도끼리 상호 작용
하는 점이 다른 점이다. 선형항과 마찬가지로 소용돌이도 이류를 통해 늘
어난 원심력과 균형을 맞추도록 역학적 저압부가 형성된다.

기상 역학

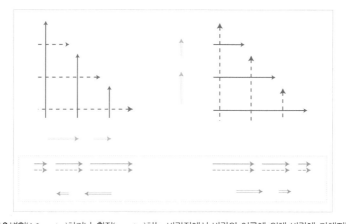

Fig.7.2 변형(deformation)하거나 확장(extension)하는 바람장에서 바람의 이류에 의해 바람에 가해지는 힘이 수렴하는 과정. 가는 화살표는 바람 벡터이고 이중선 화살표는 바람에 가해지는 힘의 벡터이다. (상좌) 변형장에서 실선의 바람 벡터에 의해 점선의 바람 벡터가 이류된다면 운동량 플럭스는 수렴 ($\partial u'v'/\partial y < 0$)하여, 운동량은 동쪽으로 가속하는 힘을 받는다. 실선의 바람 벡터의 크기는 동쪽으로 가면서 감소하므로, 힘은 이중선 화살표의 방향으로 수렴하게 된다. 이를 상쇄하기 위해 역학적 고압부가 형성되고 주변으로 기압 경도력을 발산하게 된다. (상우) 운동량 플럭스는 수렴 ($\partial u'v'/\partial x < 0$)하여, 운동량은 북쪽으로 가속하는 힘을 받는다. 실선의 바람 벡터의 크기는 북쪽으로 가면서 감소하므로, 힘은 이중선 화살표의 방향으로 수렴하게 된다. 이를 상쇄하기 위해 역학적 고압부가 형성되고 주변으로 기압 경도력을 발산하게 된다. (하좌) 한 방향으로 증가하거나 감소하는 바람장에서도 변형장과 같은 방식으로 실선의 바람 벡터에 의해 점선의 바람 벡터가 이류된다면 운동량 플럭스는 발산($\partial u'u'/\partial x > 0$)하여, 운동량은 서쪽으로 가속하는 힘을 받는다. 바람 벡터의 크기가 동쪽으로 가면서 증가하므로, 힘은 이중선 화살표의 방향으로 수렴하게 된다. 이를 상쇄하기 위해 역학적 고압부가 형성되고 주변으로 기압 경도력을 발산하게 된다. (하우) 운동량 플럭스는 수렴($\partial u'u'/\partial x < 0$)하여, 운동량은 동쪽으로 가속하는 힘을 받는다. 바람 벡터의 크기가 동쪽으로 가면서 감소하므로, 힘은 이중선 화살표의 방향으로 수렴하게 된다. 이를 상쇄하기 위해 역학적 고압부가 형성되고 주변으로 기압 경도력을 발산하게 된다.

넷째, 변형장이 유도하는 역학적 기압도 운동량의 이류 과정[21]을 통해서 이해할 수 있다. 기류가 변형장을 따라 흘러가며 한 방향으로는 수축하고 다른 방향으로 신장한다면, Fig.7.2에서 알 수 있듯이 바람이 이류되

....

[21] 엄밀한 의미에서 신장에 따른 소용돌이 증가도 결국 회전 중심을 향해 수렴하는 기류에 의해 회전원의 접선 방향의 기류가 이류된 효과에 불과하다.

면서 운동량에 가해지는 힘이 수렴하게 된다. 이 힘과 균형을 이루기 위해 역학적 고기압이 형성되고 기압 경도력이 발산하게 된다. 다른 각도에서 보면 변형장은 회전장과 마찬가지로 Fig.7.1의 좌측 그림과 같이 서로 다른 방향으로 회전하는 기류가 상호 작용하여 상대방의 회전을 감속하게 하므로 역학적 고압부가 형성되어 줄어드는 원심력과 균형을 이루게 된다. 변형장과 회전장에서 유도되는 역학적 기압은 동전의 양면과 같은 것임을 알 수 있다.

다섯째, 바람이 어느 한 방향으로 증가하거나 감소하게 되면 바람이 증가할수록 이류되는 양이 커지므로 운동량에 가해지는 힘이 수렴하게 된다. 앞서 변형장과 마찬가지로 역학적 고기압이 그 힘과 균형을 이루고 기압 경도력이 발산하게 된다.

본격적으로 폭풍우의 비정역학 기압 분포를 논의하기에 앞서 기압 균형 방정식의 입장에서 베르누이 원리로 잠시 되돌아가 보기로 하자. 동서 방향의 1차원 선상에서 바람의 이류와 기압 경도력이 균형을 이룬다고 보면, (1.2a)와 (3.3)을 이용하여 정상 흐름(steady state)을 보이는 1차원 운동 방정식을 다음과 같이 쓸 수 있다.

$$u\frac{\partial u}{\partial x} = -\frac{1}{\rho_0}\frac{\partial p}{\partial x} \tag{7.5a}$$

또는

$$\frac{1}{2}\rho_0 u^2 + p = 상수 \tag{7.5b}$$

식 (7.5a)를 x에 대해 한 번 미분하면 발산 바람 성분의 방정식을 얻는다.

$$\frac{\partial^2 p}{\partial x^2} = -\rho_0 \left(\frac{\partial u}{\partial x}\right)^2 - \rho_0 u \frac{\partial}{\partial x}\left(\frac{\partial u}{\partial x}\right) \tag{7.6}$$

식 (7.6)을 일반적인 기압 균형 방정식 (7.2)와 비교해보면, 우변 첫 항은 확장항과 대응한다. 우변 둘째 항은 바람 u에 의해 발산량이 이류하는 것으로 당초 (7.2)를 유도하는 과정에서는 무시한 것이다. 엄밀한 의미에서 베르누이 원리는 기압 균형 방정식보다 국지적인 요소를 더 많이 반영한다고 볼 수 있겠다.

2. 시어와 상승 기류

적란운을 동반한 폭풍우(convective storm)는 대류 세포 (convective cell)의 구성 방식에 따라 다양한 유형으로 나타난다. 단일 세포(single cell) 폭풍우는 통상 직경이 10km 내외이며, 거대 세포(super cell)로 발달하기도 한다. 세포끼리 무리를 이루어 다중 세포(multi cell)로 조직화되면, 폭풍우는 직경이 100~300km 정도까지 중규모 운동계로 확대된다. 폭풍우에서 적운의 비중은 30% 미만이고 대부분은 층운으로 채워져 있다. 적운은 쇠약해지는 과정에서 점차 층운으로 전환한다. 또한 층운은 일정 시간이 지나면 소멸한다. 한여름 일사에 의해 발달하는 단일 세포 폭풍우는 한 시간 안에 소멸하지만, 조직적으로 회전하는 폭풍우(rotating storm)는

3~9시간, 또는 그 이상 지속하기도 한다. 폭풍우의 크기는 주로 층운의 범위에 달려 있다. 적운이 발생하는 속도가 층운이 쇠퇴하는 속도보다 빠르다면 필경 폭풍우의 규모는 커지게 될 것이다. 그 반대라면 이번에는 규모가 작아지게 된다. 적란운은 대류에 의해 발달하므로, 대기가 불안정할수록 폭풍우의 규모도 커진다.

폭풍우는 대규모 운동계의 연직 시어와 불안정 구조에서 에너지를 받아 발달한다. 연직 시어와 부력은 또한 회전 바람의 원천이다. 폭풍우에는 (7.2)에서 열거한 다양한 형태의 비정역학 기압이 나타난다. 두께가 1km인 기층 위아래로 1hPa 기압 차만 하더라도, 연직 기압 경도력은 주변보다 3℃ 높은 기체가 갖는 부력의 크기와 맞먹는다(Gibbs, 2015). 식 (7.2)에서 대규모 운동계를 기본장으로 삼고 중규모 운동계를 섭동으로 간주하여, 이하에서는 폭풍우의 역학적 기압을 우변 첫 항의 부력 효과, 둘째 항의 선형 효과, 셋째부터 다섯째까지 비선형 효과로 구분하여 살펴보기로 한다.

첫째, 부력의 효과다. 대기가 불안정해져 온습한 공기가 상승 응결 고도 위로 올라서면 잠열을 방출하며 주변 공기보다 가벼워져 상승하려는 부력을 받는다. 부력으로 중층에서 상승하는 기류는 하층에서 발산하고 상층에서는 수렴하려는 힘을 받는다. 다른 힘이 작용하지 않는 여건에서 비발산 균형 조건을 유지하려면 반대 방향으로 기압 경도력이 작동해야 한다. Fig.6.4과 같이 아래쪽에는 국지 저기압이 유도되어 수렴 기류가 유발되고 위쪽은 국지 고기압이 유도되어 발산 기류가 자리잡게 된다. 소위 후방 유입 강풍대(rear inflow jet)는 폭풍우의 진행 방향 뒤편에서 중층의 서늘한 공기가 국지 저기압을 향해 유입하여 형성된다.

둘째, 연직 시어의 선형 효과다.

일반적으로 수평 방향의 바람 성분은 고도가 높아질수록 강해지는 연직 분포를 보인다. 연직 시어를 달리 표현하면 수평 방향의 소용돌이도 성분이다. 이것이 중규모 운동계에서 상승 기류와 만나면 역학적 기압이 유발된다.

연직으로 주변 바람장의 서풍 성분이 증가하면, 볼트가 들어가는 방향이 정의상 양의 회전 성분을 갖게 되므로 소용돌이 벡터는 북쪽을 향하게 된다. 한편 적운 상승 기류는 자체 회전 기류를 지원한다. 상승 기류의 풍상측에서는 남쪽 방향의 소용돌이 벡터가 유도된다. 즉 남쪽을 향해 볼트가 풀려 나오는 방향으로 회전하게 된다. 주변장의 연직 시어는 상승 기류 풍상측의 회전을 저지하는 방향으로 작용하므로, 회전을 유지하는데 작용한 원심력이 줄어든다. 다시 말해 회전 중심을 향해 수렴하려는 힘이 작동한 셈이다. 이 경향을 상쇄하기 위해서는 국지 고기압이 유도되어 발산하려는 힘이 증가해야만 한다(Markowski, 2007). 반면 적운 상승 기류의 풍하측에서는 북쪽 방향의 소용돌이도 벡터가 유도된다. 주변장의 연직 시어는 상승 기류 풍하측의 회전을 강화하는 방향으로 작용한다. 다시 말해 원심력이 늘어나므로 발산하려는 힘을 받는다. 국지 저기압이 형성되어, 수렴하려는 힘이 작동하며 균형을 유지하게 된다.

경압 대기에서 기온이 이류된다면 주변장의 연직 시어가 방향성을 갖게 되고 역학적 기압의 연직 분포도 달라진다. 난기가 이류하면 바람은 고도에 따라 순전(veering)하고 한기가 이류하면 반전(backing)한다. 연직 시어가 Fig.7.3과 같이 고도에 따라 순전하면 연직 평균 시어 벡터(u 방향)의 우측 하층에 국지 고기압이 강화되며 상승 기류가 유도되고, 반전하면 좌측 하층에 국지 고기압이 강화되며 상승 기류가 유도된다. 우선 하층에서 남풍이 고도에 따라 점차 강해지므로 연직 시어 벡터는 북쪽을 향한다. 연직 시어의 선형 효과에 따라 적운 세포의 북측과 남측에 각각 국지 저기압과 국지 고기압이 유도된다. 중층에서는 고도에 따라 서풍이 점차 증가하므로 연직 시어 벡터는 동쪽을 향한다. 연직 시어의 선형 효과에 따라 적운 세포의 동쪽에 국지 저기압이 유도된다. 상층에서는 고도에 따라 남풍이 점차 약해지므로 연직 시어 벡터는 남쪽을 향한다. 연직 시어의 선형 효과에 따라 이번에는 적운 세포의 남측과 북측에 각각 국지 저기압과 고기압이 유도된다. 따라서 중층의 풍계를 따라가 보면 그 우측에 해당하는 남측

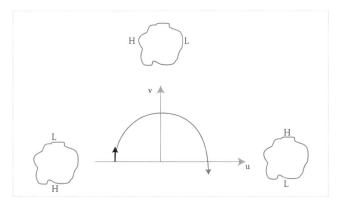

Fig.7.3 회전성 시어에 반응하는 역학적 기압 분포. 곡선 화살표는 기본장 바람 (*u*, *v*)의 회전성 시어를 호도그래프에 표시한 것이다. 시계 방향을 따라 좌측은 하층, 위쪽은 중층, 우측은 상층의 바람 벡터를 각각 나타낸다. 적란운 세포는 중심부에 위치하고 주풍 *u*는 서에서 동으로 분다. 기본장의 연직 시어는 호도그래프에서 접선 방향을 가리킨다. 연직 평균 시어 벡터도 *u*와 같은 방향이다. 하층에서는 남풍이 점차 강해져 연직 시어는 북쪽(좌측 화살표 방향)을 향한다. 연직 시어의 선형 효과에 따라 세포의 북측에 국지 저기압(L)이 형성된다. 중층에서는 서풍이 점차 강해지며 연직 시어는 동쪽을 향한다. 연직 시어의 선형 효과에 따라 세포의 동쪽에 국지 저기압(L)이 형성된다. 상층에서는 남풍이 점차 약해져 연직 시어는 남쪽(우측 화살표 방향)을 향한다. 세포의 남측에 국지 저기압(L)이 유도된다. 이곳은 하층에서 국지 고기압(H)이 유도된 곳이기도 하다. 세포의 남측에서는 연직 기압 경도력이 작용하여 상승 기류가 유발되고 새로운 세포가 발생하기 유리한 조건이 조성된다. 이로 인해 동쪽으로 진행하는 폭풍우는 남쪽으로 치우치게 된다.
http://twister.caps.ou.edu/MM2015/

에 새로운 세포가 발달하려는 경향이 있고, 폭풍우는 남측으로 치우쳐 이동하게 된다.

셋째, 시어의 비선형 효과다. 식 (7.2)의 우변 세 번째부터 다섯 번째 항까지 회전, 변형, 확장항이 모두 해당하는데, 이하에서는 회전 성분 중에서도 소용돌이도 연직 성분에 반응하는 국지 기압 분포만을 살펴보기로 한다. 소용돌이도가 있는 곳에 국지 저기압이 형성되므로, 폭풍우에서 소용돌이도 연직 성분이 만들어지는 곳을 먼저 확인할 필요가 있다. 폭풍우와 함께 움직이는 좌표계에서 보면, (5.1)의 회전 성분 변화 요인 중에서 전향력과 마찰력을 무시하고 남는 것은 신장 효과와 비틀림 효과다. 신장 효과는 기본장의 소용돌이도 벡터와 수직한 방향에서 섭동의 수렴 기류가 작용하는 것인데, 폭풍우에서는 기본장의 소용돌이도 연직 성분 자체가 크지 않다. 최종적으로 기본장의 연직 시어에 대한 비틀림 효과만 남게 된다(Holton, 2004).

예를 들어보자. Fig.7.4의 이상적인 호도그래프(hodograph)에서 곡선은 바람 벡터 $[\bar{u}(z), \bar{v}(z)]$의 끝점을 이은 것이다. 운동의 연직 규모 H의 절반에 해당하는 지점에서 바람 벡터 v는 대강 운동계의 연직 평균 바람 벡터로 간주한다. 특정 고도의 연직 시어 벡터 s는 좌측 그림과 같이, 바람 벡터 곡선의 접선에 나란하다. 수평 방향의 소용돌이도 벡터 w_h는 연직 시어 벡터 s에 직각이다. 벡터 c의 속도로 이동하는 폭풍우의 상대 좌표계에서 바람 벡터 v는 $v-c$가 된다. 호도그래프에서 바람이 고도에 따라 순전하면, 온도풍 관계에 따라 연직 시어 벡터 s의 남쪽에는 난기, 북쪽에는 한기가 각각 자리잡는다. 상대 바람 벡터 $v-c$의 풍속이 강하고, 이에 나란한 기본장의 소용돌이도 성분 w_c가 클수록, 폭풍우에 유입하는 바람은 온습하고 강하게 상승하며 대류 활동의 강도가 높아진다. 두 요소의 곱은 헬리시티(storm relative helicity)에 해당한다(Davies-Jones et al., 1990).

$$SRH = \int_0^h (\boldsymbol{v}-\boldsymbol{c}) \cdot \boldsymbol{w}_h \, dz \tag{7.7}$$

여기서 $\boldsymbol{v}-\boldsymbol{c}$는 상대 좌표계에서 평균 바람 벡터, $\boldsymbol{w}_h$는 수평 방향의 소용돌이도 벡터이고, SRH의 단위는 $m^2 s^{-2}$이다. h는 연직 적분 고도로서 통상 1km 또는 3km가 쓰인다. SRH 값이 커질수록 폭풍우의 강도는 세진다.

수평 방향의 소용돌이도가 상승 기류를 만나면 연직 방향의 소용돌이도로 전환된다. 폭풍우와 함께 이동하는 상대 좌표계에서 기본장의 소용돌이도 벡터와 연직 평균 바람 벡터의 각도에 따라 두 가지 유형으로 나누어 볼 수 있다. 먼저 Fig.7.4의 우측 그림과 같이 기본장의 소용돌이도 벡터 $\boldsymbol{w}_h$와 평균 바람 벡터 $\boldsymbol{v}-\boldsymbol{c}$가 나란한 경우다. 이때는 기본장의 연직 평균 바람 벡터의 방향과 직각인 연직 시어 성분이 나타난다. 평균 바람 벡터에 나란하게 소용돌이도 벡터가 형성되어 있다면, 기류가 물질면을 타고 상승하는 동안 비틀림 효과가 상승 작용을 하게 된다. 소용돌이도 벡터가 연직으로 서면서 연직 방향의 회전 성분이 증가하면, 원심력이 증가하고 힘의 균형을 유지하기 위해 국지 저기압과 수렴하려는 힘이 작동한다. 맞바람에 부딪혀 상승하는 구름층 하부에는 부력으로 인해 이미 국지 저기압이 자리잡고 있는데, 여기에 비틀림 효과가 가세하며 국지 저기압이 강화되는 것이다. 게다가 Fig.7.4의 좌측 호도그래프에서 보인 바와 같이 연직 시어에 직각으로 나아가는 기류는 온도풍 관계에 따라 난기를 이류하게 되어, 부력의 효과는 더욱 커지게 된다.

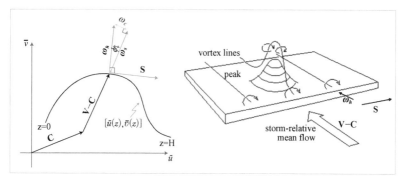

Fig.7.4 호도그래프와 비틀림 효과에 따른 소용돌이도 변화. (좌) 이상적인 호도그래프에서 기본장의 바람 벡터 $v(z) = (\bar{u}(z), \bar{v}(z))$는 폭풍우의 운정 고도 H까지 곡선으로 나타나있다. 벡터 c는 폭풍우의 이동 속도 벡터이다. 폭풍우와 함께 이동하는 상대 좌표계에서 바람 벡터는 $v-c$가 된다. 호도그래프의 접선은 연직 시어 벡터 s와 나란하다. 수평 소용돌이도 벡터 w_h는 접선에 수직한 방향을 향한다. 상대 좌표계에서 바람 벡터 $v-c$에 나란한 소용돌이도 벡터 성분은 $w_s = |w_h|\cos\phi$이고, 직각인 성분은 $w_c = |w_h|\sin\phi$이다. 소용돌이도 벡터 w_h와 바람 벡터 $v-c$ 사이의 각도는 ϕ이다. 온도풍 관계에 따라 연직 시어 벡터 s의 남쪽에는 난기, 북쪽에는 한기가 자리잡는다. 폭풍우의 중층부에서 보면 바람 벡터 $v-c$가 난기를 끌어들이는 형국이다. s가 온도풍을 대변하게 되면 w_h는 한기 쪽을 향하고 $v \cdot w_h$는 기온 이류를 시사한다. $(v-c) \cdot w_h$는 상대 좌표계에서 소용돌이와 기온의 이류를 나타낸다. jou-p3.as.ntu.edu.tw/P3/file/teaching/a1386321686.pdf에서 따온 그림이다. (우) 폭풍우와 함께 이동하는 상대 좌표계에서 평균 바람 벡터(storm relative mean flow)가 소용돌이도 필라멘트(vortex lines)에 나란한 사례. 폭풍우의 중심부(peak)에 기류가 도달하면 상승하게 되어, 소용돌이도 필라멘트는 비틀리게 된다. 상승 지역에는 시계 반대 방향의 연직 소용돌이도 성분이 유도되고, 건너편 하강 지역에는 시계 방향의 연직 소용돌이도 성분이 유도된다. 비틀림 효과와 균형을 이루기 위해 새로 유도된 소용돌이도의 중심부에는 각각 국지 저기압이 유도된다. 하층 기류가 물질 면을 타고 상승하는 지역과 국지 저압부 발생 지역이 일치하는 시계 반대 방향의 연직 소용돌이도 발생 지역에서 폭풍우는 강하게 발달한다. $v-c$의 풍속이 강하고 이에 나란한 소용돌이도 성분 w_s가 클수록 폭풍우에 유입하는 바람은 온습하고 강하게 상승하며 대류 활동의 강도가 높아진다. 두 요소의 곱은 헬리시티(storm relative helicity)에 해당한다. Davies-Jones(1984)를 인용한 http://www.estofex.org/guide/1_4_4.html을 수정한 것이다.

다음으로 Fig.7.5와 같이 기본장의 소용돌이도 벡터 w_h와 평균 바람 벡터 $v-c$가 직각인 경우다. 이때는 평균 바람 벡터의 방향에 나란하게 직선형 연직 시어 s가 나타난다. 만약 절대 좌표계에서의 평균 바람 벡터 v에 비해 방향은 같지만 더 빠른 c의 속도로 폭풍우가 이동한다면, 연직 시어 벡터 s와 상대 좌표계에서의 평균 바람 벡터 $v-c$는 Fig.7.5와 같이 서로 반대 방향을 향하게 된다. 평균 바람 벡터에 직각으로 소용돌이도 벡터가 형성되어 있다면, 기류가 물질면을 타고 상승 또는 하강하는 구역에서 떨어진 곳에 비틀림 효과가 나타난다. 맞바람에 부딪혀 상승하는 구역을 따라 소용돌이 필라멘트가 구부러지며 양 측면에는 각각 시계 반대 방향과 시계 방향의 연직 소용돌이도 성분이 유도된다. 회전 방향에 상관없이 연직 방향의 소용돌이도가 증가하는 곳에서는, 원심력이 증가하고 힘의 균형을 유지하기 위해 국지 저기압과 수렴하려는 힘이 균형을 이룬다. 국지

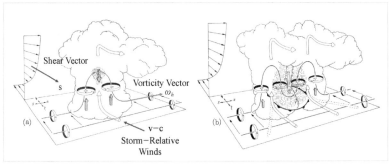

Fig.7.5 동진(E)하는 폭풍우에서 비틀림 효과에 따른 상승 기류와 소용돌이도 분포 폭풍우와 함께 이동하는 상대 좌표계에서 기본장의 연직 시어 벡터 *s*는 동쪽을 향하고, 소용돌이도 벡터 *w_h*는 북쪽(N)을 향한다. 폭풍우를 향해 유입하는 하층 기류는 속이 빈 원통형 화살표에 나란하게 동쪽에서 접근하고, 상층에서는 기본장의 풍계를 따라 동쪽으로 유출하며 모루형 구름을 형성한다. 동쪽에서 유입하는 기류는 상승하며 부력을 받아 상층부에 국지 고압부를 유도하고 기압 경도력에 의해 강수(빗금 구역)는 하강 기류(막대형 속이 찬 화살표)에 섞여 내리게 된다. (좌) 하층의 동풍으로 인해 유입하는 기류가 폭풍우 내부에서 부력으로 인해 상승하며, 소용돌이도 벡터의 필라멘트(가는 실선)가 비틀리며, 남측에는 시계 반대 방향의 소용돌이도 연직 성분, 북측에는 시계 방향의 소용돌이도 연직 성분이 각각 유도된다. 이곳에는 각각 국지 저압부가 유도되어 회전에 따른 원심력과 균형을 맞추게 된다. 저압부에 기압 경도력이 작용하여 폭풍우의 남측과 북측에 각각 상승 기류가 유발되고, 이곳에 새로운 적란운 세포가 발생하기 쉽다. 하층 기류가 물질면을 타고 상승하는 지역과 국지 저압부 발생 지역이 일치하지 않아 폭풍우의 강도는 약한 대신 두 갈래로 분기한다. (우) 시간이 지나면 남측과 북측의 폭풍우가 발달하며 하층의 기류는 두 갈래로 분기하여 유입한다. 폭풍우 중심부의 하강 기류는 강수가 증발하며 강해지고 지상으로 내려오며 돌풍 전선(한랭전선 표기)을 형성하고, 하층 기류가 유입하는 방향도 틀어진다(점선 원통형 화살표). 하강 기류로 인해 소용돌이도 벡터의 필라멘트(가는 실선)는 또다시 비틀리며, 인접한 북측에는 시계 반대 방향의 소용돌이도 연직 성분, 남측에는 시계 방향의 소용돌이도 연직 성분이 각각 유도된다. Klemp(1987)을 인용한 http://twister.ou.edu/MM2005/Supercell_1.ppt에서 따온 것이다.

저기압의 하부에서는 기압 경도력이 작용하여 상승 기류가 유도되고 새로운 세포가 발생하기 유리하다. 맞바람에 부딪혀 상승하는 구역의 양 측면으로 세포 발생 지역이 분기하고, 부력의 효과와 비틀림 효과는 각각 따로따로 작용하여 폭풍우의 강도는 Fig.7.4의 경우보다 강하지 않다.

3. 폭풍우의 운동 구조

연직 시어

연직 시어가 역학적 기압 분포에 영향을 미친다는 점은 앞 절에서 이미 다룬 바 있다. 시어에 따라 폭풍우의 이동 방식도 달라진다. 연직 시어 벡터와 지향류가 나란할 때는 비틀림 효과로 인해 폭풍우의 좌우로 중층 저기압이 발생하고 이곳에서 상승 기류가 유도되어 새로운 적란운 세포가 발생한다. 폭풍우 진행 방향을 기준으로, 우측의 세포는 위에서 내려다볼 때 시계 반대 방향으로 회전을 하는 폭풍우로 성장하고, 좌측의 세포는 시계 방향으로 회전하는 폭풍우로 성장한다. 두 폭풍우는 각기 기본장의 지향류를 따라 풍하측으로 이동하게 된다.

한편 Fig.7.3과 같이 회전형 연직 시어에서 고도에 따라 바람이 시계 방향으로 회전하면, 선형 효과가 가세하며 폭풍우 진행 방향 우측에서 저압부가 강화된다. 따라서 우측의 적란운 세포가 주로 발달하면서 폭풍우는 연직 평균 지향류보다는 우측으로 조금 벗어난 방향으로 이동하게 된다. 고도에 따라 바람이 반시계 방향으로 회전하면, 이번에는 지향류보다 좌측으로 벗어나며 이동하게 된다. 반면 연직 시어 벡터와 지향류가 직각이면, Fig.7.4의 우측 그림과 같이 지향류의 방향으로 하나의 폭풍우가 강하게 발달하며 풍하측으로 이동해 간다.

여러 개의 적란운 세포로 이루어진 폭풍우, 또는 적란운 대류계에서는 연직 시어에 따라 폭풍우와 개별 세포의 이동 방향이 서로 달라진다. 이러한 차이는 특히 기본장의 시어가 Fig.2.4의 우측 그림과 같이 회전하는 구조를 가질 때 심하게 드러난다. 개별 세포는 연직 평균 지향류를 따라 이동하는 반면, 폭풍우 시스템은 하층에서 온습한 기류와 마주쳐 새로운 세포가 발생하는 방향으로 나아가게 된다. 폭풍우가 이동하는 동안에도 개별 세포는 성장과 쇠퇴 과정을 겪는다. 노쇠한 세포와 젊은 세포의 분포에 따라 층운형 강수와 적운형 강수 지역이 달라지고, 대류계의 구조도 변하게 된다.

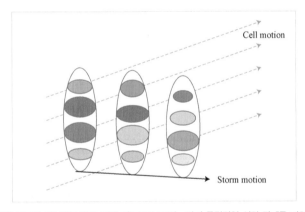

Fig.7.6 적란운 세포와 시스템의 이동. 개개 세포(작은 타원)는 각기 독립적인 성장 단계를 거치면서 점선 화살표 방향으로 이동한다(cell motion). 세포의 성장 단계는 작은 타원의 크기에 비례하여 표시하였다. 반면 세포들이 모여 조직화된 폭풍우 또는 적란운 대류계(큰 타원)는 일정한 모양을 유지하면서 굵은 화살표 방향으로 나아간다(storm motion). 대류계가 이동하는 동안 남단에서는 새로운 세포가 발생하고 북단에서는 노쇠한 세포가 소멸하면서 대류계의 형태를 유지한다.
http://twister.caps.ou.edu/MM2015/

기상 역학

Lee and Kim(2007)은 우리나라에서 자주 나타나는 집중 호우 유형을 고립형 뇌우(isolated thunderstorm), 대류 무리(convection band), 구름 무리(cloud cluster), 스콜선(squall line)으로 분류한 바 있다. 이 중 스콜선은 선형으로 조직화된 강수대로서, 층운형 강수(stratiform precipitation)의 분포 형태에 따라 후방 층운형(TS, trailing stratiform), 전방 층운형(LS, leading stratiform), 측면 층운형(PS, parallel stratiform)으로 세분하기도 한다(Parker and Johnson, 2000). 이하에서는 주로 스콜선에 국한하여 설명하겠지만, 스콜선의 역학 과정은 다른 유형의 대류계를 이해하는 데에도 유용한 참고 기준을 제시할 것이다.

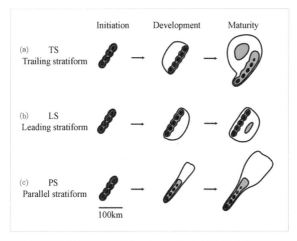

Fig.7.7 스콜선의 성장 단계. (a) 후방 층운형(TS, trailing stratiform), 스콜선은 층운 구역 전면에 위치한다. (b) 전방 층운형(LS, leading stratiform), 스콜선은 층운 구역 후면에 위치한다. (c) 측면 층운형(PS, parallel stratiform), 스콜선은 층운 구역 가까이에 나란하게 배치한다. 발생(initiation), 발달(development), 성숙(maturity) 단계별 시간 간격은 TS가 3~4시간, LS와 PS는 2~3시간이다. 반사도 색칠 구역은 대략 20, 40, 50 dBZ에 해당한다. Parker and Johnson(2000).

우선 후방 층운형은 강한 직선형 시어 조건에서 한기풀(cold pool)이 강한 시스템이다. 스콜선을 따라 이동하는 상대 좌표계에서는 Fig.7.8과 같이 하층에서 스콜선을 향해 기류가 유입하고 상층에서는 스콜선 후방(그림의 좌측)으로 기류가 발산한다. 스콜선 전방에서 발생한 적운 세포는 발달하는 동안 하층 맞바람에 밀려 습윤 절대 불안정 통로(MAUL, Moist absolutely unstable layer)를 따라 후방 층운 지역으로 옮겨간다(Houze, 2004, Fig.17). 한편 강한 부력을 받는 중층 상승 기류 지역에는 국지 저압부가 유도된다. 스콜선의 후미에서 이곳을 향해 차가운 기류가 하향 가속하면서 강한 하강풍을 유발한다(House et al., 1989). 하강 기류에 섞인 강수가 증발하며 한기의 강도는 배가한다. 강수와 함께 하강하며 형성된 한기풀은 지면 부근에서 흩어진다. 한기풀 선단의 돌풍 전선은 세포보다 빠르게 전진하여, 맞바람이 만나는 전방 지역에 새로운 세포가 발생한다. 스콜선은 레이더상에서

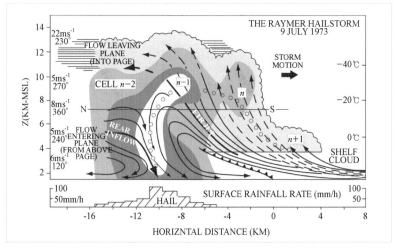

Fig.7.8 후방 층운형(TS) 스콜선의 연직 단면도. 스콜선 시스템(굵은 화살표 방향)의 선단부에는 한기풀을 동반한 후방 강풍대(rear inflow, 실선 화살표)가 돌풍 전선(한랭 전선)을 전방으로 밀어내면서 전선대 위로 맞바람(점선 화살표)이 강하게 유입되어 상승하고 선반형 구름(shelf cloud)이 형성된다. 상승 기류는 전면에서 후면으로 부는 강풍대(FTR JET)를 따라 시스템 후방으로 이동한 후 지면 안쪽으로 휘어져 들어간다. 발달 중에 있는 n번 적운 세포를 기준으로 그 전방에 n+1번 세포가 새로 발생하고, n의 후방에는 이미 성숙한 n−1번 세포가 최성기를 이루고, 그 후방에는 쇠약 단계에 접어든 n−2번 세포가 층운의 형태로 남아있다. 채색 구역은 레이더 반사도이고 색깔이 진할수록 강수 강도가 강하다. 열린 동그라미는 우박의 궤적이고, 아래 그림은 동서 단면에서 우박의 양을 나타낸다. http://twister.caps.ou.edu/MM2015/

강수 에코가 강한 지역으로 나타나므로, 스콜선은 개별 세포의 속도가 아니라 새로 발생하는 세포의 전파 속도를 따라간다. 다시 말해 스콜선은 개별 세포보다 빠르게 전진하게 된다. 개별 세포는 스콜선보다 이동 속도가 느려 스콜선의 후방으로 밀려가 소멸하는 것이 특징이다. 스콜선 후미로 옮겨간 노쇠 적운 세포에서는 광범위한 층운형 강수가 내린다.

한편 전방 층운형은 한기풀과 하층의 연직 시어가 그다지 강하지 않아 이번에는 노쇠한 세포로 인한 층운형 강수대가 후방으로 많이 뒤처지기보다는 상층 기류를 따라 전방에 배치하기도 한다(Parker and Johnson, 2004). 만약 한기풀이 하층 맞바람에 밀리게 되면 Fig.7.9와 같이, 이번에는 오히려 하층의 난기가 한기풀을 밀어내며 스콜선 진행 방향 전면으로 상승하면서 노쇠한 세포는 전방에 층운으로 남게 되는 구조다. 이때는 온란 전선면을

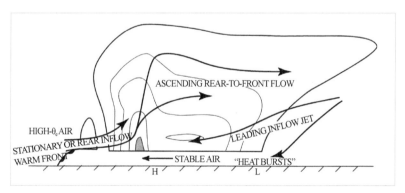

Fig.7.9 전방 층운형(LS) 스콜선의 연직 단면도. 우측으로 이동하는 시스템을 측면에서 바라본 것이다. 화살표는 시스템의 이동 좌표계에서 바라본 기류의 유선이다. 가는 실선은 레이더 반사도이고 강한 구역은 채색하였다. 구름의 경계는 굵은 실선으로 나타내었다. H와 L은 각각 고압부와 저압부다. 안정한 지면 경계층(stable air)의 후방에서 정체하거나 느리게 전진하는 하층 온난 전선(warm front)면을 타고 고온 다습한 공기(high θ_e air)가 유입(rear inflow)한다. 이 기류(ascending real-to-front flow)는 상승하며 전방의 층운 지역으로 확장한다. 그 밑에는 중층의 기류(leading inflow jet)가 후방으로 파고들며 하강하고 강수 입자가 증발하며 점차 무거워져 하층에 안정한 기층을 형성한다.(Pettet and Johnson, 2003, Fig.20)

따라 상승하며 유발되는 강수대와 흡사한 구조를 갖는다(Laing and Fritsch, 2000).

이와 대조적으로 측면 층운형은 Fig.7.10과 같이 적운열의 주변에 좁게 층운이 배치하는 구조다. 연직 시어의 방향성이 적고 개별 세포의 이동 벡터와 거의 나란하게 돌풍 전선이 형성되어 상승하는 기류는 전방과 후방에 좁게 흩어지며 스콜선 주변에 머무르는 것이 특징이다(Parker, 2007). 개별 세포는 지향류를 따라 풍하측으로 가면서 발달하므로 위성 사진에서 강수 시스템은 흔히 당근 형태를 취한다. 연직 기층의 바람 시어가 직선형에 가깝고 하층에서 온습한 기류가 계속 유입하는 여건이 조성되면, 한 곳에서 세포가 계속 발생하며 좁은 강수대를 따라 이동하게 된다.

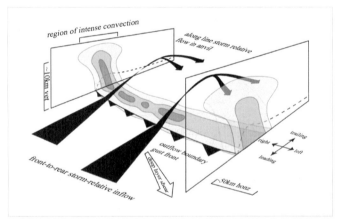

Fig.7.10 측면 층운형(PS) 스콜선의 연직 단면도. 레이더 관측 자료를 합성하여 그린 것으로, 연직 단면은 스콜선(region of intense convection)을 직각으로 자른 모습이다. 연직 단면에서는 스콜선이 전진하는 방향(leading)과 반대 방향(trailing)을 측면에서 바라본다. 한기풀(cold pool)의 경계는 점선으로 표시하고, 한기풀이 전진하는 전면(outflow boundary)은 전선(gust front)으로 나타내었다. 레이더 반사도는 연직 단면과 지면에 각각 음영으로 강도를 보이고, 20, 40, 50 dBZ는 가는 선으로 나타내었다. 두터운 연직 기층의 바람 시어(deep layer shear)는 스콜선에 거의 나란하게 형성되어, 적란운 세포도 스콜선에 나란하게 이동하는 것이 특징이다. 전면에서 유입한 기류(front-to-rear storm-relative inflow)도 상승하며 점차 연직 시어 방향으로 불게 되어(along line storm relative flow), 층운 구역도 스콜선 주변에 좁게 배치한다. Parker(2007. Fig.5)

한기풀

강수 지역에서는 강수 입자가 떨어지며 공기를 아래쪽으로 밀어낸다. 또한 강수가 증발하며 기온이 하강하여 공기 밀도가 높아지는 만큼 중력도 증가한다. 두 효과가 합세하여 찬 공기가 강하게 하강하고 지표 부근에 한기가 쌓이며 국지 고기압이 형성된다. 한기는 고기압 주변으로 흩어지며 그 선단에는 돌풍 전선(gust front)을 형성한다. 폭풍우의 이동 좌표계에서 하층의 기류는 돌풍 전선을 마주 보고 불게 되고 돌풍 전선과 하층의 기류가 맞닿는 곳에 상승 기류가 유도된다. 대기가 연직으로 불안정하면 경계층의 공기가 전선면을 따라 강제 상승하는 곳에서 새로운 적운 세포가 발생한다. Fig.7.8의 사례에서는 돌풍 전선의 수평 방향 (−)소용돌이도 벡터와 하층 시어의 수평 방향 (+)소용돌이도 벡터가 서로 만나는 곳에 상승 기류가 나타난다.

서로 대치하는 소용돌이도 벡터가 균형을 이룰 때 상승 기류는 연직으로 곧게 형성된다. 한기풀과 하층 연직 시어가 균형을 이루면 전선면에서 새로운 적운 띠가 발생하고 이것이 스콜선이나 활선을 구성한다. 하층 시어가 지나치게 강해 한기풀을 밀어내면 Fig.7.11(c)와 같이, 고도가 상승하며 상승 기류는 하층 시어의 방향(그림 우측 방향)으로 기울어진다. 반면 하층 시어가 지나치게 약해 한기풀이 밀고 간다면 이번에는 상승 기류가 Fig.7.11(b)와 같이 한기풀의 사면을 따라 하층 시어 반대 방향(그림 좌측 방향)으로 기울어진다. 어느 경우든지 양 시어가 균형을 이루지 못하면 상승 기류는 직립 방향으로 깊게 유지되기 어렵다.

연직적으로 대기가 불안정하여 부력이 클수록 한기풀의 세기도 강해진다. 한기 풀 위로 유입하는 하층 난기의 기온이 높고 수증기량이 많고 맞

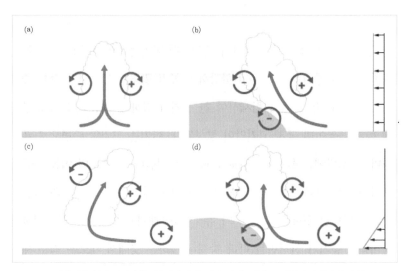

Fig.7.11 부력에 따른 연직 시어와 한기풀과의 관계. 연직 시어는 우측 그림에서 바람의 연직 분포(화살표)로 나타나 있다. 부력에 의해 유발된 수평 방향의 소용돌이도 벡터는 적운 세포 우측에서 시계 방향으로 회전하며 (+)값을 갖는다(지면으로 들어가는 방향). 적운 세포 좌측에서는 시계 반대 방향으로 회전하며 (−)값을 갖는다(지면 밖으로 나오는 방향). 한기풀(채색 구역)은 우측으로 전진함에 따라 시계 반대 방향의 회전 바람을 유발하고 소용돌이도 벡터는 (−)값을 갖는다. (a)는 한기풀도 없고 연직 바람 시어도 없는 경우다. 부력에 의한 회전 바람은 좌우 균형을 이루고, 적운은 연직으로 곧게 발달한다. (b)는 한기풀이 전진하지만 연직 바람 시어는 없는 경우다. 한기풀의 영향으로 적운은 상승하면서 좌측으로 기울어지는 만큼 적운 발달이 저지된다. (c) 한기풀이 없는 대신 하층에 연직 시어가 있는 경우다. 지면으로 갈수록 바람이 강해져 연직 시어는 시계 방향의 회전 바람을 유발하고, 소용돌이도 벡터는 (+)값을 갖는다. 연직 시어의 영향으로 적운은 상승하며 우측으로 기울어지는 만큼 적운 발달은 저지된다. (d) 한기풀과 하층의 연직 시어가 균형을 이루는 경우다. 한기풀은 시계 반대 방향의 회전 바람을 유발하고 연직 시어는 시계 방향의 회전 바람을 유발하는데, 두 회전 바람의 세기가 같게 되면 적운은 곧바로 상승하며 발달할 수 있다.
http://twister.caps.ou.edu/MM2015/

바람이 거세다면, Fig.7.12와 같이 상승 기류는 강해지고, 잠열이 증가하는 중층에 자리잡은 국지 저기압의 강도도 커진다. 국지 저기압으로 후방에서 빨려 들어오는 강풍의 세기도 커지면서 한기풀을 지원하게 된다. 또한 대기 중층이 건조할수록 낙하하는 강수 입자의 증발량이 늘어나 한기도 강해진다. 한기풀과 주변 기온의 기온 차가 클수록 한기풀의 전파 속도도 빨라진다. 한기의 강도와 하층 시어의 크기에 따라 개별 세포는 돌풍 전선보다 뒤처지기도 하고 앞서기도 한다. 뒤처지면 스콜선 후방에 노쇠한 세포의 층운 강수역이 분포한다(Houze et al., 1989). 앞서면 스콜선 전방에 노쇠한 세포의 층운형 강수가 배치한다(Parker and Johnson, 2004; Pettet and Johnson, 2003).

다시 (7.5)로 되돌아가 동서 바람의 운동 방정식에서 서풍에 의한 동서 운동량 이류 항과 기압 경도력이 균형을 이루는 정상 상태를 생각해보자. 베르누이의 원리에 따라 운동 에너지와 기압 포텐셜의 합은 일정하게 유지된다. 이제 Fig.7.13과 같이 돌풍 전선과 함께 움직이는 이동 좌표계에서 밀도가 ρ_0인 주변 공기는 u의 속도로 전선을 향해 다가오는 반면, 높이가 h인 한기풀에서는 바람이 느려져 $u = 0$이 되고 대신 밀도와 기압 차는 각각 $\Delta\rho$, $\Delta p = gh\Delta\rho$로 주변보다 크다. 식 (7.5b)의 베르누이 원리를 이용하면,

$$\frac{1}{2}u^2 = \frac{\Delta p}{\rho_0}, \tag{7.8a}$$

$$u = \sqrt{2gh\Delta\rho/\rho_0} \sim \sqrt{2gh\Delta T/T_0} \tag{7.8b}$$

여기서 T_0와 ΔT는 각각 주변 기온과 한기풀의 기온 차를 나타낸다.

한기와 주변 기온의 차이는 대략 1~4℃ 정도라고 보면, 돌풍 전선은 대략 10~20m/s 의 속도로 전진한다. 돌풍 전선은 하층(1~3km) 연직 시어의 방향으로 이동하게 된다. 열대 지방의 스콜은 주변 시어가 약하고 대기

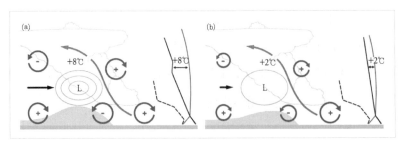

Fig.7.12 연직 대기 안정도와 한기풀의 세기. 한기풀과 주변 공기의 기온 차이에 따라 한기풀 전면 돌풍 전선의 이동 속도가 달라진다. 저압부(L) 주변의 등치선과 화살표는 각각 등기압선과 기압 경도 력이다. 둥근 화살표는 부력과 한기풀에 의해 유발된 회전 바람이다. 기다란 곡선 화살표는 폭풍 우 내부로 진입하는 기류의 흐름을 나타낸다. 그림 우측에는 폭풍우 외부 기온과 이슬점 온도, 이 론적으로 계산한 폭풍우 내부의 기온을 각각 보인 것이다. (a) 매우 불안정한 대기 조건에서 적 운 내부의 기온과 외부 기온은 중층에서 8도 이상 차이가 난다. 적운의 상승 기류는 강해지고 부 력에 따른 비정역학 저압부(L)도 강해진다. 기압 경도력이 강해지며 후방에서 적운으로 밀려드는 후방 강풍대(굵은 화살표)의 풍속도 강해진다. 후방 강풍이 한기풀로 파고들며 증발 효과가 가세하 여 한기풀의 한기는 강해지고 돌풍 전선을 미는 힘도 강해진다. (b) 다소 불안정한 대기 조건에서 는 적운 내부의 기온과 외부 기온의 차이가 2도 정도에 불과하다. 적운의 상승 기류는 약하고 부 력에 따른 비정역학 저압부(L)도 약하다. 기압 경도력이 약해 후방에서 적운으로 밀려드는 후방 강풍대(굵은 화살표)의 속도도 약하다. 한기풀의 한기는 약하고 돌풍 전선을 미는 힘도 약하다.
http://twister.caps.ou.edu/MM2015/

도 습해 한기풀의 세력이 약하고 중위도 스콜선보다 느리게 이동한다.

스콜선과 직각으로 하층 연직 시어 벡터가 형성될 때, 스콜선의 지속 시간도 길어진다. 스콜선에서 유도된 돌풍 전선과 하층 시어 벡터가 상호 작용하며 스콜 선의 전면에 새로운 적운 세포가 발생하기 유리하기 때문이 다. 반면 스콜선에 나란한 방향으로 하층 연직 시어 벡터가 형성되면 하층 시어가 한기풀과 균형을 이루기 어려워지며 스콜선의 조직이 약화된다.

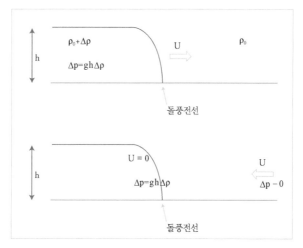

Fig.7.13 한기풀 전면의 돌풍 전선 이동 속도 u와 기압 차 Δp(또는 밀도 차 $\Delta \rho$)와의 관계. (상) 지면 위의 정지 좌표계에서 바라본 한기풀의 이동(화살표). (하) 돌풍 전선의 속도로 이동하는 좌표계에서는 한기풀이 정지한 대신 전면의 주변 공기가 u의 속도로 화살표 방향으로 한기풀을 마주 향해 접근한다.

전향력의 작용

적란운 규모의 운동계에서 전향력은 다른 요소보다 상대적으로 크기가 작아 무시할 수 있다. 하지만 적란운에 의한 한기풀과 하층의 연직 시어가 함께 작용하여 다중 세포가 중규모 운동계로 조직화되면 사정이 달라진다. 통상 조직화된 폭풍우는 몇 시간 이상 지속하므로, 그 과정에서 전향력이 영향을 미치게 된다. 예를 들면 활선(bow echo)에서는 가운데 허리 부분의 후방 강풍대가 강해지면서 양 끝단에서는 각각 (+)소용돌이도와 (−)소용돌이도가 대칭적으로 강화된다. 하지만 시간이 흐르면서 스콜선을 향한 수렴 기류에 전향력이 작용하여 (−)소용돌이도는 약화되고, 대신 (+)소용돌이도는 강화된다. 이로 인해 활선 양 끝단의 대칭 구조는 깨지고 Fig.7.14와 같이 전체 활 모양은 점차 머리 부근에서 저기압성 회전 바람을 갖는 콤마 형태로 변해간다(Skamarock et al., 1994; Houze, 2004, Fig.22).

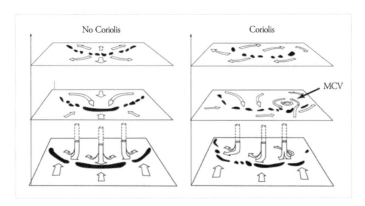

Fig.7.14 전향력에 따른 스콜선의 활선(bow echo) 변화. 동쪽에서 내려다 본 모습이다. 위에서부터 아래로 내려오며 상층, 중층, 하층의 단면을 보인 것이다. 2차원 화살표는 각 층의 단면에서 기류의 흐름을 나타낸다. 3차원 튜브는 각 층의 단면 사이로 흐르는 기류를 입체적으로 묘사한 것이다. 점선으로 표시한 튜브는 하강 기류 흐름이다. 굵은 검정 띠는 상승 기류가 있고 대류 활동이 강한 지역이다. (좌) 전향력이 미미한 경우. 활선의 중심부에는 후방에서 한기풀이 강하게 하강하며 전면으로 밀어 활모양으로 휘어져있다. 하지만 전향력이 작용하지 않으므로 스콜선은 남북(그림의 좌우 방향) 대칭 구조를 보인다. 북측에는 시계 반대 방향으로 활선이 휘며 저기압성 곡률을 보이고, 남측에는 시계 방향으로 활선이 휘며 고기압성 곡률을 보인다. (우) 전향력이 작용하는 경우. 고기압과 저기압은 더 이상 대칭적인 회전 바람을 유지하기 어렵다. 활선에서는 하층에서 기류가 수렴하며 전향력은 저기압성 회전 곡률을 지원하고 고기압성 회전 곡률은 약화시키는 방향으로 작용한다. 결국 동진하는 활선의 북측에 중규모 저기압과 시계 반대 방향의 회전 기류(MCV, mesoscale convective vortex)가 형성되고, 활선의 대칭 구조는 깨지게 된다. Skamarock et al.(1994. Fig.23과 24)

연직적으로 불안정한 대기 조건에서 중규모 대류계(MCS)가 발달한 후 쇠약해지고 난 후에도 대기 중층에 중규모 대류 회전계(MCV)가 형성되며 상당 기간 조직적인 강수 시스템(MCC)이 유지되기도 한다. MCS는 적운의 한기풀과 하층 시어가 상호 작용하며 발달하는 반면, MCC는 경계층 위의 상승 대류(elevated convection)에 의해 발생한다. 주간 대류 활동으로 한기풀이 형성되어 하층 대기는 안정하지만 경계층 위의 대기는 불안정한 상태를 유지하면 MCC가 조직화될 수 있다. MCC는 공간 규모가 600km 이상 되므로, 상승 대류로 인해 잠열이 방출되며 상부로 이동하면, 중상층

기상 역학

의 대기는 더욱 안정해지고 그만큼 소용돌이도도 커지게 된다. 이로 인해 중층의 저기압성 회전 기류가 강화되며 MCC는 오랜 기간 강수 조직을 유지할 수 있게 된다. 잠열이 소용돌이도에 미치는 영향에 대해서는 10장에서 자세히 살펴볼 것이다.

　태풍은 흔히 약한 저기압성 회전 바람이 부는 열대 해상에서 발달한다. 연직 불안정에 의해 깊은 적운이 발달하게 되면 회전 바람은 연직으로 신장하는 기류 흐름을 따라 더욱 강해져, 소위 회전하는 열 기둥(VHT, vautical hot tower)을 이루게 된다. 적운 열 기둥이 쇠약해지면 상층부에 저기압성 회전을 하는 따뜻한 층운형 기층(MCV, mesoscale convective vortex)이 중규모 운동계로 남게 된다. 이러한 중규모 운동계가 여럿 모이게 되면 상호작용하며 태풍으로 발전하기도 한다. 작은 규모에서 큰 규모의 운동계로 에너지가 전이하면서, 도넛 모양의 거대 회전 기류(axissymmetrization)를 형성하게 되는 것이다(Houze, 2010, Fig.2).

잠재 소용돌이도

1. 보존 원리

잠재 소용돌이도 보존 원리는 에테르 원리(Ertel's theorem)에서 파생한 것이다. 기층의 상단과 하단이 각각 등온위면과 맞닿아 있다면, 기층 내부의 잠재 소용돌이도는 보존된다. 이러한 기층의 경계에서는 안과 밖의 기체가 섞이기 어렵기 때문에 물질면[22]이라고 볼 수 있다. 단열 과정에서 온위는 보존되는 양이기에, 대규모 운동계에서 등온위면은 일종의 물질면이다[23]. 고도 대신 온위를 사용한 연직 좌표계에서 잠재 소용돌이도 보존 원리는 다음과 같다.

$$\frac{dq_\theta}{dt} = 0 \qquad\qquad\qquad (8.1a)$$

$$q_\theta = -g(f+\zeta_\theta)\frac{\partial\theta}{\partial p} \qquad\qquad\qquad (8.1b)$$

여기서 q_θ의 단위는 $K\ kg^{-1}m^2s^{-1}$다. 하단 첨자 θ는 온위면을 나타낸다. 잠재 소용돌이도의 크기는 편의상 PVU의 단위로 나타내고, 1PVU는 $10^{-6}K\ kg^{-1}m^2s^{-1}$에 해당한다. 온위는 고도가 상승할수록 그 값이 증가하므로, 정의상 (-)부호가 쓰였다. 온위면에서 잠재 소용돌이도(potential vorticity 또는 PV)는 크게 지구 소용돌이도 f, 상대 소용돌이도 ζ_θ, 대기 안정도 $-\partial\theta/\partial p$의 세 부분으로 구성된다.

....

[22] 온위가 아니더라도 보존되는 양이기만 하면 물질면을 구성할 수 있고, 에테르 원리를 적용할 수 있다.

[23] http://www.whoi.edu/fileserver.do?id=25341&pt=2&p=30178

북반구에서는 극지방에 가까이 갈수록 지구 소용돌이도 f값이 커져 q_θ는 증가하고, 적도에 가까울수록 지구 소용돌이도는 작아져 q_θ는 감소한다. 회전 바람의 방향에 따라 시계 방향으로 회전하면 ζ_θ는 (−)값을 갖고, 반대 방향으로 회전하면 (+)값을 갖는 것으로 정의한다. 소용돌이도 ζ_θ값이 커질수록 q_θ는 증가하고, ζ_θ값이 작아지면 q_θ도 감소한다. 한편 온위면 기층이 엷으면 고도에 따른 온위의 증가 폭이 크다. 대기 안정도 $-\partial\theta/\partial p$는 증가하고 q_θ도 증가한다. 온위면 기층이 두터워지면 $-\partial\theta/\partial p$는 감소하고 q_θ도 줄어든다. 권계면 위의 성층권은 대기가 매우 안정한 만큼 잠재 소용돌이도가 매우 크다. 극지방에 가까워지면 기온이 떨어져 권계면이 낮아지는 만큼 성층권의 높은 잠재 소용돌이도가 낮은 고도로 내려온다. 중위도 강풍대의 북쪽에서는 저기압성 시어가 가세하므로 잠재 소용돌이도가 더욱 커진다.

'잠재 소용돌이도'에서 '잠재'라는 수식어는 기층이 신장 또는 수축하거나, 남북으로 이동함에 따라 상대 소용돌이도가 증감하는데 연유한 것이다. 운동계가 저위도로 이동하거나 연직으로 늘어나게 되면 상대 소용돌이도가 유도된다. 기류가 남하하게 되면 지구 소용돌이도가 작아지게 되어 보존 원리에 따라 상대 소용돌이도는 증가한다. 또한 기류가 수렴하면 공기 기둥이 신장하며 상대 소용돌이도가 증가한다. 고위도 상층의 안정한 공기가 저위도 하층의 불안정한 공기보다 회전 잠재력이 크다고 볼 수 있다.

대규모 운동계에서는 준지균 근사(quasi-geostrophic approximation)가 성립하여, 기압 좌표계에서 잠재 소용돌이도 q_p는 온위 좌표계와 마찬가지로 상

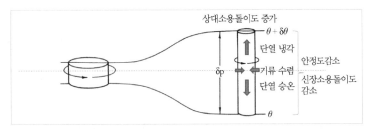

Fig.8.1 잠재 소용돌이도 보존 과정. 두 온위면 $(\theta, \theta+\delta\theta)$ 사이의 공기 기둥이 동일 위도를 따라 동진하는 과정을 라그랑지언 관점에서 바라본 것이다. 공기 기둥의 기압 차는 δp이다. 위도가 일정하므로 공기 기둥의 지구 소용돌이도는 변하지 않는다. 단열 과정에서 공기 기둥의 상한과 하한의 온위가 각각 일정한 값을 유지하는 가운데, 수평 방향으로 수렴 기류가 작용하면 연직으로 기둥이 신장하고 전향력이 작용하여 공기 기둥의 상대 소용돌이도는 증가한다. 한편 공기 기둥이 연직으로 늘어나면 연직 기압 차가 커지고 기둥의 대기 안정도는 낮아져 신장 소용돌이도가 감소한다. 기온의 분포로 보더라도 상부에서는 단열 냉각되고 하부에서는 단열 승온하여 대기 안정도가 감소한다. 상대 소용돌이도가 증가하는 만큼 신장 소용돌이도는 감소하게 되어 잠재 소용돌이도 총량은 보존된다.

대 소용돌이도, 지구 소용돌이도, 대기 안정도의 성분으로 나누어진다. 다만 대기 안정도는 곱의 형식이 아닌 합의 형식으로 표현되고, 측정 단위도 소용돌이도의 단위를 쓰게 된다.

$$q_p = \zeta_p + f + f_0 \frac{\partial}{\partial p}[\theta(\partial\theta_0/\partial p)^{-1}] \tag{8.2a}$$

여기서 q_p는 기압 좌표계에서 잠재 소용돌이도, $\zeta_p = f_0^{-1}\nabla^2\phi$는 지균 상대 소용돌이도, $\phi = gz$는 지위다. $f = 2\Omega\sin\varphi$이고, Ω는 지구 자전 각속도, φ는 위도다. f_0는 기준 위도에서의 값이다. $\theta_0(p)$는 기준 온위로서 기압의 함수다. 하단 첨자 p는 등압면 위의 값을 의미한다. 잠재 소용돌이도를 지위의 함수로 다시 정돈해보면,

$$q_p = f_0^{-1}\nabla^2\phi + f + \frac{\partial}{\partial p}\left(f_0\sigma^{-1}\frac{\partial\phi}{\partial p}\right) \tag{8.2b}$$

여기서 대기 안정도 $\sigma = -RT_0 p^{-1} d\ln\theta_0/dp$는 p에 따라 서서히 변하는 함수다. 또한 정역학 관계 $T = -\dfrac{p}{R}\dfrac{\partial\phi}{\partial p}$와 온위의 정의 $\theta = T(p_0/p)^{R/C_p}$를 사용하였다. $T_0(p)$는 기준 기온으로 기압의 함수다. R은 기체상수이고, p_0 = 1000hPa이다. 우변 첫 항은 상대 소용돌이도, 둘째 항은 지구 소용돌이도다. 마지막 항은 대기 안정도를 기준값, 즉 σ로 정규화한 것이다. 기압 좌표계에서 잠재 소용돌이도는 소용돌이도와 마찬가지로 s^{-1}의 단위로 표시한다. 대기 안정도 항에서는 f_0가 단위를 맞추는 구실을 한다. 수평 방향으로 기류가 수렴하여 기층이 연직으로 신장하면, 단열 과정에서 온위는 보존되므로 온위의 연직 감률이 작아진다. 대기 안정도가 낮아지며 잠재 소용돌이도는 증가한다. 이런 이유로 대기 안정도 항은 신장 소용돌이도 (stretching vorticity)라고 부르기도 한다(Holton, 2004). 잠재 소용돌이도는 단열 과정을 통해 보존되는 성질을 갖고 있어서, 지균풍을 따라 기단을 추적하기 용이하다. 즉

$$\frac{dq_p}{dt} = \left(\frac{\partial}{\partial t} + \boldsymbol{v}_g \cdot \nabla\right)q_p = 0 \tag{8.3a}$$

여기서 $\boldsymbol{v}_g = f_0^{-1}\boldsymbol{k}\times\nabla\phi$는 수평 방향의 지균풍 벡터이고, $\boldsymbol{k}$는 연직 방향의 단위 벡터이다. 외력(external force)은 무시하였다. 지균풍과 함께 이동하는 좌표계에서 잠재 소용돌이도 보존 원리를 달리 표현하면,

$$q_p = \zeta_p + f + \chi_p = \text{상수} \tag{8.3b}$$

여기서 $\chi_p = \dfrac{\partial}{\partial p}\left(f_0\sigma^{-1}\dfrac{\partial\phi}{\partial p}\right)$는 신장 소용돌이도다.

2. 바람과 기온의 역산

                     잠재 소용돌이도는 대기 순환을 입체적으로 한꺼 번에 파악하는데 유용하다. 식 (8.2b)에서 상대 소용돌이도와 신장 소용돌 이도는 각각 지위만의 함수라는데 주목하자. 잠재 소용돌이도와 지면 경 계 조건을 알고 있다면, (8.2b)의 역함수를 통해 지위를 구할 수 있다[24]. 지위는 잠재 소용돌이도를 두 번 적분해야 구할 수 있고, 바람과 기온은 지위를 한 번 미분해야 얻어진다. 따라서 바람이나 기온은 잠재 소용돌이 도보다는 공간 규모가 크고 잠재 소용돌이도의 패턴보다 먼 곳까지 영향 을 미치게 된다. 지면에서는 기압 속도(pressure velocity)가 0이므로, 이 조건 을 열역학 방정식(1.3a)의 준지균 근사식에 대입하면 지면($p = p_s$)에서 다 음 경계 조건을 얻는다.

$$\frac{d}{dt}\left(\frac{\partial \phi}{\partial p}\right) = \left(\frac{\partial \phi}{\partial t} + \boldsymbol{v}_g \cdot \nabla_p\right)\left(\frac{\partial \phi}{\partial p}\right) = 0 \tag{8.4}$$

지면에서 기온 또는 층후(thickness)는 지균풍을 따라 이류하여 공간적으 로 재분배된다.

    잠재 소용돌이도를 분석하면 여러 기층의 바람과 기온의 분포를 입체 적으로 파악할 수 있다. 대규모 운동계를 포괄적으로 이해할 수 있어서, 역학적으로 의미가 큰 개념이다. 표준 대기 조건에서 지구 소용돌이도와 신장 소용돌이도를 더해, 기본장의 잠재 소용돌이도 $q_{p,0}$를

---

[24] 연직 기압 속도는 오메가 방정식(omega equation)에 지균풍과 기온을 대입하여 구할 수 있다.

                                             기상 역학

$$q_{p,0} = f + \frac{\partial}{\partial p}\left(f_0\sigma^{-1}\frac{\partial\phi_0}{\partial p}\right) \tag{8.5}$$

라고 정의하자. 여기서 우변 둘째 항은 기본장의 신장 소용돌이도이고, ϕ_0는 기압만의 함수다. 잠재 소용돌이도를 기본장과 섭동장으로 나누면, (8.2a) 또는 (8.2b)에서 섭동의 잠재 소용돌이도 q_p'은 다음과 같이 쓸 수 있다.

$$q_p' = \zeta_p' + \chi_p'$$

$$= f_0^{-1}\nabla^2\phi' + f_0\frac{\partial}{\partial p}[\theta'(\partial\theta_0/\partial p)^{-1}] \tag{8.6a}$$

$$= f_0^{-1}\nabla^2\phi' + \frac{\partial}{\partial p}\left(f_0\sigma^{-1}\frac{\partial\phi'}{\partial p}\right) \tag{8.6b}$$

여기서 $q_p' = q_p - q_{p,0}$, $\phi' = \phi - \phi_0$, $\theta' = \theta - \theta_0$이다. 우변 첫 항과 둘째 항은 각각 섭동의 상대 소용돌이도 ζ_p'와 신장 소용돌이도 χ_p'성분이다. 또한 온위로 표현한 정역학 관계식은 $\dfrac{\partial\phi'}{\partial p} = -\theta'\dfrac{\partial}{\partial p}\{c_p(p/p_0)^{R/c_p}\}$이다. 지면 경계 조건은 (8.4)를 이용하면,

$$\frac{\partial}{\partial t}\left(\frac{\partial\phi'}{\partial p}\right) = 0 \tag{8.7}$$

대류 권계면 부근에서는 변위가 조금 달라지더라도 q_p'는 큰 폭으로 변동한다. 연직적으로는 대류 권계면을 경계로 위쪽에는 성층권의 높은 잠재 소용돌이도가 자리잡아 상하로 변위가 조금 변하더라도 q_p'은 큰 폭으로

변동한다. 대류 권계면에서 조금 내려온 기체는 $(+)q'_p$를 갖고, 조금 올라간 기체는 $(-)q'_p$을 갖는다. 남북 방향으로는 대류 권계면 부근에 제트 기류가 지나고, 제트의 북쪽에는 양의 상대 소용돌이도가 위치하고 남쪽에는 음의 상대 소용돌이도가 놓여 있다. 따라서 제트 기류를 경계로 북쪽과 남쪽의 잠재 소용돌이도의 차이가 심하다. 제트 기류 축을 가로질러 조금 남하한 기단은 $(+)q'_p$을 갖고 북상한 기단은 $(-)q'_p$을 갖는다.

식 (8.6b)와 (8.7)에서 잠재 소용돌이도 섭동의 역함수를 구할 수 있게 된 배경을 되돌아보면, 온도풍 균형, 즉 지균풍과 정역학 관계의 균형 조건을 전제하였기 때문에 잠재 소용돌이도 섭동을 지위만의 함수로 나타낼 수 있었다. 따라서 잠재 소용돌이도 섭동을 해석할 때 온도풍 조건은 중요한 단서가 된다. 잠재 소용돌이도 섭동 q'_p가 $(+)$값을 가지면 Fig.8.2의 좌측 그림과 같이 북반구에서 내려다볼 때 시계 반대 방향의 회전 바람이 유도된다. q'_p가 $(-)$값을 가지면 우측 그림과 같이 시계 방향의 회전 바람이 유도된다(Hoskins et al., 1985). 좌측 그림에서 시계 반대 방향으로 회전하는 바람은 지균 조건을 만족하기 위해 회전의 중심에 저기압 섭동을 형성한다. 한편 이 저압부는 정역학 관계를 만족하기 위해 아래쪽에는 한기 섭동, 위쪽에는 난기 섭동을 형성한다. 섭동이 갖는 $(+)\chi'_p$가 $(+)\zeta'_p$와 함께, $(+)q'_p$를 지원한다. 우측 그림에서 시계 방향으로 회전하는 바람은 지균 조건을 만족하기 위해 회전의 중심에 고압부 섭동을 형성한다. 한편 이 고압부는 정역학 관계를 만족하기 위해 아래쪽에는 난기 섭동, 위쪽에는 한기 섭동을 형성한다. 섭동이 갖는 $(-)\chi'_p$가 $(-)\zeta'_p$와 함께, $(-)q'_p$를 지원한다. 섭동의 상대 소용돌이도와 대기 안정도는 (8.6b)에서 지위를 통해서 서로 맞물려 있다. 지균 균형과 정역학 균형 조건을 통해서 잠재 소용돌이도 섭동

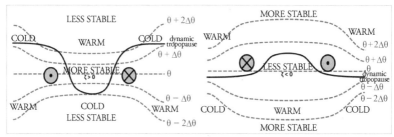

Fig.8.2 상층 잠재 소용돌이도 섭동과 균형을 이루는 바람과 온위의 분포. 동서 방향의 연직 단면도에서 진한 실선은 역학적 권계면(dynamic tropopause, 통상 1.5~2 PVU)이다. 점선은 등온위선으로 위로 갈수록 크기가 증가한다. 지면으로 들어가는 화살표는 남풍이고 나오는 화살표는 북풍이다. (좌) 상층 기압골(upper tropospheric trough)과 (+)잠재 소용돌이도 섭동. 위쪽에는 난기(warm)가 배치하고 아래쪽에는 한기(cold)가 위치하여 섭동의 중심부는 안정한 기층(more stable)을 형성한다. 중심부에서 위아래로 멀어질수록 대기 안정도는 떨어진다(less stable). 중심부에 형성된 시계 반대 방향의 소용돌이(ζ>0)는 온도풍 관계에 따라 상하로 침투하며 강도가 약해진다. (우) 상층 기압능(upper tropospheric ridge)과 (−)잠재 소용돌이 섭동. 중심부의 대기 안정도가 낮은 기층(less stable)의 위쪽에는 한기(cold)가 배치하고 아래쪽에는 난기(warm)가 위치한다. 중심부에서 위아래로 멀어질수록 대기 안정도는 높아진다(more stable). 중심부에 형성된 시계 방향의 소용돌이(ζ<0)는 온도풍 관계에 따라 상하로 침투하며 강도가 약해진다.

Evans 강의노트. http://derecho.math.uwm.edu/classes/SynII/IPVAnomsInvert.pdf

은 상대 소용돌이도와 대기 안정도 성분으로 분배된다.

　잠재 소용돌이도 섭동에 대응하는 지위의 연직 규모는 온도풍 균형 조건으로 어느 정도 유추해볼 수 있다. Fig.8.2에서 잠재 소용돌이도 섭동은 대류 권계면 부근에 놓여 있다. 힘의 원천(source)에서 멀어질수록 반응하는 바람, 지위, 기온의 섭동은 작아져야 한다. 우선 좌측 그림에서는 대류권에는 저압부 중심부가 차가우므로 온도풍 조건에 따라서 하부로 내려올수록 반시계 방향의 바람도 줄어들어야 한다. 또한 성층권에는 저압부 중심부가 따뜻하므로 온도풍 조건에 따라서 상부로 올라갈수록 반시계 방향의 바람이 줄어들어야 한다. 마찬가지로 우측 그림에서는 대류권에는 고압부 중심부가 따뜻하므로 온도풍 조건에 따라서 하부로 내려올수록 시계 방향의 바람도 줄어들어야 한다. 또한 성층권에는 고압부 중심부가 차가우므로 온도풍 균형 조건에 따라서 상부로 올라갈수록 시계 방향의 바람이 줄어들어야 한다. 만약 대류 권계면에서 그림과는 달리 $(+)q_p'$지역에 시계 방향의 회전 바람이 불거나 $(-)q_p'$지역에 반시계 방향의 회전 바람이 분다고 가정하면, 온도풍 균형 조건을 맞추기 위해 힘의 원천에서 멀어질수록 바람이 강해져야 하는데, 이는 힘의 인과 관계에 역행하므로 받아들이기 어렵다. 이하의 설명에서는 편의상 등압면을 나타내는 하단 첨자를 생략하여, 다른 표시를 하지 않으면 q는 q_p를 의미한다고 본다.

지위의 연직 규모는 지구 소용돌이도, 지위의 수평 규모, 대기 안정도에 따라 달라진다. 식 (8.6b)에서 잠재 소용돌이도의 영향권에서 멀리 떨어진 곳에서는 좌변이 0이 되어, 우변의 상대 소용돌이도와 신장 소용돌이도가 균형을 이루어야 하므로 두 항의 차원을 맞추어 보면,

$$\Delta p \sim \Delta L f_0 \sigma^{-1/2} \tag{8.8a}$$

여기서 Δp와 ΔL은 각각 운동계의 연직, 수평 규모이다. f_0는 기준 위도의 지구 소용돌이도다. 대기 안정도와 브런트 바이살라 진동수는 $N^2 = g^2 \rho^2 \sigma$의 관계가 있고, 정역학 관계식을 이용하여 규모식을 다시 정돈하면,

$$\Delta z = \frac{|\Delta p|}{\rho p} \sim \Delta L f_0 N^{-1} \tag{8.8b}$$

여기서 운동계의 수평 규모 ΔL은 흔히 로스비 변형 반경(Rossby radius of

deformation)이라 부른다. 대기 안정도의 복원력에 따른 중력 파동이 전향력의 시간 규모만큼 이동하는 거리에 해당한다. 이 반경 내에서는 중력 파동으로 인해 대기의 지위가 소위 지균 조절 과정을 거치며 주위 환경과 균형을 맞추어 가게 된다. 영향 반경 내에서는 대기 안정도가 상대적으로 우세하여 파동의 연직 운동이 억제되기 때문에 경압적으로 발달하는 파동의 규모는 최소한 이 반경보다는 커져야 한다(Holton, 2004).

식 (8.8b)에서 잠재 소용돌이도 섭동이 유도하는 바람장의 연직 영향 범위는 전향력과 편차의 수평 규모에 비례하고, 대기 안정도에 반비례한다. 세 가지 요소를 각각 따져보자. 먼저 지구 소용돌이도다. 잠재 소용돌이도 섭동이 고위도에 위치해 있다면 지구 소용돌이도 f_0가 커진다. 기압 경도력이 같은 조건이라면, 지구 소용돌이도가 증가할수록 지균풍의 풍속은 감소하게 된다. 전향력이 크기 때문에 적은 풍속으로도 기압 경도력과 균형을 이룰 수 있기 때문이다. Fig.8.2의 좌측 그림에서 반시계 방향의 지균풍이 작아지면 온도풍 균형을 유지하기 위해 하층의 한기와 상층의 난기는 각각 그 세기가 줄어들어야 한다. 연직 시어와 함께 연직 기온 경도가 완만해져서 운동의 연직 규모(scale)는 커지게 된다. 우측 그림에서 시계 방향의 지균풍이 작아지면 온도풍 균형을 유지하기 위해 하층의 난기와 상층의 한기는 각각 그 세기가 줄어들어야 한다. 마찬가지로 연직 시어와 함께 연직 기온 경도가 완만해져서 운동의 연직 규모는 커지게 된다. 지구 소용돌이도가 증가할수록 운동의 연직 범위는 깊어지고, 지구 소용돌이도가 감소하면 연직 범위는 얇아진다. 다른 각도에서 보면 지구 소용돌이도가 커질수록 (6.5b)에서 관성 안정도가 높아진다. 섭동이 수평 방향으로 확장하는데 따른 관성 저항이 커지게 되어, 섭동의 수평 규모는 작아지고 상대적으로 연직 규모는 커지게 된다.

둘째, 동일한 지위의 변동 폭을 갖더라도 운동계의 수평 규모가 작아지면 지위의 경도가 커지면서 상대 소용돌이도가 증가한다. Fig.8.2의 좌측 그림에서 반시계 방향의 지균풍이 커지면 온도풍 균형을 유지하기 위해 하층의 한기와 상층의 난기는 각각 그 세기가 커져야 한다. 연직 시어와 함께 연직 기온 경도가 가팔라지며 운동의 연직 규모는 작아지게 된다. 우측 그림에서 시계 방향의 지균풍이 커지면 온도풍 균형을 유지하기 위해 하층의 난기와 상층의 한기는 각각 그 세기가 커져야 한다. 마찬가지로 연직 시어와 함께 연직 기온 경도가 가팔라지며 운동의 연직 규모는 작아지게 된다. 운동계의 수평 규모가 작아질수록 연직 규모는 작아지게 된다. 반대로 수평 규모가 증가하면 연직 규모도 증가한다.

셋째, 대기 안정도가 증가하면 섭동이 연직 방향으로 확장하는데 따른 저항이 커지게 된다. 섭동의 연직 규모는 작아진다. 대기 안정도가 감소하면 기본장의 온위면이 연직으로 늘어지면서 섭동의 연직 규모가 커지게 된다(Young, 2003). 앞서 지구 소용돌이도가 수평 방향으로 저항의 역할을 하는 것과 대비된다. Fig.8.2의 좌측 그림에서 중층 기압골의 위쪽에는 섭동의 난기, 아래쪽은 한기가 배치한다. 안정도가 증가하면 기본장의 온위면이 연직으로 밀집한다. 연직 시어와 온도풍 균형을 맞추는데 필요한 기압골의 깊이가 줄어든다. 대기 안정도가 감소하면 기본장의 온위면이 연직으로 늘어나 기압골도 깊어진다. 우측 그림에서 중층 기압능의 위쪽에는 섭동의 한기, 아래쪽은 난기가 배치한다. 대기 안정도가 증가하면 연직 시어와 온도풍 균형을 맞추는데 필요한 기압능의 두께가 줄어든다. 대기 안정도가 감소하면 기압능의 두께가 늘어난다.

기상 역학

3. 기온 섭동과의 관계

　　　　　지면 부근에서 기온 섭동이 주어지더라도 잠재 소용돌이도 섭동과 마찬가지로 넓은 범위에 걸쳐 바람장이 형성된다. 힘의 원천이 이번에는 지면에 있기 때문에 상부로 갈수록 반응하는 섭동의 크기는 작아져야 한다. Fig.8.3의 좌측 그림과 같이 지면에 난기 섭동 $(+)\theta'$이 놓여있다면 온도풍 관계에 따라 고도가 상승할수록 시어는 위에서 내려다보았을 때 시계 방향을 향해야 한다. 고도에 따라 시계 방향의 회전 바람이 증가하거나 반시계 방향의 회전 바람이 감소해야 한다. 힘의 원천이 지면에 있으므로 상부에서 바람이 증가하는 패턴은 성립하기 어렵다. 반시계 방향의 회전 바람 풍속이 지면 부근에서 최대가 되고, 고도에 따라 회전 바람이 점차 줄어들게 된다. 우측 그림에서는 지면에 한기 섭동 $(-)$ θ'이 놓여있다. 온도풍 관계에 따라 고도가 상승할수록 시어는 반시계 방향을 향해야 한다. 고도에 따라 반시계 방향의 회전 바람이 증가하거나 시계 방향의 회전 바람이 감소해야 한다. 힘의 원천이 지면에 있으므로 상부에서 바람이 증가하는 패턴은 성립하기 어렵다. 시계 방향의 회전 바람 풍속이 지면 부근에서 최대가 되고, 고도에 따라 회전 바람이 점차 줄어들게 된다.

　　다른 각도에서 본다면 좌측 그림에서는 난기 아래쪽의 대기 안정도는 증가하므로 지상 부근에 얇게 신장 소용돌이도 섭동 $(+)\chi'_p$이 놓여 있고, 우측 그림에서 한기 아래쪽의 대기 안정도는 감소하므로 지상 부근에 얇게 신장 소용돌이도 섭동 $(-)\chi'_p$이 놓여 있다고 볼 수 있다. 식 (8.6)에서 섭동의 상대 소용돌이도 성분이 없다고 하고, 신장 소용돌이도 성분이 ±값을 가지면 잠재 소용돌이도도 ±값을 갖는다. 다시 말해 하층에 (+)θ' 또는 (−)θ' 섭동이 놓이면 (+)q' 또는 (−)q' 섭동이 놓인 것과 같은 역학적 효과를 갖는다. 따라서 상하층 간 상호 작용의 측면에서 볼 때, 하층에서 θ'은 q'과 역학적으로 동일한 역할을 한다. 하층의 (±)θ'와 상층의 (±)q'는 모두 동일한 방향의 회전 기류를 유도한다. 다만 상층 (±)q'가 유도하는 회전 기류는 하층으로 침투하고, 하층 (±)θ'가 유도하는 회전 기류는 상층으로 침투하는 점이 다르다. 잠재 소용돌이도 섭동 방정식 (8.6b)와 지면 경계 조건 (8.7)은 각각 다음과 같이 표현할 수 있다(Hoskins et al., 1985).

$$q'_p = \zeta'_p + \chi'_p + \chi'_{p_s^-}$$

$$= \zeta'_p + \chi'_p - \left(f_0 \sigma^{-1} \frac{\partial \phi'}{\partial p} \right)_{p=p_s^-} \delta(p-p_s) \tag{8.9}$$

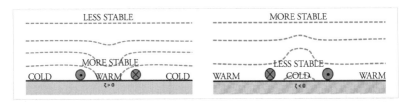

Fig.8.3 지면 부근의 온위 섭동과 균형을 이루는 바람의 분포. 동서 방향의 연직 단면도에서 점선은 등온위선으로 위로 갈수록 크기가 증가한다. 지면으로 들어가는 화살표는 남풍이고 나오는 화살표는 북풍이다. (좌) 지상 저기압(surface cyclone)과 (+)온위 섭동. 시계 반대 방향의 소용돌이($\zeta > 0$) 중심부에는 난기(warm)가 배치하고 주변에는 한기(cold)가 위치한다. 온도풍 관계에 따라 시계 반대 방향의 소용돌이는 상부로 침투하며 강도가 약해진다. 중심부의 난기 바로 위에는 대기 안정도가 상대적으로 높은 기층(more stable)이 형성되고 상부로 가면서 대기 안정도는 감소한다(less stable). (우) 지상 고기압(surface anticyclone)과 (−)온위 섭동. 시계 방향의 소용돌이($\zeta < 0$) 중심부에는 한기(cold)가 배치하고 주변에는 난기(warm)가 위치한다. 온도풍 관계에 따라 시계 방향의 소용돌이는 상부로 침투하며 강도가 약해진다. 중심부의 한기 바로 위에는 대기 안정도가 상대적으로 낮은 기층(less stable)이 형성되고 상부로 가면서 대기 안정도는 증가한다(more stable).
Evans 강의노트. http://derecho.math.uwm.edu/classes/SynII/IPVAnomsInvert.pdf

기상 역학

$$\left(\frac{\partial \phi'}{\partial p}\right) = 0, \; p = p_s \tag{8.10}$$

여기서 $\delta(p-p_s)$는 델타 함수로서, 함수 값이 0이고 오직 $p = p_s$일 때만 함수 값이 1이 된다. p_s는 지면($p = p_s$) 바로 아래를 지칭한다. 식 (8.9)에서 우변 셋째 항 χ'_{p_s}는 지면 바로 아래 신장 소용돌이도 섭동의 얇은 막(PV sheet)으로, 지면 부근 기온 섭동 θ'이 갖는 잠재 소용돌이도 성분을 수식으로 옮긴 것이다.

4. 파동 전파

잠재 소용돌이도와 균형을 이루는 바람장은 잠재 소용돌이도보다 더 넓은 범위에 걸쳐 영향을 미치게 된다는 점을 앞서 살펴보았다. 잠재 소용돌이도의 파동 또는 로스비 파동(Rossby wave)은 기본장의 잠재 소용돌이도의 남북 경도로 인해서 복원력이 작용하는 파동이다. 동서 방향으로 연속적으로 배열한 파동에 대한 정상 모드 분석(normal mode analysis)을 하지 않더라도, 초기 상태에 연직 기둥 모양의 고립된 잠재 소용돌이도 섭동 $(+)q'$ 또는 지면 온위 섭동 $(+)\theta'$에 대응하는 바람의 역할을 살펴봄으로써 파동군이 동서 방향으로 전파하는 과정을 이해할 수 있다[25]. 기본장의 잠재 소용돌이도 $\bar{q}$가 높은 지역(high PV)과 낮은 지역(low PV)이

....

[25] 초기치 문제(initial value problem)를 풀어가는 과정에서도 가장 빠르게 발달하는 정상 모드를 분석해 낼 수 있다.

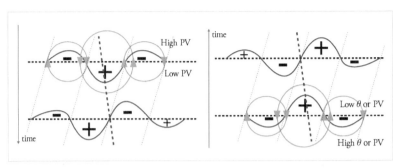

Fig.8.4 고립된 잠재 소용돌이도 섭동 q' (또는 지면 온위 섭동 θ')의 전파 과정. 기본장의 잠재 소용돌이도 $\bar{q}$ 또는 지면 온위 $\bar{\theta}$는 남북 방향으로 대/소(High/ Low) 값을 보인다. 실선은 파동의 남북 변위이고, 원형 화살표는 PV 역산의 원리에 따라 q' (또는 θ')이 유도하는 바람 섭동의 유선(u', v')이다. +/− 는 각각 q' (또는 θ')의 양/음 편차이다. 비스듬히 서있는 가는 점선은 같은 위상선을 추적한 것으로, 기울기는 위상 속도다. 굵은 점선은 파동군의 중심, 또는 에너지의 중심을 추적한 것으로, 기울기는 군 속도이다. (좌) 북쪽이 남쪽보다 기본장의 $\bar{q}$가 높은 경우에는 파동의 위상은 서쪽으로 전파하고, 파동군은 시간(time)에 따라 동쪽으로 이동한다. (우) 북쪽보다 남쪽에서 기본장의 $\bar{\theta}$가 높은 경우에는 파동의 위상은 동쪽으로 전파하고, 파동군은 서쪽으로 이동한다.

https://www.wmo.int/pages/prog/arep/wwrp/new/wwosc/documents/gabriel_wolf_wwosc.pdf

Fig.8.4의 좌측 그림과 같이 남북으로 대치한다고 하자. 순간적으로 $\bar{q}$의 일부가 남북으로 이동하며 형성한 M자 모양의 섭동 q'이 주변에서 일으키는 변화를 살펴보자. 섭동 q'의 주변에는 q'의 규모보다 넓은 범위에 걸쳐 $(+)q'$의 좌측에는 북풍, 우측에는 남풍 바람 섭동이 각각 형성된다. 섭동 $(+)q'$의 좌측에서는 북풍에 의해 북쪽의 높은 $\bar{q}$가 옮겨와 $\Delta q' > 0$이 된다. 우측에서는 남풍에 의해 남쪽의 낮은 $\bar{q}$가 옮겨와 $\Delta q' < 0$이 된다. 이 섭동은 시간이 흐르면서 가는 점선을 따라 서쪽으로 전파하게 된다.

한편 파동군의 양 끝단에서는 상반된 현상이 벌어진다. 우선 좌측 끝단의 $(-)q'$에서 보면 앞서 섭동 $(+)q'$와 마찬가지로 좌측으로 전파하게 된다. 반면 우측 끝단의 $(-)q'$에서는 오른편에 새로운 섭동 $(+)q'$가 유도된다. $(-)q'$의 좌측에는 남풍이 낮은 잠재 소용돌이도를 실어와 $\Delta q' < 0$가 되

기상 역학

고 섭동을 서쪽으로 단순히 옮겨주는 역할을 하는데 그친다. 반면 (−)q'의 우측에는 북풍이 높은 잠재 소용돌이도를 끌어내어 $\Delta q' > 0$이 되고 새로운 파동이 파동군의 우측 가장자리에서 발생하게 된다. 시간이 좀 더 지나면 우측 선단의 섭동 (+)q'의 바깥쪽으로 새로운 섭동 (−)q'가 발생하고, 이러한 과정은 반복된다. 시간이 가면서 파동군의 중심도 이동하게 되는데, 예시에서는 두터운 점선을 따라 동쪽으로 이동하는 모습을 그리고 있다. 좌측 그림에서 파동의 위상은 서쪽으로 전파하지만 파동군은 동쪽으로 이동하는 모습이다. 파동의 고유(intrinsic) 위상 속도와 군속도에 각각 지향류를 보태주면, 기본장의 이류 효과를 포함한 위상 속도와 군속도를 구할 수 있다. 위상 속도와 군속도의 차이는 정체 파동에서 극단적으로 대조된다. 정체 파동에서는 위상 속도가 $c = 0$이다. 반면 파동군은 여전히 동쪽 방향으로 확장한다. 비록 파동의 위상은 정지해 있지만 에너지는 파동군의 속도로 동쪽으로 이동하게 된다.

식 (6.18)과 (6.19a)에서 남북 방향의 파수 $l = 0$으로 놓으면 동서 방향의 순압 파동에 대한 위상 속도와 군속도는 각각 $c = \bar{u} - \bar{q}_y / k^2$과 $c_{gx} = \bar{u} + \bar{q}_y / k^2$이 된다. 기본장의 서풍 $\bar{u}$의 입장에서 보면 파동의 위상이 베타 효과로 $\bar{q}_y / k^2$의 속도로 서진하는 만큼, 똑같은 속도로 파동군은 동진한다. Fig.8.4의 좌측 그림에서도 정성적이기는 하지만 유사한 결론을 끌어낼 수 있었다. 이는 잠재 소용돌이도 역산의 원리(pv thinking)를 통해서 파동의 위상 속도는 물론이고 파동군의 전파 속도도 정성적으로 가늠해 볼 수 있다는 것을 시사한다.

우측 그림에서는 기본장의 온위 $\bar{\theta}$가 높은 지역과 낮은 지역이 남북으로 대치하는 장면이다. 좌측 그림과 달리 시간 축은 아래서 위로 흐른다.

W자 모양의 섭동 θ'가 주변에서 일으키는 변화는 좌측 그림에서 q'의 작용과 흡사하다. 섭동 $(+)\theta'$의 좌측에서는 북풍에 의해 북쪽의 낮은 $\bar{\theta}$가 옮겨와 $\Delta\theta' < 0$이 된다. 우측에서는 남풍에 의해 남쪽의 높은 $\bar{\theta}$가 옮겨와 $\Delta\theta' > 0$이 된다. 이 섭동은 시간이 흐르면서 가는 점선을 따라 동쪽으로 전파하게 된다. 한편 파동군의 좌측 끝단에서는 왼편에 새로운 섭동 $(+)\theta'$가 발생하며 파동군이 서쪽으로 이동하는 모습을 그리고 있다.

파동군은 동서 방향뿐만 아니라, 연직 방향이나 남북 방향으로도 전파한다. Fig.8.5의 잠재 소용돌이도 파동계에서 가로축은 동쪽, 세로축은 연직 방향을 가리킨다. 지면으로 들어가는 방향이 북쪽이다. 상하층 모두 $\bar{q}$가 북쪽으로 갈수록 증가하므로, 잠재 소용돌이도의 남북 이류만 고려한다면 파동은 c의 속도로 서쪽으로 전파한다. 여기에 기본장의 서풍은 $\bar{u}-c > 0$이라 전제하였으므로, 기본장의 이류 효과를 더해주면 파동은 동쪽으로 전파한다. 상하층 모두 북쪽의 높은 잠재 소용돌이도 일부가 남하한 곳에는 골이 패이고 $(+)q'$가 형성된다. 기본장의 서풍이 파동 내부를 $\bar{u}-c$의 속도로 동진하므로, $(+)q'$ 주변에는 시계 반대 방향의 회전 바람이 불고 $(-)q'$ 주변에는 시계 방향의 회전 바람이 분다. 이러한 지균풍 균형 조건은 북반구에서는 당연한 것으로 볼 수 있지만, 엄밀히 따지자면 $\bar{u}-c$와 $\partial\bar{q}/\partial y$의 부호가 같기 때문에 얻어진 결론이다. 만약 $\bar{u}-c$와 $\partial\bar{q}/\partial y$의 부호가 다르다면, 저기압 주변에서 시계 방향의 바람이 부는 이상 현상이 나타난다.

$(+)q'$의 동쪽으로 위상이 $\pi/2$인 곳에 남풍의 최댓값(max. N. velocity)이 위치한다. 하층에서 볼 때, 상층에서 유도된 남풍(검은색 작은 원)은 하층 골

Fig.8.5 연직(z) 또는 남북(y) 방향으로 전파하는 파동계의 모식도(Hoskins et al., 1985, Fig.19). 상층의 파동(검은색 큰 원)과 하층의 파동(흰색 큰 원)이 한 쌍을 이룬다. 동쪽(x축)을 향해 파동의 전파 속도 c로 이동하는 좌표계에서 기본장의 서풍은 $\bar{u} - c > 0$이고, 기본장의 잠재 소용돌이도 $\bar{q}$는 북으로 갈수록 증가한다($IPVG > 0$). (±)기호는 각각 섭동의 잠재 소용돌이도 q'(또는 온위 θ')의 부호를 나타낸다. 마루는 파동의 변위가 북으로 가장 멀리 나아간 지점(max. N. displacement)이며, 골은 남으로 가장 멀리 나아간 지점이다. 상하층 모두 바람이 동쪽으로 불어 마루에서는 고기압성 회전을 하고 골에서는 저기압성 회전을 한다. 마루에는 남쪽에서 유입한 (−)q'이 차지하고 골에는 북쪽에서 유입한 (+)q'이 점유하는 것과 맥을 같이한다. (+)q'의 동쪽으로 위상이 $\pi/2$인 곳에 남풍의 최댓값(max. N. velocity)이 위치한다. 하층에서 볼 때, 상층에서 유도된 남풍(검은색 작은 원)은 하층 (+)q'에서 위상이 $\pi/2$의 범위 내에 위치하여, 남쪽에 놓인 기본장의 낮은 잠재 소용돌이도를 끌어내어 (+)q' 또는 저기압을 약화시키는데 일조한다. 반면 상층에서 보면, 하층에서 유도된 남풍(흰색 작은 원)이 상층 (−)q' 또는 마루에서 위상이 $\pi/2$의 범위 내에 위치하여, 남쪽에 놓인 기본장의 저 잠재 소용돌이도를 끌어와 고기압을 강화시키는데 일조한다. 같은 방식으로 상대방의 파동에 의해 유도된 북풍도 하층의 파동을 약화시키고 상층의 파동은 강화시키게 된다. 이러한 방식으로 파동계는 상호 작용을 통해 연직 또는 남북 방향으로 전파하게 된다.

에서 위상이 $\pi/2$의 범위 내에 위치하여, 남쪽에 놓인 기본장의 낮은 잠재 소용돌이도를 끌어내어 저기압을 약화시키는데 일조한다. 반면 상층에서 보면, 하층에서 유도된 남풍(흰색 작은 원)이 상층 마루에서 위상이 $\pi/2$의 범위 내에 위치하여, 남쪽에 놓인 기본장의 저 잠재 소용돌이도를 끌어내며 고기압을 강화시키는데 일조한다. 같은 방식으로 상대방의 파동에 의해 유도된 북풍도 하층의 파동을 약화시키고 상층의 파동은 강화시키게 된다. 이러한 방식으로 파동계는 상호 작용을 통해 연직 방향으로 전파하게 된다. Fig.8.5에서 세로축이 남북 방향을 가리킨다면, 이번에는 파동이 북쪽으로 전파하는 과정을 같은 방식으로 설명할 수 있다.

파동의 전파와 군속도의 관계도 Fig.8.6의 그림을 통해서 설명할 수 있다. 기본장의 잠재 소용돌이도 구조는 Fig.8.5와 같으나, 세로축은 편의상 북쪽을 가리킨다. 동서 파동 A가 유도하는 남북 바람은 북측에 위치한 B 주변에서 기본장의 잠재 소용돌이도를 실어 나른다. 파동 A의 남풍과 북풍은 각각 $(-)q'$과 $(+)q'$의 서쪽에 위치하여, B에서 새로 유도된 파동은 A의 파동보다 기본장의 서풍 $\bar{u}$를 거슬러(counter propagation) 서쪽으로 위상이 기울어진다. 한편 B의 파동은 기본장의 상대 바람 $\bar{u}-c$의 속도로 동시에 동진하게 되어 위상의 기울기는 $\partial\bar{q}/\partial y$와 $\bar{u}-c$의 상대적 크기에 따라 결정된다. Fig.8.5에서 설명한 바와 같이, B의 q'에 동반한 남북류는 A의 q'을 약화시키는 방향으로 기본장의 잠재 소용돌이도를 이류하게 된다. 같은 방식으로 B의 파동은 C의 파동을 유도하며 전체 파동계의 에너지는 파동의 군속도 벡터 c_g를 따라 북서쪽으로 이동하게 된다. 한편 $\bar{u}-c>0$이고 파동의 위상이 북서-남동 방향으로 기울어질 때 에너지 플럭스의 방향이 $\overline{p'u'}>0$, $\overline{p'v'}>0$가 된다는 것은 이미 Fig.6.5에서 보인 바 있다. 따라서 남북 방향의 군속도는 에너지 플럭스의 방향과 일치한다. 다만 Fig.8.6의 동서 방향 군속도에는 기본장에 의한 이류 효과를 보태주어야 Fig.6.5의 동서 방향 에너지 플럭스와 비교할 수 있다. Fig.8.6에서 세로축이 연직방향을 가리킨다면, 이번에는 파동군이 고도에 따라 서쪽으로 기울어져이동하는 과정을 같은 방식으로 설명할 수 있다.

북반구에서 태풍의 하층부에는 반시계 방향의 소용돌이도가 매우 커서잠재 소용돌이도 섭동 $(+)q'$가 놓여 있고, 상층부에는 시계 방향의 소용돌이도와 함께 대기안정도도 낮아 잠재 소용돌이도 섭동 $(-)q'$가 배치한다.

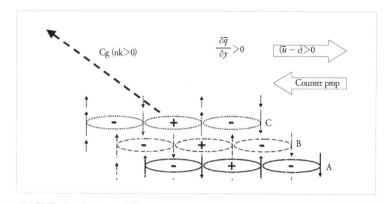

Fig.8.6 연직 또는 남북으로 전파하는 종관 파동의 모식도. 그림의 가로축은 동서 방향이고 세로축은 남북 방향이다. 기본장의 잠재 소용돌이도는 북으로 갈수록 증가하고($\partial\bar{q}/\partial y > 0$), c의 속도로 동진하는 파동의 상대 좌표계에서 기본장의 서풍은 $\bar{u} - c > 0$이다. k는 파동의 동서 방향 파수이다. n은 파동의 남북 방향 파수이고, 파동의 위상이 북으로 가면서 서쪽으로 편향되어 있어 $k > 0$, $n > 0$이다. 잠재 소용돌이도 파동의 편차 q'의 부호는 $+/-$로 표시되어 있고, 가는 화살표는 q'이 유도하는 남풍과 북풍을 나타낸다. 먼저 남측에 가까운 동서 파동계 A가 유도하는 남북 바람은 그 위의 기층 B에서 기본장의 잠재 소용돌이도를 이류하는 데 기여한다. 남풍이 부는 곳에서는 낮은 잠재 소용돌이도가 이류하여 $(-)q'$를 유도하고, 북풍이 부는 곳에서는 $(+)q'$를 유도한다. 남풍과 북풍은 각각 $(-)q'$과 $(+)q'$의 서쪽에 위치하여 B의 기층에 유도된 파동은 A의 파동보다 기본장의 바람을 거슬러(counter prop) 서쪽으로 위상이 기울어진다. 다만 기본장의 상대 바람 $\bar{u} - c$의 속도로 B의 파동은 동시에 동진하게 되어 위상의 기울기는 $\partial\bar{q}/\partial y$와 $\bar{u} - c$의 상대적 크기에 따라 결정된다. B의 기층의 q'에 동반한 남북류는 A기층의 q'을 약화시키는 방향으로 기본장의 잠재 소용돌이도를 이류하게 된다. 같은 방식으로 B의 파동은 C의 파동을 유도하며 전체 파동계의 에너지는 파동의 군속도 벡터 c_g를 따라 북서쪽을 향해 이동하게 된다. 세로축이 남북 방향 대신 연직 방향이라면, n은 파동의 연직 방향 파수가 되고, 군속도 벡터 c_g를 따라 파동군은 고도에 따라 서쪽으로 기울어져 이동하게 된다.(Harnik and Heifetz, 2007)

태풍이 중위도로 북상하면 주변 바람장의 연직 시어가 강해 상층과 하층의 소용돌이가 올곧게 서지 못하고 틀어진다. 상층의 고기압성 회전 중심과 하층의 저기압성 회전 중심이 비틀어지면, 잠재 소용돌이도 역산의 원리에 따라 상대방의 이동에 영향을 미친다. 예를 들어 Fig.8.7과 같이 동쪽 방향으로 연직 시어가 작용한다고 하자. 상층 $(-)q'$가 하층 $(+)q'$보다 동쪽으로 멀리 나아간다. 상층 $(-)q'$가 유도하는 바람의 영향으로 하층에는 남풍이 불고 $(+)q'$의 회전 중심은 북쪽으로 편향된다. 하층의 $(+)q'$가 유도하

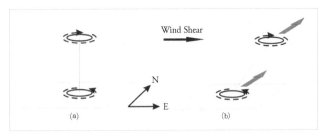

Fig.8.7 상하층이 분리된 태풍의 이동. 북반구에서 고도에 따라 동쪽(E) 방향의 바람이 증가하는 연직 시어(wind shear)를 가질 때 태풍의 이동 방향(두터운 화살표)을 보인 것이다. 점선은 태풍의 눈 외벽 구름대이다. (a) 태풍의 중심이 연직으로 곧게 서있을 때는, 태풍 내부의 잠열로 인해 상부에서는 대기 안정도가 떨어져 잠재 소용돌이도가 음의 값을 갖고, 하부에서는 대기 안정도가 증가하며 양의 값을 갖는다. 잠재 소용돌이도 역산의 원리에 따라 하부에서 반시계 방향으로 기류가 회전하고 반대로 상부에서는 시계 방향으로 기류가 회전한다(가는 화살표). (b) 시어의 작용으로 상부의 소용돌이가 빠르게 동진하면서 상부의 회전 바람기둥이 하부보다 동쪽으로 점차 기울어진다. 상부의 (−)잠재 소용돌이도 편차는 하층에 남풍을 유도하고, 이로 인해 하층 중심부는 북쪽으로 이동하는 성분을 갖는다. 하부의 (+)잠재 소용돌이도 편차는 상층에 남풍을 유도하고, 이로 인해 상층 중심부도 북쪽으로 이동하는 성분(두터운 화살표)을 갖는다.

http://www.hurricanescience.org/science/science/hurricanemovement/

는 바람의 영향으로 상층 $(-)q'$의 회전 중심은 북쪽으로 편향된다. 이로 인해 상하층이 분리되면서 전체 시스템은 동북동진하게 된다(Wu and Emanuel, 1993). 일반적으로 상층과 하층의 회전 기류가 서로 영향을 미치게 되면 태풍의 진로는 주 진로 위에 작은 원의 궤적을 그리면서 전체 경로는 울퉁불퉁한 모양을 취하게 된다.

5. 연직 이차 순환

대규모 운동계에서 대기의 성질은 고도에 따라 연속적으로 변하고, 연직적으로 정역학 평형에 가까운 상태에 놓여 있다. 분석 목적에 따라 고도 대신 다른 변수를 연직 좌표로 쓰기도 한다. 온위와 같이 단열 과정에서 보존되는 양을 연직 좌표로 쓰게 되면 단일면 분석만으로도 연직 운동을 파악할 수 있다. 그러나 온위는 지면과 나란하지 않고 불연속을 보이는 점이 문제다. 한편 기압 좌표계는 일기도 분석에 광범위하게 쓰인다. 종관 일기도는 전통적으로 등압면 위에서 대기 상태를 나타낸다. 기압 대신 등압면 고도를 통해 기압 경도력을 분석한다.

연직 바람 성분은 기압 좌표계에서 기압 속도 $\omega = dp/dt$로 나타난다.[26] 기압 속도는 기류의 흐름을 따라가면서 기체가 느끼는 기압의 시간 변화율이다. 기압 속도를 전미분(total derivative)하여 고도 좌표계에서 다시 풀어 쓰면,

$$\omega = \frac{\partial p}{\partial t} + \boldsymbol{v}_a \cdot \nabla_h p - g\rho \mathrm{w} \sim -g\rho \mathrm{w} \qquad (8.11)$$

여기서 $(\mathrm{u}_a, v_a, \mathrm{w})$ 는 기압 좌표계에서 3차원 비지균풍, $\mathrm{w} = dz/dt$, 하단 첨자 h는 등고도면이다. 우변 첫 항은 고정된 좌표에서 시간 변화율이다. 둘째 항은 수평 바람 성분에 의한 기압 이류로서 지균풍은 등압선에 나란하게 분다는 점을 이용하였다. 셋째 항은 연직 바람에 의한 기압 이류로서 정역학 관계를 반영한 것이다. 대규모 운동계에서 기압의 시간 변화는 하루에 10hPa이고 비지균풍에 의한 기압의 수평 이류는 1hPa에 불과한데 반해, 기압의 연직 이류에 의해서만 하루에 100hPa 정도 달라지므로, 연직 운동에 따른 기압의 변화만을 고려해도 무방하다. 이러한 가정 때문

----

[26] 여기서 기압 속도 ω는 6장의 진동수, 7장의 소용돌이도 벡터와 다르다.

에 기압 속도와 연직 속도는 서로 부호는 반대이고 크기는 비례한다고 볼 수 있다(Holton, 2004). 기압 속도가 양의 값이면, 기압이 높은 곳으로 기체는 하강한다. 기압 속도가 음의 값이면 기압이 낮은 곳으로 기체가 상승한다. 외부에서 열이 가해지면 기압 속도의 의미가 복잡해진다. 열이 가해져 기온이 증가하면, (8.11)에서 기체가 굳이 하강하지 않아도 기압 속도가 증가할 수 있기 때문이다.

기압 좌표계에서는 연속 방정식 (4.2)가 단순한 형태를 보인다.

$$\nabla_p \cdot \boldsymbol{v}_a + \frac{\partial \omega}{\partial p} = 0 \tag{8.12}$$

여기서 하단 첨자 p는 등압면이다.

수평 방향의 수렴이나 발산 기류는 등압면에 수직한 방향으로 기압 속도가 발산하거나 수렴하는 기류와 연결된다. 대기 중층에서 기압 속도가 양의 값이면 하강 기류가 일어나므로 상층에서는 기류가 모이고 하층에서는 기류가 흩어진다. 반대로 대기 중층에서 기압 속도가 음의 값이면 상승 기류가 일어나므로, 상층에서는 기류가 흩어지고, 하층에서는 기류가 모인다. 기압 좌표계는 일기도 분석에서 광범위하게 사용하고 수식이 단순해지는 이점이 있는 반면, 지면 경계 조건을 설정하기가 쉽지 않은 한계도 안고 있다(Holton, 1972).

준지균 운동계에서 소용돌이도 보존 원리는 기압 좌표계에서 다음과 같이 간소한 형태로 나타난다.

$$\frac{\partial \zeta_g}{\partial t} = -\boldsymbol{v}_g \cdot \nabla_p (\zeta_g + f) + f_0 \frac{\partial \omega}{\partial p} \tag{8.13}$$

기상 역학

여기서 하단 첨자 g는 지균풍을 나타낸다. 앞서 (5.1)의 일반적인 소용돌이도 방정식과 비교해보면, (8.13)의 기본 가정을 이해할 수 있다. 준지균 소용돌이도 방정식에서는 비틀림 항을 무시하였다. 밀도 차 항은 기압 좌표계로 전환하는 과정에서 소거하였다. 신장 항에서 상대 소용돌이도는 무시하고, 지구 소용돌이도는 대푯값을 사용하였다. 상대 소용돌이도는 지균풍 바람 성분으로만 구성하고, 절대 소용돌이도는 지균풍을 따라서 이류한다.

준지균 운동계에서 연직 기류와 이를 보상하는 수렴·발산 기류는 서로 상반된 역할을 통해서 상하층의 상대 소용돌이도의 균형을 맞추도록 작용한다. 먼저 열역학 방정식에서 기압 속도의 역할을 보자. 열역학 방정식 (1.2)를 준지균 운동계에서 나타내면 다음과 같다.

$$\frac{\partial}{\partial t}\left(\frac{\partial \phi}{\partial p}\right) = -\boldsymbol{v}_g \cdot \nabla_p\left(\frac{\partial \phi}{\partial p}\right) - \sigma\omega - \frac{\kappa}{p}J \tag{8.14}$$

여기서 $\partial\phi/\partial p = -RT/p$, J는 단위 질량당 가열율이다. 식 (8.14)에 라플라시안(Laplacian) 연산을 가하면,

$$\frac{\partial}{\partial t}\left(\frac{\partial \zeta}{\partial p}\right) = -\nabla_p^{\,2}\left[\boldsymbol{v}_g \cdot \nabla_p\left(\frac{\partial \phi}{\partial p}\right)\right] - \sigma\nabla_p^{\,2}\omega - \frac{\kappa}{p}\nabla_p^{\,2}J \tag{8.15}$$

여기서 좌변은 고정된 좌표에서 상대 소용돌이도의 연직 차이의 시간 변화율이다. 우변 첫 항은 기온 이류 효과이고 둘째 항은 연직 기류에 따른 단열 냉각 또는 승온 효과이다. 셋째 항은 비단열 효과다.

기체가 상승하면 단열 냉각되고 정역학 균형을 통해 기층의 두께가 줄

어든다. 상층 등압면의 고도는 하강하고, 지균풍 균형에 따라 상대 소용돌
이도는 증가한다. 반면 하층 등압면의 고도는 상승하여 상대 소용돌이도
는 감소한다.

$$\frac{\partial}{\partial t}\left(\frac{\partial \zeta}{\partial p}\right) \propto -\sigma \nabla_p^2 \omega \propto \omega \tag{8.16}$$

식 (8.16)에서 $\omega < 0$이면, $\partial \zeta / \partial p$의 시간 변화율은 음의 값을 갖고, 고
도에 따라 상대 소용돌이도의 시간 변화율은 증가하게 된다. 반대로 기체
가 하강하면 단열 승온 과정을 통해서 기층이 두터워지며, 상층에서 상대
소용돌이도가 감소하고 하층에서는 증가한다. 고도에 따라 상대 소용돌이
도의 시간 변화율은 감소하게 된다. 다음으로 회전 성분에 대한 운동 방정
식, 또는 상대 소용돌이도 방정식을 기압에 대해 미분하면,

$$\frac{\partial}{\partial t}\left(\frac{\partial \zeta}{\partial p}\right) = -f_0 \frac{\partial}{\partial p}\left[\boldsymbol{v}_g \cdot \nabla_p (f_0^{-1}\nabla_p^2 \phi + f)\right] + f_0^2 \frac{\partial^2 \omega}{\partial p^2} \tag{8.17}$$

여기서 좌변은 앞서 열역학 방정식 (8.15)와 같고, 우변 첫 항은 절대
소용돌이도 이류 효과, 둘째 항은 연직 기류에 따른 소용돌이도 신장 효과
다. 상승 기류는 상층에 발산 기류를 유발하고 하층에는 수렴 기류를 유도
한다. 전향력이 작용하는 가운데, 상층에서는 기층이 수축하며 상대 소용
돌이도가 감소하고 하층에서는 기층이 신장하며 상대 소용돌이도가 증가
한다.

$$\frac{\partial}{\partial t}\left(\frac{\partial \zeta}{\partial p}\right) \propto -f_0^2 \frac{\partial}{\partial p}\nabla_p \cdot \boldsymbol{v}_a \propto f_0^2 \frac{\partial^2 \omega}{\partial p^2} \propto -\omega \tag{8.18}$$

기상 역학

식 (8.18)에서 $\omega<0$이면, $\partial\zeta/\partial p$의 시간 변화율은 양의 값을 갖고, 고도에 따라 상대 소용돌이도의 시간 변화율은 감소하게 된다. 반대로 기체가 하강하면, 상층에서는 수렴 기류로 인해 상대 소용돌이도가 증가하고 하층에서는 발산 기류로 인해 상대 소용돌이도가 감소한다. 고도에 따라 상대 소용돌이도의 시간 변화율은 증가하게 된다. 열역학적 과정 또는 운동학적 과정에서 비롯한 힘이 정역학 관계나 지균 관계의 균형에서 벗어나게 한다면, 연직 기류가 그 힘을 유발하는 과정에 개입하여 균형을 회복하도록 작동하게 된다. 기압 속도는 열역학 과정 (8.16)과 운동학 과정 (8.18)에서 각각 상반된 결과를 보여주는데, 이러한 특성이 준지균 운동계의 균형을 맞추는데 중요한 역할을 한다.

Fig.8.8 연직 기류가 상대 소용돌이도에 작용하는 2가지 상반된 역할. (좌) 소용돌이도 수지의 관점. 상승 기류가 불면 연속성의 원리에 따라 상층에서는 기류가 발산하고 하층에서는 수렴한다. 전향력이 작용하여 상층에서는 상대 소용돌이도가 감소하고 하층에서는 증가한다. (우) 열역학 에너지 수지의 관점. 상승 기류는 단열 냉각하여 등압면 기층의 두께가 줄어든다. 상층에서는 지위가 하강하고 하층에서는 상승한다. 지균풍 관계에 따라 상층에서는 상대 소용돌이도가 증가하고 하층에서는 감소한다.

식 (8.15)와 (8.17)을 이용하면, 전형적인 기압 속도 방정식(omega equation)을 얻는다.

$$\left(\nabla_p{}^2 + f_0{}^2\sigma^{-1}\frac{\partial^2}{\partial p^2}\right)\omega = \frac{f_0}{\sigma}\frac{\partial}{\partial p}[\boldsymbol{v}_g \cdot \nabla_p(f_0{}^{-1}\nabla_p{}^2\phi + f)]$$

$$-\sigma^{-1}\nabla_p{}^2\left[\boldsymbol{v}_g \cdot \nabla_p\left(\frac{\partial\phi}{\partial p}\right)\right] - \frac{\kappa}{p\sigma}\nabla_p{}^2 J \tag{8.19}$$

식 (8.19)의 좌변 연산자는 앞서 잠재 소용돌이도 섭동 방정식 (8.6b)의 연산자와 유사한 형태를 보인다. 만약 대기 안정도 σ가 기압에 대해 완만하게 변화한다고 가정하면 동일한 형태다. 앞서 잠재 소용돌이도 섭동과 균형을 이루는 3차원 바람과 기온의 연직 규모를 (8.6b)를 통해서 살펴본 바 있는데, (8.19)는 동일한 논리를 기압 속도의 연직 규모에 대해서도 적용할 수 있는 근거가 된다. 대기가 안정할수록 연직으로 조그만 변위에도 단열 냉각이나 승온 효과가 커지고 온도풍 균형을 맞추려는 연직 소용돌이도의 변화(또는 시어)는 커지게 되어, 운동의 연직 규모는 작아지게 된다. 반대로 대기 안정도가 떨어지면 연직 규모는 커지게 된다.

준지균 운동계에서는 절대 소용돌이도와 기온의 이류 과정이 지균 균형과 정역학 균형에서 이탈하는 방향으로 힘을 가한다. Table 8.1에서 4가지 사례를 통해 기압 속도가 지균 평형과 정역학 평형을 유지하는 과정을 정성적으로 정리해보았다. 만약 상층에서 높은 절대 소용돌이도가 유입하여 상층의 상대 소용돌이도가 증가하면 $\partial\zeta/\partial p$는 (− −)시간 경향을 갖는다. 상층에는 발산 기류, 하층에는 수렴 기류가 각각 유도된다면, 운동학 과정에서 $\partial\zeta/\partial p$가 (+)시간 경향을 갖게 되어 당초 소용돌이도 이류 효과를 부분 상쇄한다. 두 가지 효과를 합하면 $\partial\zeta/\partial p$는 (−)의 경향을 갖게 된다. 한편 상층 발산 기류와 하층의 수렴 기류는 연직적으로 상승 기류를 유발한다. 열역학 과정에서 상승 기류로 인해 단열 냉각이 일어나고 등압면 기층의 두께가 작아지며 $\partial\zeta/\partial p$는 (−)시간 경향을 갖게 된다. 결국 운동학 과정이나 열역학 과정이나 기압 속도를 통해서 $\partial\zeta/\partial p$ 수지를 (−)시간 경향으로 맞추게 된다.

이제 하층에서 난기가 유입하면 $\partial\zeta/\partial p$는 (+ +)시간 경향을 갖는다. 상승 기류가 유발되어 기층이 단열 냉각된다면, 열역학 과정을 통해서 기층의 두께가 작아지며 상부에는 저압부, 하층에는 고압부가 각각 강화되고, $\partial\zeta/\partial p$는 (−)시간 경향을 갖는다. 두 가지 효과를 합하면 $\partial\zeta/\partial p$는 (+)시간 경향을 갖게 된다. 한편 상승 기류로 인해서 상층에는 발산 기류, 하층에는 수렴 기류가 형성된다. 운동학 과정을 통해서 상층의 발산 기류와 하층의 수렴 기류는 각각 시계 방향과 반시계 방향의 소용돌이를 유발하고, $\partial\zeta/\partial p$는 (+)시간 경향을 갖는다. 결국 운동학 과정이나 열역학 과정이나 기압 속도를 통해서 $\partial\zeta/\partial p$ 수지를 (+)시간 경향으로 맞추게 된다.

흔히 지상 저기압은 상층 골과 능 사이에서 발달한다. Fig.8.9에서 지상 저기압 상층부(지점 B)에서는 (+)절대 소용돌이도가 이류되어 상승 기류가 유도된다. 앞서 Table 8.1에서 설명한 바와 같이, 상승 기류와 연결된 상층 발산 기류는 시계 방향의 회전 성분을 강화하므로 절대 소용돌이도 이류 효과를 부분 상쇄한다. 한편 상승 기류로 인한 단열 냉각으로 기층의 두께가 얇아지면서 (+)절대 소용돌이도 이류에 따른 상층 기압골 이동과 균형을 맞추게 된다. 지상 저기압 우측의 지점 C에서는 하층에서 남풍을 타고 난기가 유입하며 상승 기류가 유도된다. 기체 상승에 따른 단열 냉각으로 기온 상승은 부분 저지된다. 한편 상승 기류와 이어진 상층의 발산 기류와 하층의 수렴 기류는 각각 고기압성 회전 바람과 저기압성 회

Table 8.1 연직 기류(또는 기압 속도)가 지균 평형과 정역학 평형을 지원하는 과정. 정성적으로 시간 변화율의 크기는 +/−로 나타내었다. 특별히 상층 또는 하층으로 명시한 사항은 해당 고도에서 진행하는 과정을 의미하고, 언급되지 않은 과정은 중층에서 진행한다고 본다. 여기서 상층, 중층, 하층은 각각 대기의 연직 구조를 3개의 층으로 정성적으로 구분한 것에 불과하다. 연직 기류는 열역학 과정과 운동학 과정(상대 소용돌이도 보존)에서 각각 열과 소용돌이도 수지에 영향을 미친다. 두 가지 방식으로 일어나는 하층과 상층의 소용돌이도 시간 변화율의 차이가 같아지도록 연직 이차 순환이 일어난다.

상대 소용돌이도 시간변화율 $\frac{\partial}{\partial t}\frac{\partial \zeta}{\partial p}$	열역학	과정	운동학	과정	상승/하강
	기온 (증후) 이류	상승/하강 (냉각/승온)	절대 소용돌이도 차등 이류	수렴/발산	
−	− − **하층 한기이류**	+ 하강, 승온 기층 두께 증가		− 상층 수렴 하층 발산	하강
+	+ + **하층 난기이류**	− 상승, 냉각 기층 두께 감소		+ 상층 발산 하층 수렴	상승
+		+ 하강, 승온 기층 두께 증가	+ + **상층 고기압성 소용돌이도 이류**	− 상층 수렴 하층 발산	하강
−		− 상승, 냉각 기층 두께 감소	− − **상층 저기압성 소용돌이도 이류**	+ 상층 발산 하층 수렴	상승

기상 역학

전 바람을 유도하고 이로 인한 기층의 두께 증가는 난기 이류와 균형을 맞추게 된다. 지상 저기압 좌측의 지점 A에서는 하층에 북풍을 타고 한기가 유입하며 하강 기류가 유도된다. 기체 하강에 따른 단열 승온으로 기온 하강은 부분 저지된다. 한편 하강 기류와 이어진 상층의 수렴 기류와 하층의 발산 기류는 각각 저기압성 회전 바람과 고기압성 회전 바람을 유도하고 이로 인한 기층 두께 감소는 한기 이류와 균형을 맞추게 된다.

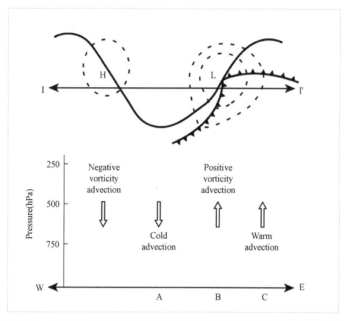

Fig.8.9 발달하는 (상) 경압 파동계와 (하) 연직 기류 분포. 실선은 500hPa 등압면 고도, 점선은 지상 기압. H와 L은 각각 고기압과 저기압 중심. 저기압 중심으로부터 온난 전선과 한랭 전선이 각각 뻗어져 나와 있다. 동서 연직 단면도에서 화살표는 연직 기류를 나타낸다. A/C 지점은 각각 하층에서 한기/ 난기가 유입하여(cold/ warm advection) 하강/상승 기류가 형성된다. 상층에서 절대 소용돌이도가 이류되어 상대 소용돌이도가 증가/감소하는(positive/ negative vorticity advection) 지점 (B)와 감소하는 지점(A의 서쪽)에서는 각각 상승/하강 기류가 나타난다. Holton(2004, Fig.6.16)

6. 기압골과 상승 기류

상층 $(+)q'$ 구역이 한곳에 정지한 가운데 하층에서 약한 바람[27]이 불면 어떻게 될까? 상층의 $(+)q'$ 편차가 고정된 이상 이와 연동된 하층의 시계 반대 방향의 회전 바람도 정위치에 놓여야 한다. 즉 상대 소용돌이도 방정식 (8.13)에서 시간 변화율, $\partial \zeta_g / \partial t \sim 0$이 되어야 한다. 하지만 하층 바람의 이류 효과로 인해 하층의 회전 바람은 밀려나게 된다. 이에 맞서 연직 이차 순환[28](secondary circulation)에 따른 수렴·발산 기류가 회전 바람을 유도하며 이류 효과와 균형을 맞추게 된다. 하층 기류가 유입하는 지역에는 수렴 기류가 형성되어 기층이 신장하며 상대 소용돌이도가 증가하여, 이류 효과로 상대 소용돌이도가 감소하는 부분을 보상한다. 하층 기류가 유출하는 지역에는 발산 기류가 형성되어 기층이 수축하며 상대 소용돌이도가 감소하여, 이류 효과로 상대 소용돌이도가 증가하는 부분을 보상한다.

한편 상층 $(+)q'$ 구역 밑에는 찬 공기가 포진한다. 상층의 $(+)q'$ 편차가 고정된 이상 이와 연동된 하층의 찬 공기도 변함이 없어야 한다. 즉 다시 말해 열역학 방정식 (8.14)에서 시간 변화율, $(\partial / \partial t)(\partial \phi / \partial p) \sim 0$이 되어야 한다. 하층 바람이 유입하는 곳에서는 상대적으로 따뜻한 외부 공기가 유입하려 하고 이를 저지하기 위해 단열 냉각이 일어나도록 상승 기류가 형

----

[27] 역학적 힘의 균형을 이루는 가운데, 고립된 잠재 소용돌이도 섭동 주변에는 북반구에서 시계 반대 방향으로 회전 바람이 불게 되어, 섭동의 중심을 향해 강한 지향류가 형성되기는 어렵다.

[28] 저기압이나 고기압 주변에서 지균풍으로 구성된 회전 바람(primary circulation)에 비해, 이차 순환 (secondary circulation)은 연직 기류로 이어진 비지균풍으로 구성되어 크기가 작다.

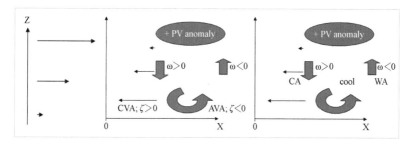

Fig.8.10 상층 잠재 소용돌이도 섭동(+ PV anomaly)이 연직 시어와 상호 작용하여 만들어낸 연직 이차 순환 기류의 모식도. 지상의 정지 좌표계에서 보면 기본장의 서풍은 고도에 따라 증가한다(좌측 화살표). 상층의 잠재 소용돌이도 섭동과 함께 이동하는 좌표계에서 보면 고도가 낮아지면서 동풍이 증가하게 된다. 잠재 소용돌이도 섭동의 구조가 일정한 상태(steady state)를 유지하는 국면에서, 연직 이차 순환을 보인 것이다. (좌) 상층 잠재 소용돌이도 섭동 (+)q′이 유도하는 시계 반대 방향의 회전 바람은 하층까지 폭넓게 분포한다. 하층에서는 동풍에 의해 상대 소용돌이도가 이류하여 (+)q′의 서쪽에는 상대 소용돌이도가 증가하고(CVA, cyclonic vorticity advection), 동쪽에서는 상대 소용돌이도가 감소한다(AVA, anticyclonic vorticity advection). 잠재 소용돌이도 섭동이 일정하게 유지되는 이상, 하층의 상대 소용돌이도도 변하지 않아야 한다. 상대 소용돌이도 수지를 맞추기 위해 서쪽에서는 기류가 발산하여 상대 소용돌이도를 줄여야 하고, 동쪽에서는 기류가 수렴하여 상대 소용돌이도를 보충해 주어야 한다. 이로 인해 (+)q′의 서쪽에는 하강 기류 (ω>0), 동쪽에는 상승 기류(ω<0)가 발생한다. (우) 상층 잠재 소용돌이도 섭동 (+)q′의 주변에는 대기 안정도가 강해 온위면이 밀집해있는 반면 그 아래쪽에는 상대적으로 차가운 공기(cool)가 놓이게 된다. 하층에서는 동풍에 의해 온위가 이류하여 (+)q′의 서쪽에는 온위가 감소하고(CA, cold advection) 동쪽에는 온위가 증가한다(WA, warm advection). 잠재 소용돌이도 섭동은 다른 힘이 가해지지 않는 이상 일정하게 유지되어야 하고, 하층의 온위 분포도 변하지 않아야 한다. 온위 수지를 맞추기 위해 서쪽에서는 기류가 하강하여(ω>0) 단열 승온이 일어나야 하고, 동쪽에는 기류가 상승하여(ω<0) 단열 냉각되어야 한다.

www.meteo.mcgill.ca/atoc541/index_files/PVinvert0602156.ppt

성된다. 마찬가지로 하층 바람이 유출하는 곳에서는 찬 공기가 들어오게 되어 이를 저지하기 위해 단열 승온이 일어나도록 하강 기류가 형성된다.

하층의 바람이 미미한 상태에서 상층의 (+)q′가 직접 이동해 오더라도 같은 원리를 적용할 수 있다. 이동 방향의 전면에는 상승 기류, 후면에는 하강 기류가 각각 유도된다. 일례로 태풍이 매우 느리게 이동하면 중심 부근에 강수 구역이 몰려있지만, 연직 시어가 지나치게 커지면 주 강수 구역은 태풍 중심에서 빗겨나 흔히 연직 시어 벡터의 전방 좌측에 강한 비가 관측된다(Roth, 2007). 지향류를 따라 상층이 하층보다 바람이 강한 연직 시어의 경우에는 지향류를 따라 태풍 중심부의 (+)q'가 이동하며, 이동 방향 전면에 상승 기류가 유도된다. 남풍을 타고 온습한 공기가 유입하는 전방 우측이 강수대 발달에 유리하다. 전방 우측에 형성된 강수대는 태풍의 회전 바람을 타고 전방 좌측으로 이동하게 된다(Wingo and Cecil, 2010; Cecil and Marchok, 2014).

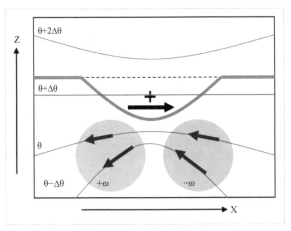

Fig.8.11 상층 잠재 소용돌이도 섭동 (+)q'과 함께 서쪽에서 동쪽으로 이동하는 고도 좌표계(z)에서 연직 기류의 분포. 두터운 실선은 역학적 권계면으로 잠재 소용돌이도가 1.5 PVU인 등치선에 해당한다. 점선은 잠재 소용돌이도 편차를 보이기 위한 참고선이다. 연한 실선은 등온위면이다. 잠재 소용돌이도 역산의 원리에 따라 상층 (+)q'의 대기 안정도는 높고 상대적으로 그 아래층에는 한기가 분포하며 온위면이 볼록한 형태를 취한다. 비단열 가정하에 이동 좌표계에서 보면 (+)q'의 전방 하부에서는 동풍이 온위면을 따라 상승(−ω)하고 후방 하부에서는 하강(+ω)하게 된다. 화살표는 바람 벡터이다.

https://www.atmos.illinois.edu/~snesbitt/ATMS505/stuff/12%20IPV.pdf

라그랑지언 관점에서 보면, Fig.8.11과 같이 상층의 (+)q' 밑에서는 등온위면이 밀집하며 볼록한 모양을 취한다. 단열 과정에서 온위면은 물질면에 해당하며 기체는 자연히 온위면을 따라 흐르게 된다. 하층 기류가 유입하는 곳에서는 온위면 위를 활승하게 되고, 유출하는 곳에서는 활강하게 된다. 상층 $(+)q'$의 이동 방향 전면에 상승 기류가 유도되어 비구름이 발달하기 쉽다(Hoskins et al., 1985). 흔히 한기를 동반한 절리 저기압이 상층에서 느리게 이동해올 때 이러한 조건이 성립한다.

이제 하층의 $(+)\theta'$ 구역 위로 약한 바람이 분다고 하자. $(+)\theta'$ 구역이 움직이지 않는 한 하층의 $(+)\theta'$에 연동된 시계 반대 방향의 회전 기류도 중층에서 형태가 유지되어야 한다. 하지만 중층 지향류로 인해 회전 바람이 이류하게 되므로 이를 상쇄하는 방향으로 발산 또는 수렴 기류가 형성되어 회전 바람의 수지를 맞추게 된다. 풍하측에서는 시계 반대 방향의 회전 기류가 강화되려하므로, 이를 상쇄하기 위해서는 발산 기류가 형성되어야 하고 이로 인해 하층에서는 상승 기류가 일어난다. 풍상측에서는 회전 기류가 약화되려하므로 이를 보상하기 위한 수렴 기류가 형성되어야 하고, 이로 인해 하강 기류가 일어난다. 하층 $(+)\theta'$의 풍하측에 상승 기류가 유도되어 비구름이 발달하고, 풍상측에 하강 기류가 유도되어 대체로 맑은 날씨를 보인다.

열역학적 에너지 수지에서 보면, 하층 $(+)\theta'$ 구역 위에는 난설(warm tongue)이 위치하여, 중층 바람이 유입하는 곳에서는 상대적으로 찬 공기가 들어오게 된다. 난설의 형태를 유지하려면 단열 승온되어야 하고 하강 기류가 유도되어 이를 지원한다. 마찬가지로 중층 바람이 나가는 곳에서는 난기가 유출하므로 단열 냉각되어야 균형이 유지되고 상승 기류가 이를 지원한다. 라그랑지언 관점에서 보면, Fig.8.12와 같이 하층 $(+)\theta'$ 구역의 위로는 온위면이 흩어지며 오목한 모양을 취한다. 중층 기류가 유입하

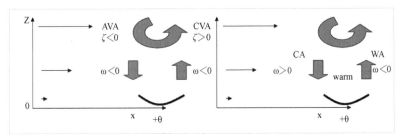

Fig.8.12 하층 온위 섭동 (+)θ이 연직 시어와 상호 작용하여 만들어낸 연직 이차 순환 기류의 모식도. 지상의 정지 좌표계에서 서풍은 고도에 따라 증가하고, 하층 온위면의 구조는 일정한 상태를 유지 (steady state)하는 국면에서 연직 기류를 보인 것이다. (좌) 하층 온위 섭동 (+)θ이 유도하는 시계 반대 방향의 회전 바람은 상층까지 폭넓게 분포한다. 상층에서는 서풍에 의해 상대 소용돌이도가 이류하여 (+)θ의 서쪽에는 상대 소용돌이도가 감소하고(AVA, anticyclonic vorticity advection) 동쪽에서는 상대 소용돌이도가 증가한다(CVA, cyclonic vorticity advection). 하층 온위 섭동이 일정하게 유지되는 이상, 상층의 상대 소용돌이도도 변하지 않아야 한다. 상대 소용돌이도 수지를 맞추기 위해 서쪽에서는 기류가 수렴하여 상대 소용돌이도를 보충해야 하고, 동쪽에서는 기류가 발산하여 상대 소용돌이도를 덜어내야 한다. 이로 인해 (+)θ의 서쪽에는 하강 기류 (ω>0), 동쪽에는 상승 기류(ω<0)가 발생한다. (우) 온위 섭동 (+)θ으로 인해 상층에서는 서풍에 의해 온위가 이류하여 (+)θ' 서쪽에는 온위가 감소하고(CA, cold advection) 동쪽에서는 온위가 증가한다(WA, warm advection). 온위 섭동은 다른 힘이 가해지지 않는 이상 일정하게 유지되어야 하고, 상층의 온위 분포도 변하지 않아야 한다. 온위 수지를 맞추기 위해 서쪽에서는 기류가 하강하여(ω>0) 단열 승온이 일어나야 하고, 동쪽에는 기류가 상승하여(ω<0) 단열 냉각되어야 한다.

www.meteo.mcgill.ca/atoc541/index_files/PVinvert0602156.ppt

는 곳에서는 온위면을 따라 활강하게 되고, 유출하는 곳에서는 활승하게 된다.

지금까지 살펴본 잠재 소용돌이도 섭동과 상승 기류와의 관계는 Fig.8.9의 이상적인 기압계에도 똑같이 적용할 수 있다. 우선 지점 B 부근에서는 하층에서 기온 섭동은 약하고 대신 상층 잠재 소용돌이도 섭동이 지상 저기압 부근으로 빠르게 접근하는 국면이다. 이미 Fig.8.10 또는 Fig.8.11에서 설명한 바와 같이, 상층 잠재 소용돌이도 섭동의 이동 방향 전방에서는 마주치는 중하층 기류가 온위면 위를 활승하게 되어 상승 기류가 형성된다.

다음으로 남서쪽의 난역에서 지점 C를 향해 흐르는 중하층 기류는 Fig.8.12에서 난기 섭동의 중심을 벗어나는 기류와 유사하다. 남서쪽에서 출발한 공기는 상대 소용돌이도가 미미하고, 대기 안정도와 지구 소용돌이도도 모두 작다. 온난 전선을 가로질러 활승하는 기류는($\omega < 0$) 두 갈래로 나누어 생각해볼 수 있다. 먼저 하층 기류는 북상하며 온위면이 연직으로 두터워져 대기 안정도도 감소하고 지구 소용돌이도는 증가한다. 대기 안정도가 빠르게 줄어든다면 잠재 소용돌이도 보존 원리에 따라 상대 소용돌이도가 증가하고, 온난 전선 북서쪽의 저기압 중심을 향해 반시계 방향으로 돌아나간다. 다음으로 상층 기류는 북상하며 온위면이 연직으로 얇아져 대기 안정도가 증가하고 지구 소용돌이도도 증가한다. 잠재 소용돌이도 보존 원리에 따라 상대 소용돌이도가 감소하고, 온난 전선 북동쪽의 상층 기압능을 향해 시계 방향으로 돌아나간다.

마찬가지로 북서쪽의 한역에서 지점 A를 향해 흐르는 중하층 기류는 Fig.8.12에서 난기 섭동의 중심을 향해 들어가는 기류와 유사하다. 북서쪽에서 출발한 공기는 상대 소용돌이도가 미미하고, 대기 안정도와 지구 소용돌이도는 큰 편이다. 한랭 전선을 가로질러 활강하는 기류는($\omega > 0$) 다시 두 갈래로 나누어 볼 수 있다. 먼저 하층 기류는 남하하며 점차 대기 안정도가 증가하고 지구 소용돌이도는 감소한다. 대기 안정도가 빠르게 증가한다면 잠재 소용돌이도 보존 원리에 따라 상대 소용돌이도는 줄어들어 한랭 전선 남서쪽의 고기압을 향해 시계 방향으로 돌아나간다. 다음으로 상층 기류는 남하하며 점차 대기 안정도가 감소하고 지구 소용돌이도도 감소한다. 잠재 소용돌이도 보존 원리에 따라 상대 소용돌이도는 증가하여, 한랭 전선 남동쪽으로 반시계 방향으로 돌아나간다. 한편 발달하는 기압계에서는, 다음 장에서 상술하겠지만 기류가 동일한 온위면 위에 갇혀 있기보다는 온위면을 비스듬히 뚫고 진행한다. 온난 전선을 가로지른 남풍은 한기 밑으로 파고들고, 한랭 전선을 가로지른 북풍은 난기 위쪽으로 올라서므로, 온위면 분석 과정에서 고려해야 할 부분이다.

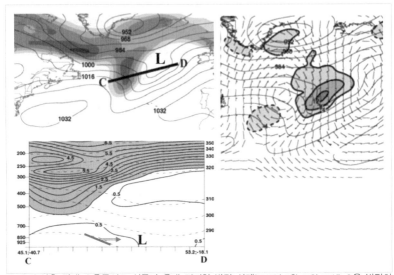

Fig.8.13 상층 잠재 소용돌이도 섭동과 온대 저기압 발달 사례(1997년 2월 19일 09시). L은 발달하는 온대 저기압의 중심이다. (상좌) 해면 기압(가는 실선: 8 hPa 간격)과 300~500 hPa 평균 잠재 소용돌이도(채색 구역: 0.5 PVU 간격), (상우) 지상 저기압 L 주변의 해면 기압(가는 실선 8 hPa 간격), 상층 잠재 소용돌이도 섭동이 유도한 1000 hPa 바람장과 1000 hPa 온위 이류(두터운 실선과 채색 구역, 4K/일 간격), (하) C-D를 이은 선분의 연직 단면도, 잠재 소용돌이도(실선, 0.5 PVU 간격, 채색 구역은 1 PVU 이상)와 온위(점선, 10K 간격), 이중 화살표는 상층 잠재 소용돌이도 섭동에 동반한 하층 전선대(두터운 선분)의 이동 벡터다.(Kim et al., 2004)

Fig.8.13은 북대서양에서 상층 잠재 소용돌이도 섭동 $(+)q'$이 접근하면서 지상 저기압이 발달하는 사례다. 섭동 주변의 연직 단면을 동서(C-D)로 자른 하단 그림을 보면, 성층권의 높은 잠재 소용돌이도 아래 찬 공기가 배치한다. 섭동이 동진함에 따라 한기를 에워싼 전선면(굵은 선분)도 함

께 동진(이중 화살표)하게 되어 그 전면에서는 상승 기류가 유도되고 저기압은 발달한다. 상단 우측 그림에서는 상층의 (+)q'에 동반한 저기압성 회전 바람이 하층에 나타나고, 회전 바람의 남풍 구역에서는 난기를 북쪽으로 끌어올려, 하단 그림의 동진하는 전선대에 부딪히며 상승하는 난기가 저기압을 발달시키는 에너지를 공급한다. 잠재 소용돌이도는 역학적으로 중요한 개념이지만, 예보 실무의 입장에서 보면 잠재 소용돌이도 섭동에 동반한 하층 전선 경계면의 이동이 기압계 분석에 유용하다.

7. 시어와 전선 발달

앞서 2장에서 변형장과 시어에 따른 전선대의 강화 또는 약화 과정을 언급한 바 있다. 북반구 중위도에서 남북으로 난기와 한기가 대치한 가운데 동서로 나란하게 등온선 또는 등온위선이 밀집한 경우를 생각해보자. 또한 등온선에 나란한 방향을 x축, 등온선을 가로지른 방향을 y축으로 정의하자. 전선 강화 지수 F_{gns}는 기압 좌표계에서 다음과 같이 나타낼 수 있다.

$$F_{gns} = \frac{D}{Dt} \left(- \frac{\partial \theta}{\partial y} \right)_p$$

$$= \frac{\partial \theta}{\partial x} \frac{\partial u}{\partial y} + \frac{\partial \theta}{\partial y} \frac{\partial v}{\partial y} + \frac{\partial \theta}{\partial p} \frac{\partial \omega}{\partial y} - \frac{\partial}{\partial y} \frac{d\theta}{dt} \quad (8.20)$$

여기서 x와 y에 관한 편미분은 기압을 고정시킨 가운데 계산한다. 우변 항은 순서대로 시어 효과, 수렴 효과, 연직 비틀림 효과, 비단열 효과다. 시어 효과와 수렴 효과는 이미 Fig. 2.8에서 설명한 바 있다. 연직 비틀림 효과와 비단열 효과는 Fig. 8.14의 상단과 하단 그림에서 각각 제시하였다. 그림에서 가로축은 (8.20)의 y축에 해당한다.

비틀림 효과는 연직 기류가 비틀리며 전선대를 변형시키는 과정이다. 온위는 단열 과정에서 보존되므로, 연직 기류에 따라 온위면도 따라 움직인다. 전선면을 가로질러 온위의 연직 이류가 달라지면, 온위면이 변형되어 수평 방향의 온위 경도가 달라진다. 위 그림에서 난역에서 기류가 하강하고 한역에서 기류가 상승하면 중층의 온위면이 점차 수직 방향으로 서면서 y방향으로 밀집하게 되어 전선대가 강화된다. 아래 그림에서 비단

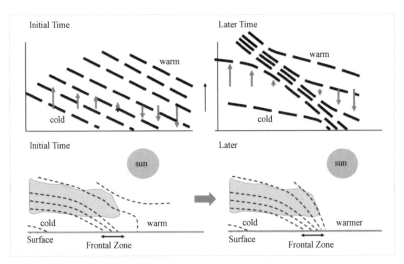

Fig.8.14 (상) 연직 비틀림 효과와 (하) 비단열 효과에 따른 전선 강화 과정. 좌측 그림은 초기 시각(initial)이고, 우측 그림은 시간이 경과한 이후의 모습(later)이다. 점선은 등온위선이고 화살표는 연직 방향의 바람 벡터이다. 위 그림에서 한기(cold)는 상승하고 난기(warm)는 하강하며 등온위선이 밀집하게 된다. 아래 그림에서 한역은 구름(cloud deck)에 가려 햇빛이 차단되고, 난역은 해가 비치면서 기온이 올라 전선을 사이로 등온위선이 밀집하게 된다. Eastin의 강의 노트에서 발췌한 것이다. https://pages.uncc.edu/matt-eastin/wp-content/uploads/sites/149/2018/10/METR4245-15-fronts-kinematics-dynamics.pdf

기상 역학

열 효과는 전선면을 가로질러 가열률이 달라서 생겨난 효과다. 난역에는 햇빛이 비치고 한역에는 구름에 가려 햇빛이 차단되면 y방향으로 전선대는 강화된다.

전선 발생 단계에서 하층 기온의 경도가 심해지면, 온도풍 균형을 회복하기 위해 연직 이차 순환 기류가 일어난다. 일례로 Fig. 8.15와 같이 변형장의 신장축이 동서 방향의 등온선과 나란하게 형성되어 있어 변형장의 바람을 타고 기온이 이류하면 점차 등온선이 조밀해지면서 전선대는 강화된다. 온도풍 균형을 유지하기 위해 등온선에 나란한 바람의 연직 시어도 증가해야 하는데, 전선대를 가로지른 비지균풍이 그 역할을 한다. 상층에서는 남풍 비지균풍이 전향력을 통해 서풍을 강화하고, 하층에서는 북풍 비지균풍이 동풍을 강화하여 연직 시어를 지원하게 된다. 자연히 난역에서는 기류가 상승하고 한역에서는 하강하게 되어 우측 그림의 화살표를 따라 이차 순환의 모양을 갖춘다. 강풍대(maximum wind)는 온도풍 관계에 따라 전선대 상부에 위치한다.

이차 순환을 촉발한 비지균풍은 전선 발생의 단초가 된 하층 기온 이류에서 비롯한다. 난기가 이류되는 곳에서는 정역학 균형을 유지하기 위해 고도장이 상승하고 한기가 이류되는 곳에서는 고도장이 하강한다. 상층에서는 전선대 양측의 고도장의 차이가 커져 기압 경도력의 방향으로 흐르는 남풍 비지균풍이 일어난다. 한편 전선 발생 단계에서 이차 순환은 난기가 상승하고 한기가 하강하는 직접 열 순환을 구성한다. 이 형태는 Fig. 8.14의 상단 그림과 반대가 되어, 연직 비틀림 효과는 전선대를 부분적으로 약화시키는 방향으로 작용한다. 난역에서 기류가 상승하고 한역에서 하강하여 중층의 온위면이 점차 수평 방향으로 늘면서 흩어지기 때문이다. 이차 순환의 수평 지류(branch)가 연직 시어를 강화시킴으로써 전선대를 지지하는 방향으로 작용한다면, 연직 지류는 수평 기온 경도를 줄여 전선대를 약화시키는 방향으로 작용한다. 이차 순환의 상반된 역할을 통해 전선대의 지균 평형과 정역학 평형이 유지된다.

앞서 Fig.8.14의 상단 그림에서는 이차 순환을 통해서 전선대가 강화되는 사례를 보였다. 난역에서 하강하고 한역에서 상승하는 간접 열 순환의 형태다. 상층에서 남쪽으로 부는 바람은 전향력을 받아 동풍을 유도하고, 하층에서 한기 쪽으로 부는 바람은 서풍을 유도하여 전선대에 나란한 바람의 연직 시어는 줄어든다. 온도풍 관계에 따라 한란의 차이도 줄어들게 되어, 비틀림 효과에 따른 전선 강화 요인을 상쇄하는 방향으로 작용한다. 여기서는 이차 순환의 연직 지류가 수평 기온 경도를 높여 전선대를 강화시키는 방향으로 작용하는 반면, 이차 순환의 수평 지류는 연직 시어를 줄여 전선대를 약화시키는 방향으로 작용하여, 전선대의 지균 평

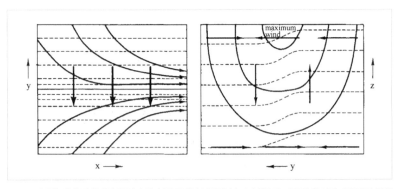

Fig.8.15 발생 단계 전선대의 연직 순환. 북반구에서 남쪽에 난기, 북쪽(y축 방향)에 한기가 대치하며 전선대는 동서(x축)로 나란히 놓여 있다 변형장의 신장 축은 전선대와 나란하고 수축 축은 직각인 방향이다. (좌) 변형장의 유선(휘어진 화살표 방향), 등온선(점선). 이차 순환의 하층 지류는 Q벡터(화살표)의 방향과 일치한다. (우) 전선대를 가로지른 연직 단면에서 나타낸 등풍속선(실선), 등온선(점선), 이차 순환 기류(화살표). 난기는 상승하고 한기는 하강하는 직접 열 순환을 보인다. 온도풍 관계에 따라 전선대 위에 상층 강풍대(maximum wind)가 나타난다. Holton(2004, Fig.9.3)

형과 정역학 평형을 도모한다.

　운동 방정식과 열역학 방정식을 이용하면 x축에 대칭인 준지균 운동계에서, Fig.8.15의 변형장이 유발하는 이차 순환을 다음과 같이 나타낼 수 있다(Holton, 2004).

$$\sigma\frac{\partial^2\psi}{\partial y^2} + f_0^2\frac{\partial^2\psi}{\partial p^2} \sim 2Q_y \tag{8.21}$$

$$Q_y \sim -\frac{R}{p}\frac{\partial v_g}{\partial y}\frac{\partial T}{\partial y} \tag{8.22}$$

　여기서 ψ는 자오선 단면에서 유선 함수이고, 바람 벡터 (v_a, ω)는 유선 함수와 다음 관계를 갖는다.

$$\omega = -\partial\psi/\partial y, \tag{8.23a}$$
$$v_a = \partial\psi/\partial p \tag{8.23b}$$

　Q_y는 신장 변형장에 따른 Q벡터의 y성분으로 (8.21)에서 이차 순환의 강제력으로 작용한다. Q벡터의 방향은 이차 순환의 하층 비지균풍과 나란하게 보아도 무리가 없다. 비틀림 변형장을 함께 고려한 Q벡터는 Holton(2004)에서 찾아볼 수 있다. 다음 연속 방정식과,

$$\frac{\partial v_a}{\partial y} + \frac{\partial\omega}{\partial p} = 0 \tag{8.24}$$

(8.21), (8.23a), (8.23b)을 이용하면 (8.19)와 유사한 형태의 기압 속도 방정식을 구할 수 있다. Fig.8.15의 좌측 그림에서 $Q_y < 0$이고, (8.21)에서 $\psi \propto -Q_y$이므로, 전선대 위의 Q_y가 큰 지역에서 ψ는 양의 최댓값을 갖는다. 식 (8.24)를 이용하면, 이차 순환은 Fig.8.15의 우측 그림과 같은 모습을 갖게 된다는 것을 확인할 수 있다.

발달하는 전선대에서는 난역에서 기류가 상승하므로, 전선성 강수대도 난기가 상승하는 곳에 나타난다. 온난 전선에서는 완만하게 한기 역으로 기울어진 전선면을 따라 난기가 활승하면서 층운형 강수가 주종을 이룬다. 강수 강도가 약한 편이다. 반면 한랭 전선에서는 기울기가 가팔라서 강수 강도도 강하다. 한랭 전선 후면에서 한기가 강하게 파고들거나 한기의 상층부가 난역으로 돌진해오면 강한 적운형 강수가 내린다.

8. 상층 강풍대와 자오선 순환

상층 강풍대 주변의 이차 순환

강풍대(jet streak)는 Fig.8.16의 위 그림과 같이 제트 기류 안에서도 특히 풍속이 강한 구역으로 그 범위가 종관 규모와 크게 다르지 않다. 강풍대의 입구에서 풍속이 점차 강해지다가 출구에 가까워지면 점차 약화되는 구조다. 바람의 흐름이 정상 상태를 유지하며 강풍대가 한곳에 계속 머무른다고 보자. 강풍대 입구에서는 약한 바람이 강한 곳으로 이류하기 때문에 다른 힘이 작용하지 않는다면 이내 강풍대가 소멸될 것이다. 하지만 강풍대가 계속 유지된다는 전제는 다른 힘이 작용한다는 것이다. 남풍 비지균풍이 불게 되면 전향력을 통해 서풍을 가속하여 이류 효과에 따른 감속을 저지할 수 있다. 상층에서 강풍대 입구를 가로질러 남풍이 불게 되면 연속성의 원리에 따라 자연히 하층에는 북풍 비지균풍이 불게 된다. Fig.8.16의 (하좌)그림과 같이 강풍대 입구 남측의 난역에서는 기류가 상승하고, 북측의 한역에서는 기류가 하강하는 직접 열 순환이 형성된다. 이로 인해 남측에서는 단열 냉각되고 북측에서는 단열 승온된다. 이차 순환 기류는 남북 기온차를 줄이는 방향으로 작용하여, 당초 바람의 이류를 통해 연직 시어가 감소하는 경향과 온도풍 균형을 맞추게 된다.

강풍대 출구에서는 풍속이 강한 바람이 약한 곳으로 이류하여 서풍이 가속하는 경향을 상쇄하기 위해 북풍 비지균풍이 불게 된다. Fig.8.16의 (하우)그림과 같이, 강풍대 출구 북측의 한역에서는 기류가 상승하고, 남측의 난역에서는 기류가 하강하는 간접 열 순환이 형성된다. 이로 인해 북측에서는 단열 냉각되고 남측에서는 단열 승온된다. 이차 순환 기류는 남북 기온 차를 늘리는 방향으로 작용하여, 당초 바람의 이류를 통해 연직 시어가 증가는 경향과 온도풍 균형을 맞추게 된다.

라그랑지언 관점에서 보면, 강풍대 입구에서 출발한 공기는 강풍대 중심부로 이동하면서 점차 가속하는 힘을 느끼게 된다. 이 힘은 결국 전향력을 통해 지원되어야 하고, 남풍이 동쪽 방향의 전향력을 유도한다. 반면 중심부에서 출구로 나아가는 공기는 감속하는 힘을 느끼게 된다. 이번에는 북풍에 전향력이 작용하여 서쪽으로 끌어당기게 된다. 입구 남측과 출구 북측에서는 각각 기류가 상승하므로 하층에서 저기압과 강수대가 발달하기 유리하다. 다만 출구 북측보다는 입구 남측이 열대 기단과 더 가깝고 하층의 남풍 강풍대도 더 가파르게 상승하게 된다. 특히 입구 남측에서 온위면을 따라 북쪽으로 활승하는 기류에서는 대칭 불안정 현상이 나타나기도 한다. 이 지역은 강풍대 남쪽이라 고기압성 시어가 작용하여 절대 소용돌이도가 작다. 또한 남쪽에서 온습한 공기가 유입하므로 대기 안정도가 낮아 등온위면은 가팔라지고 대신 연직 시어는 커서 등 절대 운동량면은 완만해져 대칭 불안정 과정이 작동하기 유리한 구조를 갖는다.

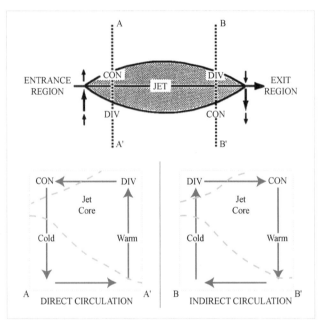

Fig.8.16 북반구 상층 강풍대(jet streak) 주변의 이차 순환. (상) 전형적인 강풍대 구조(타원 내부)를 보인 것으로 풍속은 타원의 남북 폭에 비례하도록 표시하였다(그림에서 아래쪽이 남쪽). 중앙이 가장 풍속이 강하고 입구(entrance)와 출구(exit)쪽으로 멀어지면서 풍속은 약해진다. 비지균풍 이차 순환의 상층 흐름(화살표)은 입구에서 북쪽으로 흐르고, 출구에서 남쪽으로 흘러, 각각 전향력이 강풍대의 풍속 구조를 지원한다. 이차 순환의 상승 기류는 발산 구역(DIV)으로 나와서 수렴 구역(CON)으로 들어간다. (하) 강풍대 입구(A–A')와 출구(B–B')에서 남북으로 자른 연직 단면에서 이차 순환의 흐름(화살표)을 보인 것이다. 점선은 등온위면으로 남쪽에 난기(warm), 북쪽에 한기(cold)가 위치하나, 강풍축(jet core) 위의 성층권에서는 남북 기온 경도가 역전된다. 강풍대 입구에서는 난기가 상승하고 한기가 하강하는 직접 열 순환(direct circulation)을 보이는 반면, 출구에서는 난기가 하강하고 한기가 상승하는 간접 열 순환(indirect circulation)을 보인다.
출처: T. Funk, http://www.crh.noaa.gov/Image/lmk/QG_Theory_Review.pdf

기상 역학

자오선 이차 순환

온대 저기압이나 고기압의 섭동은 서풍 운동량을 북으로 실어 나르고 중위도에서 운동량 플럭스 $\overline{u'v'}$는 수렴한다. 상층으로 갈수록 풍속이 강해지므로, Fig.8.17의 좌측 그림과 같이 서풍 운동량 플럭스의 수렴량 $-\partial \overline{u'v'}/\partial y$은 양의 값을 갖고 상부로 가면서 커진다. 섭동은 동서 평균장의 연직 시어를 늘리는 방향으로 힘을 가하게 되므로, 온도풍 균형을 만족하기 위해 연직 이차 순환이 유도된다. 북측에서는 상승하여 단열 냉각하고 남측에서는 하강하여 단열 승온함으로써 남북 기온 경도가 커지게 되어 연직 시어와 균형을 맞추게 된다. 한편 북측의 상승 기류는 상층에서 북풍이 되어 적도를 향하고, 전향력이 작용하여 서풍 운동량은 줄게 된다. 마찬가지로 남측의 하강 기류는 하층에서 남풍이 되어 극지방을 향하고, 전향력이 작용하여 이번에는 서풍 운동량을 늘게 된다. 이차 연직 순환의 남북 지류는 섭동이 가한 서풍 운동량 플럭스를 저지하는 방향으로 작용하여 온도풍 균형을 유지하도록 한다.

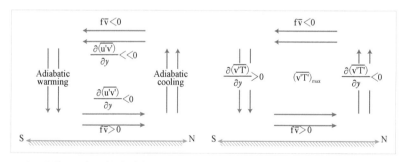

Fig.8.17 중위도 준지균 파동의 영향으로 유도된 이차 순환 모식도, (좌) 동서 운동량 수송과, (우) 현열 수송. 화살표는 자오선 순환의 흐름을 나타낸다. $\partial(\overline{u'v'})/\partial y$는 파동의 동서 운동량의 북향 플럭스의 발산 량이고, $\partial(\overline{Tv'})/\partial y$는 현열의 북향 플럭스 발산 량이다. $f\overline{v}$는 자오선 순환의 남북류에 따른 전향력이다. $\overline{(\ )}$는 동서 평균 연산자다. Holton(2004, Fig.10.4와 10.5).

한편 저기압이나 고기압의 섭동은 현열을 북으로 실어 나른다. 현열 플럭스 $\overline{T'v'}$는 Fig.8.17의 우측 그림과 같이 중위도에서 최대가 된다. 최댓값의 북측에서는 현열 플럭스가 수렴하고 $-\partial\overline{T'v'}/\partial y > 0$이 된다. 남측에서는 현열 플럭스가 발산하여 $-\partial\overline{T'v'}/\partial y < 0$이 된다. 섭동은 동서 평균장의 남북 기온 경도를 줄이는 방향으로 작용하므로, 온도풍 균형을 만족하기 위해 연직 이차 순환이 유도된다. 상부에서는 북풍이 전향력을 통해서 동서 운동량을 줄이고, 하부에서는 남풍이 동서 운동량을 늘리게 되어 줄어든 남북 기온 경도와 연직 시어의 균형을 맞춘다. 한편 하층의 남풍과 이어진 북측의 상승 기류는 단열 냉각하고, 상층의 북풍과 이어진 남측의 하강 기류는 단열 승온하여, 섭동의 현열 플럭스를 저지하는 방향으로 작용한다.

기상 역학

시어 불안정과
발생론

1. 선형계와 불안정 분석

일기도에서 매일 접하는 회전 운동계에는 크고 작은 운동이 고루 섞여 있다. 대규모 운동계에서 제트 기류는 장파에 속하고, 저기압이나 고기압의 종관 파동(synoptic waves)은 단파에 속한다. 종관 파동을 분석하려면 전체 운동계를 장파와 단파 성분으로 분리한 다음, 단파에 대한 보존 방정식을 구성하여 분석하게 된다. 단파의 변화는 장파가 단파에 미치는 선형적 과정과 단파끼리 상호 작용하는 비선형적 과정에 의해 드러난다.

시스템의 상태 벡터 ψ를 기본장 $\bar{\psi}$과 섭동 ψ'으로 나누면, $\psi = \bar{\psi} + \psi'$이다. 대규모 운동계에서 장파는 기본장(basic flow)이 되고, 단파는 섭동이 된다. 앞서 6장의 연직 불안정 과정에서는 기압 경도력과 정역학 균형을 유지하는 연직 밀도(또는 기온)과 습도가 기본장이 되고, 미소 상승 기류가 섭동의 구실을 하였다. 대칭 불안정 과정에서는 기압 경도력과 균형을 유지하는 수평 바람장이 기본장이 되고, 기압 경도력 방향의 미소한 비지균풍이 섭동의 역할을 하였다.

단파의 발달 초기 단계에는 크기가 미소하여 선형 운동계를 전제하고 단파끼리의 상호 작용 효과는 무시할 수 있다. 즉 $\psi' \ll \bar{\psi}$. 선형 운동계의 지배 방정식은 다음과 같이 상징적으로 나타낼 수 있다.

$$\frac{\partial \psi'}{\partial t} = -i\mathcal{L}(\psi') \tag{9.1}$$

여기서 ψ'은 섭동의 상태 벡터로서, 기온, 바람, 습도, 기압의 3차원 분포를 나타낸다. $\mathcal{L}$은 선형 연산자로서 기본장의 상태 벡터 $\bar{\psi}$의 특성을 반영한다. ψ'과 $\mathcal{L}$은 각각 복소수 변수와 복소수 연산자로서, 분석을 마친 후 ψ'의 실수 성분을 취하면 선형계의 해를 얻게 된다.

$\mathcal{L}$의 구조에 따라 선형계의 안정 또는 불안정한 특성이 달라진다. ψ'의 원소가 유한하면, $\mathcal{L}$은 행렬로 나타낼 수 있다. $\mathcal{L}$의 고유값(eigenvalue) α_j와 고유 벡터 $\hat{\psi}_j$를 구하면, 선형계에서 발현 가능한 정상 파동(normal mode)의 특성을 이해할 수 있다. $\mathcal{L}$이 $N \times N$의 행렬이라면, 정상 파동의 개수는 N개가 된다. 선형계의 식 (9.1)의 형태에 따라서, 실수 성분 $Re(\alpha_j)$와 허수 성분 $Im(\alpha_j)$는 각각 j번째 정상 파동의 진동수와 지수 함수적 성장률이 된다. $Im(\alpha_j) > 0$ 이면 j번째 정상 파동은 지수 함수적으로 진폭이 증가하고, $Im(\alpha_j) < 0$이면 지수 함수적으로 진폭이 감소한다.

$\mathcal{L}$이 안정한 상태에 있다면 선형 운동계의 정상 파동은 일정한 크기를 유지하게 되고, 파동의 구조나 이동 방식이 분석의 초점이 된다. 앞서 제시한 베타 효과나 이류 효과가 대표적인 예이다. $\mathcal{L}$이 불안정한 상태에 있다면 정상 파동은 장파의 에너지를 받아 발달하게 된다. 장파의 구조와 기본 파동의 형태를 분석하여 파동의 선형적 발달 과정을 분석한 것이 불안정 이론이다. 기본적으로 불안정 이론은 알기 쉽게 장파 대신 동서 평균한 파동, 즉 지구 둘레로 파수가 하나인 기본장을 상정하게 된다. 선형 파동계에서 정상 파동이 발달하는 데에는 남북 방향과 연직 방향의 위상이 중요한 요소가 된다. 한편 단파가 장파의 에너지를 받아 충분히 자라게 되면, 단파끼리의 상호 작용 효과로 인해 장파가 달라지고 외력이 달라져 더 이상 선형 가정이 통하지 않게 된다. 따라서 정상 파동이나 불안정 분석은 어디까지나 단파의 세력이 미소한 발달 초기 단계에서만 유의미하다.

중위도 편서풍대에서 상층 강풍대는 연직 방향뿐 아니라 남북 방향으로도 바람의 시어가 형성되어 있다. 기본장의 연직 시어는 하층 전선대와 관련되어 있다. 온도풍 관계에 따라서 남북으로 한란이 대치하여 남쪽에는 난기, 북쪽에는 한기가 위치한다. 한란의 차이가 뚜렷할수록 연직 시어가 커지고, 기본장의 가용 잠재 에너지가 증가한다. 한편 상층 강풍대를 가로질러 남북 방향의 시어가 커지면, 기본장의 가용 운동 에너지가 증가한다. 시어 불안정 과정은 기본장의 바람 시어로부터 섭동이 에너지를 받아 발달하는 과정이다.

2. 경압 불안정

상층에서는 북으로 갈수록 기본장의 잠재 소용돌이도 $\bar{q}$가 증가하여 $\partial\bar{q}/\partial y > 0$이고, 하층에서는 반대로 남으로 갈수록 $\bar{q}$가 증가하여 $\partial\bar{q}/\partial y < 0$인 상황을 생각해보자. 이러한 조건은 중위도 강풍대 주변에서 흔히 나타난다. 상층에서는 강풍대 북쪽에 저기압성 시어와 안정한 성층권 공기가 점유하고, 하층에서는 강풍대 남쪽에 따뜻한 기단이 배치하는 장면이다. 기본장의 $\bar{q}$가 남북으로 조금 뒤틀리면, 상층에서는 북쪽으로 조금 밀고 나간 곳에 $(-)q'$, 남쪽으로 밀린 곳에 $(+)q'$가 놓인다. 하층에서는 북쪽으로 조금 밀고 나간 곳에 $(+)q'$, 남쪽으로 밀린 곳에 $(-)q'$가 놓인다.

$$\delta q' \sim -\frac{\partial \bar{q}}{\partial y}\delta y \qquad\qquad (9.2)$$

Fig.9.1 잠재 소용돌이도 파동의 연직 상호 작용과 파동계의 발달 과정의 모식도(Hoskins et al., 1985, Fig.18).
마주 보며 접근하는 상층의 파동(검은색 큰 원)과 하층의 파동(흰색 큰 원)이 한 쌍을 이룬다. 동
서 축선에서 파동의 전파 속도 c로 이동하는 좌표계에서 기본장의 서풍 $\bar{u}$는 고도에 따라 증가하는
연직 시어 구조를 갖고 있다. 이동 좌표계에서 상층의 파동은 기본장의 서풍이 파동 속도보다 빨
라 $\bar{u}-c$의 속도로 동진하고, 하층의 파동은 $\bar{u}-c$의 속도로 서진한다. 기본장의 잠재 소용돌이도 $\bar{q}$
는 상층에서 북으로 갈수록 증가하고($IPVG>0$), 하층에서는 북으로 갈수록 감소한다($IPVG<0$). 상하
층 간 파동의 거리는 연직 영향 규모 fL/N의 범위안에 있어 연직 상호 작용이 가능하다. (±)기호
는 섭동의 잠재 소용돌이도 q'(또는 온위 θ')의 부호를 나타낸다. 마루는 파동의 변위가 북으로 가
장 멀리 나아간 지점(max. N. displacement)이며, 골은 남으로 가장 멀리 나아간 지점이다. 상층에서는
바람이 동쪽으로 불어 마루에서는 고기압성 회전을 하고 골에서는 저기압성 회전을 한다. 마루에
는 남쪽에서 유입한 (−)q'이 차지하고 골에는 북쪽에서 유입한 (+)q'이 점유하는 것과 맥을 같이한
다. (+)q'의 동쪽으로 위상이 $\pi/2$인 곳에 남풍의 최댓값(max. N. velocity)이 위치한다. 한편 하층에서
는 바람이 서쪽으로 불어 마루에서는 저기압성 회전을 하고 골에서는 고기압성 회전을 한다. 마루
에는 남쪽에서 유입한 (+)θ'이 차지하고 골에는 북쪽에서 유입한 (−)θ'이 점유하는 것과 상응한다.
상층과 마찬가지로 하층에서도 (+)θ'의 동쪽으로 위상이 $\pi/2$인 곳에 남풍의 최댓값이 위치한다.
검은색과 흰색의 작은 원은 각각 상층의 (+)q'에 의해 유도된 하층의 남풍과 하층의 (+)θ'에 의해
유도된 상층의 남풍의 위치다. 하층에서 볼 때, 상층에서 유도된 남풍(검은색 작은 원)은 하층 마루
에서 위상이 $\pi/2$의 범위 내에 위치하여, 남쪽에 놓인 기본장의 고온위를 끌어내어 저기압을 강화
시키는데 일조한다. 마찬가지로 상층에서 보면, 하층에서 유도된 남풍(흰색 작은 원)이 상층 마루
에서 위상이 $\pi/2$의 범위 내에 위치하여, 남쪽에 놓인 기본장의 저 잠재 소용돌이도를 끌어내어 고
기압을 강화시키는데 일조한다. 같은 방식으로 상대방의 파동에 의해 유도된 북풍도 상호 파동의
진폭을 키우는 방향으로 지원한다. 이러한 방식으로 상하층의 파동은 경압 불안정 과정을 통해 상
호 지원하며 발달한다. 같은 논리를 연직 대신 남북 방향의 두 파동에 적용하게 되면 이번에는 순
압 불안정 과정을 통해 파동계가 발달하는 과정을 설명할 수 있다.

이제 Fig.9.1 같이 고도에 따라 서쪽으로 위상이 기울어진 잠재 소용돌
이도 섭동 q'을 상정하고, 이 섭동의 발달 여부를 따져보자.

하층에서 (+)q'의 동쪽에는 남풍, 서쪽에는 북풍이 각각 분다. 이 같은
바람 분포는 상층에서도 이어지지만 강도는 약해진다. 하층의 (+)q' 주변
의 남풍(흰색 큰 원)은 상층 (−)q' 중심에서 서쪽으로 $\pi/2$보다 조금 덜 떨어

진 곳(흰색 작은 원)에서도 나타난다. 상층 $(-)q'$ 중심은 상층 섭동의 변위가 북쪽으로 가장 많이 뻗어 나온 곳이다. 하층 $(+)q'$에서 유도된 남풍으로 인해 상층의 $(-)q'$는 더욱 북쪽으로 확장하게 된다. 마찬가지로 상층의 $(+)q'$가 남쪽으로 뻗어 나온 지역에는 하층에서 유도된 북풍으로 인해 상층의 $(+)q'$는 남쪽으로 더욱 확장하게 된다. 식 (8.3)을 선형화한 후 동서 평균을 취한 섭동의 잠재 소용돌이도 방정식을 살펴보면,

$$\frac{\partial \overline{q'^2}}{\partial t} \sim -\,\overline{q'v'}\,\frac{\partial \bar{q}}{\partial y} \tag{9.3}$$

여기서 $\overline{(\ )}$는 동서 평균 연산자이다. $\overline{q'v'}$은 섭동이 실어나르는 남북 방향의 잠재 소용돌이도 플럭스이다. 상층에서 $\overline{q'v'} < 0$이고, $\partial \bar{q}/\partial y > 0$이 되어, $\partial \overline{q'^2}/\partial t > 0$이 된다. 즉 섭동은 발달한다.

한편 상층에서 $(-)q'$의 서쪽에는 남풍, 동쪽에는 북풍이 각각 불게 된다. 상층 $(-)q'$ 주변의 남풍(검정색 큰 원)은 하층 $(+)q'$ 중심에서 동쪽으로 $\pi/2$보다 조금 덜 떨어진 곳(검정색 작은 원)에서도 나타난다. 하층 $(+)q'$ 중심은 하층 섭동의 변위가 북쪽으로 가장 많이 뻗어 나온 곳이다. 상층 $(-)q'$에서 유도된 남풍으로 인해 하층의 $(+)q'$는 더욱 북쪽으로 확장하게 된다. 같은 이유로 상층의 $(+)q'$에서 유도된 북풍으로 인해 하층의 $(-)q'$는 남쪽으로 더욱 확장하게 된다. 하층에서 $\overline{q'v'} > 0$이고, $\partial \bar{q}/\partial y < 0$이 되어, $\partial \overline{q'^2}/\partial t > 0$이 된다. 하층 섭동도 발달한다.

상층과 하층의 회전 바람은 상대방의 파동을 남북으로 확장하게 하고 그 결과 기본장의 $\bar{q}$ 로부터 잠재 소용돌이도를 받아 섭동 q'은 성장하게 된다. q'의 세기가 증가함에 따라, 유도된 바람도 더욱 강해지고 상하층 파

동의 진폭도 더욱 커지게 된다. 하층에서 θ'이 q과 역학적으로 동일하게 작용하므로, Fig.9.1에서 연직 기둥의 하층에는 온위 섭동 θ'이 잠재 소용돌이도 섭동 q'을 대신하고, 하층에서 기본장의 온위 $\bar{\theta}$가 남쪽으로 가면서 증가한다고 전제하더라도 같은 분석 결과를 얻는다. 예를 들면 하층에서 난기가 북쪽으로 밀고 올라간 자리에 상층에서 유도된 남풍(검정색 작은 원)이 가세하며 난기는 더욱 북으로 확장하게 된다. 또한 하층에서 한기가 남하한 자리에는 상층에서 유도된 북풍으로 인해 한기는 남쪽으로 더 많이 남하하게 된다.

결국 상층과 하층의 잠재 소용돌이도 파동은 서로 상대방의 진폭을 키우는 방향으로 상승 작용하면서 발달하게 된다. 한기가 남하하여 발달한 상층 골은 그 풍하측에 남풍을 강화시켜 하층 저기압 위로 난기의 유입을 지원한다. 이 상호 작용을 통해 상층 골과 풍하측의 지상 저기압은 함께 발달하게 된다. 마찬가지로 난기가 북상하여 발달한 상층 능은 그 풍하측에 북풍을 강화시켜 하층 고기압 위로 한기의 유입을 지원한다. 이 상호 작용을 통해 상층 능과 풍하측의 지상 고기압은 함께 발달하게 된다. 패터슨이 명명한 제2 유형의 저기압 발달 과정도 상층의 $(+)q'$ 구역이 하층의 전선대로 이동하여 상층의 $(+)q'$가 하층의 $(+)\theta'$와 상호 작용하는 과정을 통해 진행한다. 태풍이 중위도로 북상하여 북서쪽에서 다가오는 상층 기압골과 만나 온대 저기압으로 전환하며 재발달하는 과정도 제2 유형의 저기압 발달과 흡사하다(Harr, 2010).

문제는 기본장에서 전선대에 나란한 강풍대는 하층에서 상층으로 갈수록 바람이 강해 기본장의 시어로 인해 상층과 하층의 기압계가 이류하는

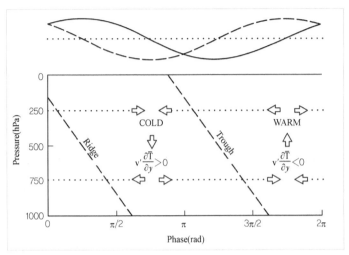

Fig.9.2 발달하는 경압 파동의 구조. 기본장의 기온은 남쪽(지면 밖으로 나오는 방향)이 따뜻하고 북쪽(지면으로 들어가는 방향)이 차가운 경압 구조를 갖는다. 비지균풍의 2차 연직 순환은 열린 화살표로 나타나있다. (상) 중층인 500hPa 지위(실선)와 기온(파선)의 위상. (하) 파동 위상과 기압의 2차원 연직 단면에서 기압능(ridge)과 기압골(trough)은 고도에 따라 서쪽으로 편향되어, 온도풍 관계에 따라 중층 기압골의 좌측에는 온도 골(cold) 우측에는 온도 능(warm)이 각각 놓여있다. 온도 골에서는 북풍이 불어 한기가 남하($-v'\partial\bar{T}/\partial y<0$)하고 온도 능에서는 남풍이 불어 난기가 북상($-v'\partial\bar{T}/\partial y>0$)하며 기본장의 가용 잠재 에너지는 섭동의 가용 잠재 에너지로 전환한다. 또한 온도 골에서는 한기가 하강하고 온도 능에서는 난기가 상승하며 섭동의 가용 잠재 에너지는 운동 에너지로 전환한다. 한기 이류 지역의 상층에서는 기압골이 깊어지고 기류가 수렴하며 (+)소용돌이도가 증가하고 하층에서는 기압능이 발달하고 기류가 발산하며 (−)소용돌이도가 증가한다. 난기 이류 지역의 상층에서는 기압능이 발달하고 기류가 발산하며 (−)소용돌이도가 증가한다. 하층에서는 기압골이 깊어지고 기류가 수렴하며 (+)소용돌이도가 증가한다.(Holton, 2004. Fig.8.4)

속도가 달라 동서 방향으로 비틀리며 섭동의 연직 구조가 무너질 수 있다는 점이다. 강풍대는 저기압 통로이며, 통상적으로는 상층 바람이 강해 상층 기압골이 머지않아 지상 저기압 위로 옮겨 오거나 심하면 지상 저기압을 추월하게 된다. 상층 기압골이 지원하는 하층의 난기 이류는 머지않아 지상 저기압을 빗겨나고 이 저기압은 기본장의 에너지를 받기 어려워진다. 경압 불안정 과정을 통해 섭동이 발달하더라도 섭동의 구조가 조기에 무너지면 이 섭동은 더 이상 발달하지 않는다. 섭동이 계속 발달하려면 자

기층족적인 위상 구조를 유지하여, 섭동의 구조가 기본장에 따라 변형되지 않는 메커니즘(phase lock)이 필요하다. 이는 대척 관계에 있는 로스비 파동(counteracting Rossby wave) 간 상호 작용 과정과 관련이 있다.

경압 불안정 과정을 통해서 발달하는 파동계에서 기본장은 상층과 하층(또는 북쪽과 남쪽)에서 대척 관계에 놓여야 한다(Cohen and Boos, 2016; Holton, 2004). 첫째, 기본장의 남북 잠재 소용돌이도의 경도, $\partial \bar{q} / \partial y$는 서로 반대 방향으로 놓여야 한다. 상층 기본장에서 $\partial \bar{q} / \partial y > 0$이면 하층 기본장에서는 $\partial \bar{q} / \partial y < 0$이 되어야 한다. 둘째, 파동계의 위상 속도 c는 기본장의 서풍의 최댓값보다는 작고 최솟값보다는 커야 한다, 즉 $\bar{u}_{min} < c < \bar{u}_{max}$. 상층에서 파동의 위상 속도가 서풍보다 느려 $\bar{u} - c > 0$이면, 하층에서는 파동의 위상 속도가 서풍보다 빨라 $\bar{u} - c < 0$이 되어야 한다.

셋째, $\partial \bar{q} / \partial y > 0$인 곳의 서풍 $\bar{u}$가 $\partial \bar{q} / \partial y < 0$인 곳의 서풍 $\bar{u}$보다 커야 한다. 파동의 위상 속도로 이동하는 좌표계에서 보면, 파동의 내부에는 $\bar{u} - c$의 상대 속도로 기류가 흐른다. 서풍이 고도에 따라 증가하는 기본장의 상층에서는 서풍이 불고, 하층에서는 동풍이 분다. 한편 $\partial \bar{q} / \partial y > 0$일 때 파동은 서진하고, $\partial \bar{q} / \partial y < 0$일 때 파동은 동진한다. 이동 좌표계에서 보면 각 층의 파동은 기본장의 바람을 거슬리는 방향으로 전파하게 된다. 이러한 조건을 갖추게 되면 기본장의 시어에도 불구하고, 기본장의 지향류 $\bar{u} - c$와 고유 파동 전파 속도($\propto -\partial \bar{q} / \partial y$)가 균형을 이루면서 파동의 위상 구조를 유지할 수 있게 된다.

다시 Fig.9.1의 사례로 되돌아가 보자. 상층에서는 $\partial \bar{q} / \partial y > 0$이라서 남쪽으로 오목하게 패인 곳에 $(+)q'$가 위치하고, $\bar{u} - c > 0$이므로 $(+)q'$ 주변을 서풍이 반시계 방향으로 돌아서 동쪽으로 흐르게 된다. $(+)q'$의 서쪽에는 북풍으로 인해 기본장의 높은 $\bar{q}$가 유입하여 q'은 증가한다. $(+)q'$의 동쪽에는 남풍으로 인해 낮은 $\bar{q}$가 유입하며, q'은 감소한다. q'은 서쪽으로 전파하게 된다. 기본장의 바람을 거슬러 파동이 전파함으로써 서풍에 의해 파동이 밀려나는 것을 일부 저지하면서 하층의 파동과 위상이 떨어지지 않도록 지원한다.

하층에서는 $\partial\bar{q}/\partial y<0$이라서 북쪽으로 볼록하게 돋아난 곳에 $(+)q'$ 또는 $(+)\theta'$가 위치하고, $\bar{u}-c<0$이므로 $(+)q'$ 주변을 동풍이 반시계 방향으로 돌아서 서쪽으로 흐르게 된다. $(+)q'$의 서쪽에서는 북풍으로 인해 기본장의 낮은 $\bar{q}$가 유입하여 q'이 감소한다. $(+)q'$의 동쪽에서는 남풍으로 인해 높은 $\bar{q}$가 유입하며, q'이 증가한다. q'은 동쪽 방향으로 전파하게 된다. 기본장의 바람을 거슬러 파동이 전파함으로써, 동풍에 의해 파동이 서쪽으로 흐르는 것을 일부 저지하면서 상층의 파동과 위상이 멀어지지 않도록 지원한다.

셋째 조건은 주변 바람이 잠재 소용돌이도나 온위와 균형을 이루기 위해서도 반드시 필요한 것이다. 상층에서 서풍 대신 동풍이 분다면 어떻게 될까? $\partial\bar{q}/\partial y>0$이라서 남쪽으로 오목하게 패인 곳에 $(+)q'$가 위치하고, 그 주변을 반시계 방향으로 돌아가려면 동풍은 $(+)q'$의 북쪽 반원을 돌아가야 한다. 이것은 잠재 소용돌이도의 물질면을 뚫고 들어가는 것이 된다. 다른 각도에서 물질면을 따라 흐르려면 동풍은 $(+)q'$의 남쪽 반원을 시계 방향으로 회전하며 돌아가야 하는데, 이는 바람의 균형 관계를 위배하는 것이다. 마찬가지로 하층에서 $(-)q'$의 주변에서는 시계 방향의 회전 기류가 형성되므로, 동풍이 $(-)q'$의 남쪽 반원을 돌아가는 것이 순리다.

한편 경압 불안정 과정에서는 섭동의 구조도 관건이다. 섭동의 연직 구조와 위상에 따라 기본장의 에너지를 받아들이는 효율이 달라진다. 상하층 파동 간 물리적 깊이가 $\Delta z \leq f\Delta L/N$을 만족해야 상호 작용 효과가 커진다는 점은 이미 앞 장에서 상술한 바 있다. 상하층 섭동의 물리적 거리가 $f\Delta L/N$보다 가까워야 섭동이 발달하기 유리하다. 다음으로 발달하는 잠재 소용돌이도 섭동은 상층으로 가면서 서쪽으로 위상이 기울어져야 한다. 대척하는 파동에 의해 유도된 남북 바람 성분과 남북 변위(displacement) 간에 양의 상관을 가져야 파동은 발달한다. 상층 파동의 마루(Fig.9.1의 $+q'$)가 하층 파동의 마루보다 서쪽으로 편향하여 ($-\pi \sim 0$) 사이에 위치할 때 이 조건을 만족하게 된다. 위상 차이가 $-\pi/2$일 때, 상층에서 흰색 작은 원은 북쪽 변위가 최대인 곳에 위치하여, 섭동의 발달 효율도 최대가 된다. 위상 차이가 $-\pi/2$에서 점차 멀어져 $-\pi$ 또는 0에 근접하면, 상층에서 흰색 작은 원은 북쪽 변위가 최대인 곳에서 동쪽으로 $\pi/2$ 또는 서쪽으로 $\pi/2$만큼 떨어져 섭동의 발달 효율도 최소가 된다.

한편 기본장의 바람 시어에 따라 상하층의 파동은 서로 다른 방향으로 벗어나려 하는데, 대척하는 파동은 이를 억제하는 방향으로 작용해야 한다. 하층 $(+)q'$의 동쪽으로 $\pi/2$ 떨어진 곳에 남풍은 최댓값을 갖는다. 상층에도 하층의 남풍이 뻗치는데, 남풍이 상층 $(-)q'$의 중심에서 ($-\pi \sim 0$) 사이에 놓이게 될 때, 남쪽의 낮은 잠재 소용돌이도를 끌어올려 파동을 서쪽으로 전파하게 지원할 수 있다. 따라서 상층의 파동이 하층보다 ($-\pi/2 \sim \pi/2$) 만큼 기울어져야 상층 파동의 서향 전파를 지원하여 기본장 지향류의 동쪽 이류 작용을 저지할 수 있다. 섭동이 발달하기 위한 상하층의 위상 차 ($-\pi \sim 0$) 조건과, 상하층 위상 구조를 유지하기 위한 위상 차 ($-\pi/2 \sim \pi/2$) 조건의 공통분모를 취하면, 섭동이 발달하기 위한 위상 차는 ($-\pi/2 \sim 0$)이 된다. 따라서 발달하는 파동계는 대척하는 파동의 발달을 지원하면서도 기본장의 이류를 저지하기 위해 상층의 파동이 하층보다 $(0\sim\pi/2)$만큼 서쪽으로 기울어져야 한다. 상하층 파동의 위상 차가 $\pi/2$일 때 상하층 간 상호 지원 효과는 극대가 된다. Fig.9.1에서는 상층 파동의 위상이 하층보다 서쪽으로 약 $\pi/6$만큼 기울어져 있다.

지금까지 살펴본 경압 불안정 과정이 상하로 대척하는 로스비 파동의 상호 작용 이라면, 순압 불안정 과정은 남북으로 대척하는 로스비 파동의 상호 작용으로 이해할 수 있다. 순압 대기에서는 등압선을 따라 대기 안정도가 일정하므로, 잠재 소용돌이도는 절대 소용돌이도, 즉 지구 소용돌이도와 상대 소용돌이도에 의해 좌우된다. 북측에서 $\partial \bar{q}/\partial y > 0$이라면, 남측에는 $\partial \bar{q}/\partial y < 0$인 기본장이라야 순압 불안정이 일어날 수 있다. 지구 소용돌이도는 북으로 갈수록 증가하기 때문에, 강풍대 북측에서는 북쪽으로 가면서 기본장의 저기압성 시어 $(+)\bar{q}$가 완만하게 감소하더라도 $\partial \bar{q}/\partial y > 0$의 조건을 만족하는 반면, 강풍대 남측에서는 남쪽으로 가면서 고기압성 시어가 가파르게 감소해야만 $\partial \bar{q}/\partial y < 0$의 조건을 만족하게 된다. 또한 북측과 남측에서 대척하는 섭동이 발달하는 위상 구조를 유지하려면 북측의 서풍이 남측의 서풍보다 강한 기본장의 시어를 갖추어야 한다. 또한 파동의 위상 속도 c로 이동하는 좌표계에서 볼 때, 북측에서는 서풍$(\bar{u}-c > 0)$이 불고 남측에서는 동풍$(\bar{u}-c < 0)$이 불어야 한다. 이와 같은 기본장의 조건을 가지고 Fig.9.1에서 z축 대신 y축을 세로축으로 삼게 되면, 앞서 경압 불안정 과정에 대한 설명은 순압 불안정 과정에도 그대로 적용할 수 있게 된다.

기상 역학

3. 경압 파동 에너지 순환

하층에서 난기가 북상하는 곳에서 기류가 상승하고, 수렴 기류에 전향력이 작용하여 시계 반대 방향의 회전 바람이 강화되는 과정을 에너지 전환의 측면에서 살펴보자. 하층에 난기가 유입하면 밀도가 낮아지고 정역학 균형을 유지하기 위해 기층이 점차 두터워지며 상부로 가면서 등압면의 고도가 상승하게 된다. 즉 상부에 고기압을 강화하게 된다. 부력이 작용하면 상부에 고기압이 강화되고 하층에 저기압이 강화되며 층후는 두터워진다. 연직 기압 경도력이 둔화되어 부력은 중력과 평형을 이루게 된다. 준지균 운동계에서는 일련의 과정이 순간적으로 일어나 균형을 회복한다고 볼 수 있다.

고기압은 지균풍 균형을 찾는 과정에서 시계 방향의 회전 기류를 유발한다. 회전 기류는 다른 힘이 작용하지 않는 여건에서 발산 기류를 통해 구현된다. 고압부에서 발산 기류는 기압 경도력에 의해 일을 하고 이 일에너지는 결국 상층에서 지균풍의 시계 방향 회전 바람 에너지로 전환된다. 한편 하층에서는 연속성의 원리에 따라 저기압으로 수렴하는 기류가 기압 경도력에 의해 일을 하며, 시계 반대 방향의 회전 바람 에너지로 전환한다. 난기의 상승은 상층과 하층의 회전 바람 운동 에너지와 각각 연동되어 있다. 난기로 유발된 잠재 위치 에너지가 회전 운동 에너지로 전환하게 되는 것이다.

같은 방식으로 지상 고기압 위에서는 기본장의 한기가 북풍에 실려 남하한다. 하층에서 밀도가 높아지고 정역학 균형을 유지하기 위해 기층이 점차 얇아지며 상부로 가면서 등압면의 고도가 하강하게 된다. 즉 상층에 기압골을 강화하게 된다. 기압골은 지균풍 균형을 찾는 과정에서 시계 반대 방향의 회전 기류를 유발한다. 회전 기류는 다른 힘이 작용하지 않는 여건에서 상층에서 수렴 기류를 통해 구현된다. 이는 대기 중층에서 하강 기류로 이어진다. 상층 기압골에서 수렴 기류는 기압 경도력에 의해 일을 하고, 이 일 에너지는 시계 반대 방향의 회전 바람 에너지로 전환한다. 연속성의 원리에 따라 하강 기류는 지면 부근에서 발산하고 고기압을 강화한다. 고기압에서 발산하는 기류는 기압 경도력에 의해 일을 하며, 시계 방향의 회전 바람 에너지로 전환한다. 한기의 하강은 상층과 하층의 회전 바람 운동 에너지와 각각 연동되어 있다. 한기로 유발된 잠재 위치 에너지가 회전 운동 에너지로 전환하게 되는 것이다.

기압 좌표계에서 기압 경도력이 비지균풍에 일을 해서 종관 파동의 운동 에너지가 변화하는 과정을 수식으로 나타내면 다음과 같다(Keller et al., 2014).

$$\frac{\partial K_e}{\partial t} \propto -\boldsymbol{v}' \cdot \nabla_p \phi' \sim -\nabla_p \cdot \phi' \boldsymbol{v}'_a + \phi \nabla_p \cdot \boldsymbol{v}'_a \qquad (9.4\text{a})$$

$$= -\nabla_p \cdot \phi' \boldsymbol{v}'_a - \phi' \frac{\partial \omega'}{\partial p} \qquad (9.4\text{b})$$

$$= -\nabla_p \cdot \phi' \boldsymbol{v}'_a - \frac{\partial}{\partial p} \phi' \omega' + \omega' \frac{\partial \phi'}{\partial p} \qquad (9.4\text{c})$$

$$= -\nabla_p \cdot \phi' \boldsymbol{v}'_a - \frac{\partial}{\partial p} \phi' \omega' - \alpha' \omega' \qquad (9.4\text{d})$$

기상 역학

여기서 K_e는 섭동의 운동 에너지, v'와 는 v_a' 각각 섭동의 수평 방향 바람 벡터와 비지균풍 벡터, ω'은 섭동의 연직 기압 속도, ϕ'는 섭동의 지위, α'는 섭동의 비체적이다. 식 (9.4)를 유도하는데는 연속 방정식과 정역학 근사식이 쓰였다. 지위 플럭스의 수렴 또는 발산은 주로 비지균풍에 의해 생겨난다는 점을 이용하였다. 식 (9.4a)에서 섭동의 기압 경도력이 기본장의 바람에 하는 일과 기본장의 기압 경도력이 섭동의 바람에 하는 일은 편의상 생략하였다.

첫째, (9.4a)에서 기압 경도력이 하는 일은 지위 플럭스 항과 발산 항으로 나누어진다. 수평 바람에 의한 지위 플럭스가 수렴할 때 기압 경도력은 일을 하게 된다. 지위 플럭스는 단위 시간당 단위 체적당 기압 경도력이 하는 일의 양이다. 연직으로 가상의 막을 생각하고, 찬 공기가 좌측에서 우측으로 막을 밀게 되면 우측의 공기는 찬 공기로 인해 일 에너지가 증가하는 현상이다(Wallace, 2010). 지위 플럭스를 통해 일 에너지는 한 지역에서 다른 지역으로 분배되지만 총량은 달라지지 않는다. 바람 성분 중에서 주로 비회전 성분 즉 발산 성분이 지위 플럭스의 수렴이나 발산을 주도한다. 다음으로 지위와 발산이 양의 상관을 보일 때 기압 경도력이 일을 한다. 고압부에서 기류가 수평 방향으로 흩어지거나 저압부로 기류가 모일 때 운동 에너지는 증가한다. 반대로 고압부로 기류가 모이거나 저압부에서 기류가 흩어지면 운동 에너지는 감소하고 대신 위치 에너지 또는 내부 에너지가 증가한다.

둘째, (9.4b)의 발산 성분에 연속 방정식을 적용하면 기압 속도의 수렴 발산으로 환원된다. 저압부에서 기층이 연직으로 신장하면 (+)소용돌이가 증가하고 바람의 운동 에너지는 증가하게 된다. 또한 고압부에서 기층이 연직으로 수축하면 (−)소용돌이가 증가하고 바람의 운동 에너지는 증가하게 된다.

셋째, (9.4c)에서 발산 항은 다시 연직 방향의 지위 플럭스 항과 경압 에너지 전환항(baroclinic conversion)으로 나누어진다. 연직 기압 속도 또는 연직 지위 플럭스는 앞서 수평 방향의 지위 플럭스와 마찬가지로 연직 방향으로 일 에너지를 전달한다. 지위 플럭스가 연직 방향으로 수렴하면 운동 에너지가 증가하고, 발산하면 운동 에너지가 감소한다. 지위 플럭스 항은 지구 전역으로 면적 평균을 취하면 0이 된다. 지구는 수평 경계가 없기 때문에 연속성의 원리에 따라 한 곳에서 수렴하면 다른 곳에서는 발산해야 한다. 연직으로도 한 층에서 수렴하면 다른 층에서 발산하여 연직 평균을 취하면 순 발산 양은 0이 된다. 지위 플럭스는 단순히 지위 에너지를 공간적으로 재분배하는 역할을 하게 된다.

경압 에너지 전환항은 (9.4d)와 같이 다시 쓸 수 있다. 섭동의 비체적과 연직 기압 속도 간에 양의 상관을 보이면 기압 경도력이 일을 하게 된다. 비체적은 등압면에서 기온에 비례하므로, 난기가 상승하고 한기가 하강하면 섭동의 운동 에너지는 증가한다. 경압 에너지 전환항은 지위 플럭스 항과는 달리 공간 적분을 하더라도 0이 되지 않는다. 섭동의 기온과 기압 속도가 상관관계를 갖기 때문이다. 따라서 기압 경도력이 하는 일의 총량은 전환항에 의해 계산할 수 있고, 일 에너지의 이동 경로는 지위 플럭스를 통해 추적할 수 있겠다. 주로 이차 연직 순환 고리를 따라 에너지는 재분배되고, 이 과정에서 비회전 성분(또는 발산 성분)이 재분배를 주도한다.

섭동에 대한 열역학 방정식과 운동 방정식을 정리하면, 다음과 같이 가용 잠재 에너지 A_E와 운동 에너지 K_E의 관계를 얻게 된다.

$$C_E = C(A_E, K_E) = -\overline{\alpha'\omega'} \propto \frac{\partial}{\partial t}\overline{\boldsymbol{v}' \cdot \boldsymbol{v}'} \propto -\frac{\partial}{\partial t}\overline{T'^2} \qquad (9.5)$$

여기서 $A_E \propto \overline{T'^2}$ 는 섭동의 가용 잠재 에너지다. $\overline{(\ )}$는 영역 평균이다. $K_E \propto \overline{\boldsymbol{v}' \cdot \boldsymbol{v}'}$ 는 섭동의 운동 에너지다. $C(X, Y)$는 X에서 Y로의 전환율로서, C_E는 단위 시간당 A_E가 K_E로 전환하는 양이다. 난기가 상승(하강)하고 한기가 하강(상승)하면 $\overline{\alpha'\omega'} < 0(>0)$이 된다. C_E가 양(음)의 값을 갖고, 섭동의 가용 잠재 에너지는 감소(증가)하고 운동 에너지는 증가(감소)한다.

경압 대기에서 가용 잠재 에너지가 운동에너지로 전환하는 과정도 결국은 기압 경도력이 하는 일에서 비롯한 것이다. 준지균 운동계에서는 비지균풍이 기압 경도력을 통해 일을 하여 지균풍의 운동 에너지가 증가하고 회전 바람 에너지 수지에 영향을 미치게 된다. 따뜻한 공기가 상승하면 상부에는 기압이 높아지고 상승한 공기가 주변으로 흩어지며 일을 하게 되어 가용 잠재 에너지가 운동 에너지로 전환한다. 반대로 따뜻한 공기가 하강하면 상부에서 주변의 공기가 기압이 높은 곳으로 옮겨 오며 운동 에너지가 가용 잠재 에너지로 전환한다.

섭동의 가용 잠재 에너지가 운동 에너지로 전환되면 바람이 강해진다. 바람 성분 중에서 회전 바람의 운동 에너지는 태풍이나 온대 저기압의 발달을 가름하는 주요 지표 중 하나다. 준지균 운동계에서는 대개 수평 바람 성분의 운동 에너지를 산정하지만, 전선대나 적운과 같이 중소 규모 운동계에서는 연직 바람의 운동 에너지가 전체 운동 에너지에서 차지하는 비중도 커진다. 자오선 순환계에서도 Fig. 6.3과 같이 난기에서 한기의 방향으로 직접 열 순환 고리를 이룬다. 연직 기류와 기온 간의 양의 상관을 보이므로 남북의 기온 차가 갖는 가용 잠재 에너지가 운동 에너지로 전환한다. 한편 정역학 관계에 따라 난기의 상부에는 고압부, 하부에는 저압부가 위치한다. 또한 한기의 상부에는 저압부, 하부에는 고압부가 위치한다. 직접 열 순환에서는 상층이건 하층이건 간에 고압부에서 저압부로 기류가 흐른다. 기압 경도력의 방향으로 일을 하게 되어 운동 에너지가 증가하게 된다.

발달하는 경압 파동계(developing baroclinic wave)에서 섭동의 가용 잠재 에너지는 주로 동서 평균장의 가용 잠재 에너지로부터 나온다. 섭동이 따뜻한 공기를 적도 지방에서 극지방으로 나르고 찬 공기는 극지방에서 적도 지방으로 실어 나르면 섭동의 가용 잠재 에너지 A_E가 증가한다. 대신 동서 평균장의 가용 잠재 에너지 A_Z는 감소한다.

$$C_A = C(A_Z, A_E) = -\overline{T'v'}\frac{\partial \overline{T}}{\partial y} \propto \frac{\partial \overline{T'^2}}{\partial t} \tag{9.6}$$

여기서 T', v'은 각각 섭동의 기온과 남북 방향의 풍속이다. $\overline{(\ )}$는 영역 평균이다. C_A는 단위 시간당 동서 평균 가용 잠재 에너지 $A_Z \propto (\partial \overline{T}/\partial y)^2$에서 파동의 가용 잠재 에너지 A_E로 전환되는 양이다. $\overline{T'v'}$는 섭동의 북향 기온(또는 열) 플럭스다. 난기가 북상하고 한기가 남하하면 $\overline{T'v'} > 0$이 된다.

동서 평균장의 남북 기온 경도를 거스르는 방향으로 섭동의 남북 방향 기온 플럭스가 작용하면 기본장의 기온 경도가 완화되는 대신 섭동의 기온 편차는 증가하게 된다. 온도풍 관계에 따라서 남북 기온 경도는 편서풍의 연직 시어와 관련된다. 북반구 중위도에서는 고도가 높아질수록 편서풍이 강해져 연직 시어는 동쪽을 향한다. 섭동 지위의 위상이 고도에 따라 연직 시어와 반대 방향인 서쪽으로 기울어지면, Fig.9.2와 같이 난기가 북

기상 역학

상하고 한기는 남하할 수 있는 조건이 갖추어진다. 즉 동서 평균장의 가용 잠재 에너지는 섭동의 가용 잠재 에너지로 옮겨간다($C_A>0$). 반대로 섭동 지위의 위상이 연직 시어와 같은 방향인 동쪽으로 기울어지면, 난기가 오히려 남하하고 한기는 북상하여 $C_A<0$이 된다.

온대 저기압 주변에서 온난 전선을 타고 난기가 북상하고 한랭 전선을 따라 한기가 남하하면 $C_A>0$이 되어 섭동의 가용 잠재 에너지가 증가한다. 또한 북상하는 난기가 상승하고 남하하는 한기가 하강한다면 $C_E>0$이 되어, 섭동의 가용 잠재 에너지가 운동 에너지로 전환한다. 온대 저기압은 C_A에서 C_E를 거치는 동안 동서 평균장의 가용 잠재 에너지를 받아 발달하게 된다. C_A는 3단위 정도로서 2주 정도면 A_Z가 소진되지만 그만큼의 에너지가 태양 에너지로부터 G_Z만큼 충전되므로 대기 운동은 지속한다.

한편 섭동의 잠재 에너지는 잠열과 같은 비단열 과정을 통해 자체적으로 생산되기도 한다. 이는 Fig. 1.5의 에너지 흐름도에서 G_E에 해당한다. A_E는 1주일이면 소진되지만, C_A에서 3단위를 받고 G_E에서 1단위를 받아 C_E는 2단위 정도를 유지한다.

Fig. 9.3은 자오선 연직 단면에서 섭동의 바람과 에너지 변환 과정을 보인 것이다. 먼저 좌측 그림과 같이 섭동 바람이 그리는 궤적이 수평면과 나란하다고 하자. 남풍은 기본장의 난기를 북쪽으로 수송하여 한기 지역으로 옮겨 놓는다. 북풍은 기본장의 한기를 남쪽으로 수송하여 난기 지역으로 옮겨 놓는다. 이 과정에서 기본장의 가용 잠재 에너지는 섭동의 가용 잠재 에너지로 전환된다. 하지만 연직 방향으로는 섭동의 변위가 달라진 것이 없으므로 기압 속도 $\omega' \sim 0$이 된다. 섭동의 가용 잠재 에너지는 운동 에너지로 전환되지 못해 섭동은 발달하기 어렵다.

반면 우측 그림과 같이 섭동 바람이 그리는 궤적이 기본장의 온위면에 나란하다고 하자. 남풍이 난기를 북으로 수송하더라도 상승 기류가 단열 냉각하여 기본장의 온위에는 변동이 없게 된다. 북풍이 한기를 남으로 수송하더라도 이번에는 하강 기류가 단열 승온하며 역시 기본장의 온위는 변동이 없게 된다. 이 경우 난기는 상승하고 한기는 하강하며 섭동의 가용 잠재 에너지는 운동 에너지로 전환하게 된다. 하지만 섭동이 기본장의 온위를 흩트려 놓지 못해 기본장의 가용 잠재 에너지는 섭동의 가용 잠재 에너지로 전환하기 어렵다. 이로 인해 섭동의 발달은 일시적 현상에 그친다.

한편 중앙 그림과 같이 섭동 바람이 그리는 궤적이 기본장의 온위면과 수평선의 사이로 기울어져 있다고 하자. 좌측 그림과 같이 섭동의 바람은 기본장의 가용 잠재 에너지를 섭동의 가용 잠재 에너지로 전환하게 된다. 다만 바람 벡터와 수평면 사이에 기울기가 있어, 전환율 C_A는 좌측 그림보다 떨어진다. 또한 우측 그림과 같이 섭동의 난기는 상승하고 한기는 하강하여 섭동의 가용 잠재 에너지는 운동 에너지로 전환한다. 다만 바람 벡터와 온위면 사이가 벌어져있어서, 전환율 C_E는 우측 그림보다 떨어진다. 섭동 바람의 궤적이 중앙 그림과 같이 수평선과 온위면의 사이로 상승할 때만 섭동의 가용 잠재 에너지와 운동 에너지가 함께 증가하고, 가용 잠재 에너지가 운동 에너지로 전환되며 섭동은 계속 발달하게 된다(Wallace, 2010).

만약 섭동 바람의 궤적이 온위면보다 가파르게 기울어지면, 남풍은 한기를 북송하고 북풍은 난기를 남송한다. 섭동의 바람이 기본장의 남북 기온 경도를 강화시켜준다. 섭동의 가용 잠재 에너지가 오히려 기본장의 가

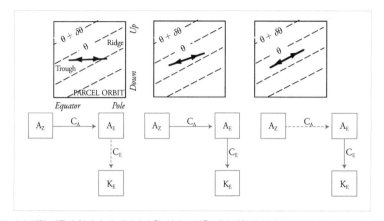

Fig.9.3 경압 파동의 열 수송과 에너지 순환. 상단 그림은 남북 방향의 연직 단면도에서 공기덩이의 궤적 (parcel orbit)을 보인 것이다. 연직 단면도에서 가로축은 위도, 세로축은 고도이다. 점선은 등온위선 이고, 화살표는 기압골(trough)에서 기압능(ridge) 사이의 공기의 궤적이다. 하단 그림은 Fig.1.5의 에 너지 순환 도표 중 경압 파동의 발달과 관련된 부분만 뽑아낸 것으로, 점선은 에너지 전환율이 약 한 흐름을 나타낸다. (좌) 공기의 궤적이 수평 방향으로 진행하여 연직 이동이 없는 경우다. 난기가 한기 아래로 파고들고 한기는 난기 위로 올라가서 섭동의 가용 잠재 에너지는 증가한다. 하지만 연직 기류가 없어 섭동의 가용 잠재 에너지에서 운동 에너지로의 전환은 일어나지 않고, 경압 파 동은 발달하기 어렵다. 경압 파동의 파장이 매우 크면 궤적의 기울기가 수평에 가까워진다. (중) 공 기의 궤적이 수평 방향과 온위면의 중간 기울기를 가지면 가용 잠재에너지가 효율적으로 운동 에 너지로 전환되고, 파동은 발달한다. (우) 공기의 궤적이 온위면을 따라 이동하면 주변 공기와 밀도 의 차이가 없어 파동의 가용 잠재 에너지는 증가하지 않는다. 그럼에도 불구하고 온위면을 따라 상승하는 난기나 하강하는 한기는 섭동의 가용 잠재 에너지를 소비하며 운동 에너지를 늘리게 된 다. 다만 섭동의 가용 잠재 에너지가 생산되지 않으므로 에너지 전환은 일시적일 뿐이다. 공기 궤 적의 기울기가 온위면보다 더 가파르게 기울어지면 섭동은 운동 에너지를 소비하여 가용 잠재 에 너지를 높이게 되므로 발달하기 어렵다. 파동의 파장이 짧은 경우가 이에 가깝다.(Wallace, 2010).

용 잠재 에너지로 전환한다. 또한 난기는 하강하고 한기는 상승하여 섭동 의 운동 에너지가 섭동의 가용 잠재 에너지로 전환한다. 다시 말해 중앙 그림의 에너지 흐름의 역순으로 진행하게 되어, 섭동은 자신의 에너지를 기본장에 되돌려주며 약화된다.

4. 파동 구조와 성장률

기본장의 남북 기온 경도와 대기 안정도에 따라 섭동의 에너지 전환 효율이 달라진다. 남북 기온 경도가 강할수록 기본장의 가용 잠재 에너지가 크고 섭동에 줄 수 있는 여력이 많아진다. 반면 연직 대기 안정도가 높으면 섭동의 연직 운동을 저지하는 만큼 기본장의 가용 잠재 에너지는 쓰이기 어렵게 된다. 기층이 안정할수록 상승 기류에 의한 냉각 효과가 커지고 약한 상승 기류만으로도 빠르게 정역학 균형을 회복할 수 있게 된다. 이로 인해 기압골은 더욱 느리게 발달한다. 남북 기온 경도와 대기 안정도를 결합한 것이 이디 경압성 지수[29](Eady's baroclinicity)다. 일반적으로 기본장의 경압성이 강할수록 섭동은 그만큼 빠른 속도로 발달할 수 있다.

$$\sigma_{max} = 0.31 \frac{f_0}{N} \frac{\Delta \bar{u}}{H} \tag{9.7}$$

여기서 σ_{max}는 성장률로서 σ_{max}^{-1}는 섭동의 진폭이 2.7배가 되는 시간이다. $\Delta \bar{u}$는 두께가 H인 연직 기층에서 상하층 간 바람의 차이로서 기본장의 가용 잠재 에너지를 대표한다. N은 브런트 바이살라 진동수로 대기 안정도를 나타낸다. f_0는 지구 소용돌이도 기준값이다. 섭동 성장률은 시어와 코올리올리 매개 변숫값에 비례하고 대기 안정도에 반비례한다. 대기 상단과 하단이 막혀있는 공간에서, 기본장의 시어가 $\bar{u}(z) = (z/H)\Delta u$이고

---

[29] http://www.atmosp.physics.utoronto.ca/~isla/8_baroclinic.pdf

N과 $H^{-1}\varDelta\bar{u}$가 각각 상수인 대기 조건에서는, 상하단의 경계에서 경압 파동이 발달하게 된다. 이디 경압성 지수는 이러한 이상적인 조건에서 경압 파동의 성장률을 분석한 것이지만, 실제 종관 파동계의 발달 과정에 대해서도 시사하는 바가 많다.

지금까지 살펴본 기본장의 특성은 시어 불안정 분석에 필요한 절반의 조건에 불과하다. 나머지는 섭동의 구조에 달려 있다. 섭동의 모양에 따라 발달 속도가 달라진다. 기본장의 에너지를 받아 성장하는 효율이 달라진다. 예를 들면 하층 등압면에서 등온선과 등고선이 엇갈려 난기나 한기가 등고선을 가로질러 이동하는 영역이 먼저 발달한다. 예보 현장에서 저기압의 발달 여부를 따질 때 제트 기류나 상층 장파골을 분석하는데 그치지 않고, 저기압이나 기압능의 형태를 살펴보는 것도 섭동의 구조를 파악하기 위함이다.

섭동의 크기에 따라 발달 속도가 다르다. 섭동이 지나치게 작으면 대기 안정도가 발목을 잡는다. 다른 조건이 같을 때 섭동의 크기가 작아지면 회전 바람이 강해지고 회전 바람에 의한 이류도 강해진다. 온도풍 균형을 맞추기 위해 연직 기류도 강해진다. Fig.8.9의 사례를 들어 살펴보자. 남서쪽에서 지점 C를 향해 출발한 공기는 온난 전선을 가로질러 활승하는데($\omega<0$), 섭동의 남풍이 강해질수록 상승 기류도 함께 강해져야 온도풍 균형을 유지할 수 있다. 북서쪽에서 지점 A를 향해 출발한 공기는 한랭 전선을 가로질러 활강하는데($\omega>0$), 섭동의 북풍이 강해질수록 하강 기류도 함께 강해져야 온도풍 균형을 유지할 수 있다. 또한 상층 기압골에서 지점 B를 향해 흐르는 중층 바람은 절대 소용돌이도가 줄어드는 만큼 상승 기류가 유발되어 신장 소용돌이도가 보충하게 된다. 섭동의 바람이 강해질수록 상승 기류도 증가해야 잠재 소용돌이도가 보존될 수 있다. 하지만 대기가 안정할수록 연직 기류가 증가하는데 장애가 커지고, 섭동의 발달도 지체된다.

반면 섭동이 지나치게 크면 이번에는 지구 자전 효과가 발목을 잡는다. 다른 조건이 같다면 섭동의 규모가 커질수록 상대 소용돌이도는 작아진다. 섭동의 상대 소용돌이도 자체가 작아질 뿐 아니라, 기본장의 서풍을 따라 이류하는 상대 소용돌이도의 양도 작아진다. 반면 지구 소용돌이도는 크기가 변하지 않으므로, 지구 소용돌이도의 베타 효과가 섭동의 상대 소용돌이도 변화에 주된 영향을 미치게 된다. 따라서 섭동의 규모가 커지면, 북반구에서 섭동의 서쪽 전파 성분이 커지고, $c < \bar{u}_{min} < \bar{u}_{max}$이 되어 섭동은 발달하기 어렵다. 섭동의 규모가 충분히 커지면 베타 효과로 인해 위상 속도 $c \sim 0$이 된다. 섭동의 상대 좌표계에서 보면, 상층에서 기본장의 바람은 $\bar{u}_{max}$의 속도로 빠르게 동진하는 반면, 하층에서도 기본장의 바람은 서진하는 대신 $\bar{u}_{min}$의 속도로 동진하게 되어, 상하층 간 섭동의 위상을 고정시키는(phase lock) 상호 작용력이 사라진다. 앞서 짧은 파장대에는 대기 안정도가 연직 순환을 억제하는 역할을 한다면, 긴 파장대에서는 베타 효과가 그 역할을 대신하는 것이다.

시어와의 관계

섭동의 상하층 구조도 발달 속도에 영향을 미친다. 상층 섭동의 위상이 하층 섭동보다 연직 시어의 역방향으로 $\pi/2$만큼 떨어진 곳에 배치할 때, 섭동은 최적으로 발달한다는 점은 Fig.9.1을 통해서 소개한 바 있다. 북반구 편서풍 강풍대에서 발달하는 섭동의 위상선은 상층으로 갈수록 서쪽으로 편향된다. 지상 저기압(고기압)의 서쪽에 상층 기압골(기압능)이 배치한다. 중하층에서 기압골보다 온도 골이 $\pi/2$만큼 서쪽에 위치하게 된다. 섭동의 남풍이 난기를 한기 쪽으로 내보내고 대신 북풍이 한기를 난기 쪽으로 끌어오기 위함이다. 발달하는 섭동이 배경장의 시어와 역방향으로 배치되어야 한다는 점은 오르가 제시한 시어 불안정 과정에서 공통적으로 볼 수 있는 조건이다(Orr, 1907)

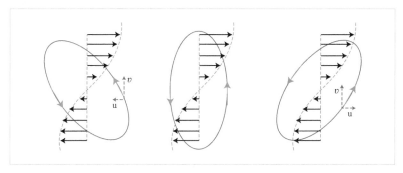

Fig.9.4 시어 불안정 메커니즘. 세로축을 따라 기본장의 바람은 비틀려 시어를 형성한다. 화살표는 바람 벡터이다. 타원은 섭동의 유선이고, 시계 반대 방향으로 흐른다(타원의 화살표 방향). 가로축이 동서 방향이고 세로축이 남북 방향이라면 기본장은 북쪽으로 가면서 서풍이 증가하는 시어 구조를 갖는다. (좌) 섭동 유선 타원의 주축이 서쪽으로 기울어지면, $-\overline{u'v'}(\partial\overline{u}/\partial y)>0$이 되어 섭동은 기본장의 서풍 운동량을 소비하며 성장한다. (중) 섭동 유선 타원의 주축이 중립이면, $-\overline{u'v'}(\partial\overline{u}/\partial y) = 0$이 되어 섭동은 더 이상 발달하지 않는다. (좌) 섭동 유선 타원의 주축이 동쪽으로 기울어지면, $-\overline{u'v'}(\partial\overline{u}/\partial y)<0$이 되어 섭동은 서풍 운동량을 기본장에 되돌려주며 약화된다. 세로축이 연직 방향이라면, 섭동은 $\overline{u'v'}$ 대신 $\overline{u'w'}$을 연직으로 수송하며 발달하거나 쇠약해진다.
Harnik and Heifetz https://maths.ucd.ie/met/seminars/Orr_Heifetz.ppt

순압 불안정 과정도 마찬가지다. Fig.9.4의 좌측 그림과 같이 기본장의 시어에 엇갈리게 섭동의 위상이 정렬하면, 기본장의 운동량이 섭동의 운동량으로 전환하여 섭동의 운동 에너지는 증가한다. 하지만 우측 그림과 같이 기본장의 시어와 같은 방향으로 섭동의 위상이 정렬하면, 역으로 섭동의 운동량이 기본장의 운동량으로 전환하여 섭동의 운동 에너지는 감소한다. 오르 불안정 과정의 한 가지 특징은 섭동의 구조가 시간에 따라 달라질 수 있다는 것이다. 파동의 구조가 고정된 (9.1)의 정상 파동과는 다른 것이다. Fig.9.4에서는 섭동의 위상 구조가 기본장의 구조를 깨뜨리는 방향으로 정렬하기만 하면 일시적으로 발달할 수 있다는 것을 보여준다. 시간이 지나면 결국 섭동의 위상 구조가 점차 기본장의 시어를 닮아가며, 섭동은 쇠퇴하게 된다.

헬렘홀쯔 불안정 현상도 연직 시어의 운동량을 섭동이 받아 성장하는 방식이다.

$$Ri = N^2(d\bar{u}/dz)^{-2} \hspace{4cm} (9.8)$$

리차드슨 지수는 연직 시어와 부력의 비율로서, 시어 불안정도를 따지는 지표의 일종이다. 항공 안전에 영향을 미치는 상층 난기류나 베개형 구름(billow cloud)과 같이 소규모의 운동계에서 많이 사용한다. 리차드슨 지수가 작아지면, 시어 불안정에 의해 원형의 작은 난류 세포가 발생한다.

임계층의 역할과 과잉 반사

경압 또는 순압 불안정 현상은 임계층에서 파동의 과잉 반사(wave overreflection) 과정을 통해 설명할 수도 있다(Lindzen, 1988). 이하에서는 편의상 순압 대기 방정식을 통해서 이 문제를 살펴보겠지만, 경압 대기 방정식도 개념적으로 별 차이가 없다. 동서 방향으로 이상적인 파동을 상정하여, 선형 소용돌이도 방정식 (6.16)을 다시 정돈하면,

$$\partial^2 \hat{\psi}_k(y) / \partial y^2 + n^2 \hat{\psi}_k(y) = 0 \tag{9.9}$$

$$n^2 = \bar{q}_y / (\bar{u} - c) - k^2 \tag{9.10}$$

이고, 여기서 $\hat{\psi}_k(y)$은 파수 공간에서 동서 파수 k에 대응하는 진폭이다. 굴절 지수 n^2은 (6.20)과 비교해 보면 남북 파수 l^2과 같은 것이다. n^2은 기본장의 $\bar{q}_y$와 $\bar{u}$가 y방향으로 완만하게 변화한다는 전제하에 의미를 갖는다. 앞서 6장에서 설명한 바와 같이, 파동이 전환층을 만나면 군속도가 점차 느려져 오던 길을 되돌아간다. 전환층은 기본장의 굴절 지수가 0이 되는

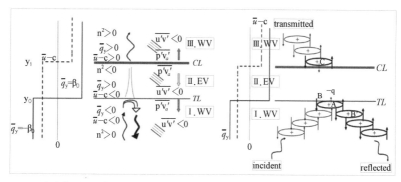

Fig.9.5 발달하는 순압 파동의 (좌) 과잉 반사(wave overreflection)와 (나) 잠재 소용돌이도 파동 전파 과정. 그림 좌측의 실선은 기본장의 잠재 소용돌이도의 남북 경도 $\bar{q}_y = \partial \bar{q} / \partial y$이고, 점선은 $\bar{u} - c$다. $\bar{u}$는 기본장의 서풍이고, c는 파동의 동진 전파 속도다. $n^2 = \bar{q}_y / (\bar{u} - c) - k^2$은 순압 소용돌이도 방정식의 굴절 지수이고, k는 동서 파수다. $\overline{u'v'}$과 $\overline{p'v_a'}$는 각각 파동의 운동량 플럭스와 에너지 플럭스다. v_a'는 파동의 비지균 남북 바람 성분이다. CL과 TL은 각각 임계층(critical level)과 전환층(turning level)이다. WV와 EV는 각각 파동의 전파(propagation) 구역과 지수 함수적 쇠퇴(evanescence) 구역이다. 곡선 화살표와 이중 화살표는 파동의 에너지 흐름이고, 빗금 친 사선은 파동의 위상선을 나타낸다. 우측 그림에서 타원은 잠재 소용돌이도 섭동이다. 타원 주변의 화살표는 잠재 소용돌이도 섭동이 유도한 회전 바람이다. 타원과 화살표의 굵기는 각각 잠재 소용돌이도 섭동과 회전 바람의 강도를 나타낸다. 남측에서 북쪽을 향해 출발한(incident) 파동은 전환층을 만나 반사(reflected)하기도 하지만 일부는 계속 북진하여 임계층 북측으로 넘어간다(transmitted). 임계층에서 경압적으로 에너지를 받은 파동은 입사할 때보다 더 많은 에너지를 반사하여 남측으로 가져간다.(Harnik and Heifetz, 2007).

기층이다. 굴절 지수 n^2이 0이 되려면, $\bar{q}_y$와 $\bar{u}-c$가 서로 부호가 같고, 동서 파수 k가 지나치게 크지 않아야 한다. 전환층 너머에 임계층이 존재하면, 되돌아가는 반사 파동은 임계층으로부터 에너지를 받아 입사할 때보다 강도가 커진다. 전환층 맞은편에 또 다른 전환층이 놓여 있다면 이 파동은 양측에 놓인 전환층 사이를 오가는 동안 반복하여 성장하게 된다.

임계층은 파동의 전파 속도 c와 주변의 바람장 $\bar{u}$가 같아지는 곳이다, 즉 $\bar{u} \sim c$. 임계층이 존재하려면 파동 공간 내부에서 한 곳에서는 $\bar{u}-c>0$이 되고, 다른 곳에서는 $\bar{u}-c<0$이 되어야 한다. 임계층 주변에서는 바람이 전이하므로, 시어가 형성된다. Fig.9.5에서는 파동의 위상 속도 c를 따라 이동하는 좌표계에서 임계층 (CL)의 북측에서는 서풍, 남측에서는 동풍이 분다. 고기압성 시어가 나타난다. 만약 섭동의 위상이 좌측 그림과 같이 북서-남동 방향으로 형성되어 있다면, 오르 메커니즘에 의해 섭동은 임계층 부근에서 기본장의 운동 에너지를 받아 성장하게 된다. 한편 임계층의 남쪽에는 기본장의 잠재 소용돌이도 경도가 전이하는 전환층 (TL)이 놓여있다. 전환층의 남쪽과 임계층의 북쪽에서는 각각 $n^2>0$이 되어 파동이 이동하는 구간이고, 전환층과 임계층 사이의 구간에서는 $n^2<0$이 되어 파동이 쇠퇴하고 대신 남측으로 파동이 반사하게 된다. 남쪽에서 북쪽으로 이동하는 파동은 전환층을 만나 반사하게 되는데, 이때 임계층으로부터 에너지를 받아 과잉 반사하게 된다. 남쪽에 또 다른 전환층이 존재한다면 이 파동은 남북을 오르내리는 동안 임계층의 불안정 과정을 통해 계속 발달하게 된다. 좌측 그림에서 $\bar{u}-c>0$인 III구간에서는 Fig.6.5에서 이미 설명한 바와 같이 운동량 플럭스 $\overline{u'v'}$와 에너지 플럭스 $\overline{\phi'v'}$의 부호가 반대이고, $\bar{u}-c<0$인 I와 II구간에서는 운동량 플럭스와 에너지 플럭스의 부호가 같다. 한편 전환점의 북측에 임계층이 존재하더라도 식 (9.10)의 동서 파수가 커서 굴절 지수 $n^2<0$이 되면, 파동은 임계층 북측으로 전파하기 어렵다.

잠재 소용돌이도 섭동의 관점에서 과잉 반사 과정을 살펴본 것이 우측 그림이다. 앞서 Fig.8.6에서 설명한 파동 전파 과정을 우측 그림에 적용해 보면, 먼저 남쪽 가장자리에 위치한 잠재 소용돌이도 섭동 $(+)q'$은 반시계 방향의 회전 바람을 유도한다. 이곳에서 기본장의 잠재 소용돌이도는 북으로 갈수록 증가하므로, $(+)q'$의 북동쪽에는 남풍이 기본장의 높은 잠재 소용돌이도를 끌어오므로 $(+)q'$가 유도된다. 북서쪽에는 북풍이 기본장의 낮은 잠재 소용돌이도를 끌어오므로 $(-)q'$가 유도된다. 따라서 섭동의 위상은 북동에서 남서쪽 방향이 된다. 한편 북쪽에 새로 유도된 $(+)q'$나 $(-)q'$는 자체 회전 바람을 만들고, 이 회전 바람으로 인해 본래 남측에 있던 $(+)q'$나 $(-)q'$는 약화된다. 이 과정을 반복하며 섭동군은 북쪽을 향해 이동하고, 에너지 플럭스도 북쪽을 향한다, 즉 $\overline{\phi'v_a'}>0$. 북쪽으로 이동하여 전환층에 도달한 A지점의 $(+)q'$ 섭동은 전환층과 임계층 사이 구간에서 약화되나, 임계층 북쪽에서는 A지점의 $(+)q'$에 동반한 북풍으로 인해 북서쪽 지점 C에서는 기본장의 높은 잠재 소용돌이도가 유입하며 $(+)q'$가 유도된다. 한편 C지점의 $(-)q'$에 동반한 남풍은 A지점에서 기본장의 높은 잠재 소용돌이도를 끌어내어 $(+)q'$를 강화하게 된다. A지점의 남동쪽 지점 B에서는 A지점의 $(+)q'$에 동반한 남풍이 기본장의 높은 잠재 소용돌이도를 끌어내어 $(+)q'$가 유도된다. 같은 과정을 반복하면서 전환층을 벗어난 파동군은 계속 남진하고 파동군의 위상은 북서에서 남동 방향을 향한다. 이 파동은 임계층의 불안정으로 인해 에너지가 증가하였으므로, 전환층을 기준으로 과잉 반사하게 된다.

연직 에너지 전파

순압 파동이 수평 방향으로 지위 에너지를 전달한다면, 경압 파동은 연직 방향으로도 지위 에너지를 전달한다. 준지균 운동계에서 기본장의 서풍 $\bar{u}$에 대해 열역학 방정식 (8.14)를 선형화하고 이상적인 중립 파동 (neutral wave)을 상정하면, 앞서 수평 방향의 지위 에너지 전달 과정을 다룬 (6.7a)와 유사한 선형 방정식을 얻게 된다.

$$(\bar{u}-c)\frac{\partial}{\partial x}\frac{\partial \phi'}{\partial p}+\sigma\omega' = f_0 v'\frac{\partial \bar{u}}{\partial p} \qquad (9.11)$$

여기서 온도풍 관계식 $f_0 \partial\bar{u}/\partial p = -(\partial/\partial y)(\partial\bar{\phi}/\partial p)$을 사용하였다. ϕ'을 곱하고 동서 평균을 취하면,

$$(\bar{u}-c)\overline{T'v'}=-\frac{\sigma p}{Rf_0}\overline{\phi'\omega'} \qquad (9.12)$$

여기서 정역학 관계식 $\partial\phi'/\partial p=-RT'/p$을 이용하였다. 또한 준지균 운동계에서 v'은 지균풍의 남북 바람 성분인 반면, ω'은 이차 순환에 따른 비지균풍 성분임에 유의하자. 지균풍은 지위에 나란하게 불기 때문에, (9.11)에서 우변항은 (6.7a)에서와 마찬가지로 동서 평균을 취하면 0이 된다. 기압 속도 섭동 ω'은 연직 바람 성분 w'과 부호가 반대이므로, 섭동이 북쪽으로 난기를 수송하고 남쪽으로 한기를 수송하면 지위 에너지는 위로

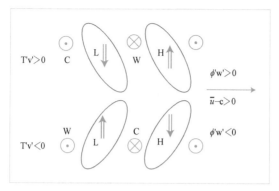

Fig.9.6 경압 파동에서 연직으로 전파하는 중립 파동의 구조. 실선 화살표는 c의 속도로 이동하는 파동의 상대 좌표계에서 기본장의 서풍 $\bar{u}-c$를 나타낸다. 이중 화살표는 연직 비지균풍 성분이다. 점이 박힌 동그라미는 지면 바깥으로 나오는 바람 성분으로 북풍 지균풍이다. 십자형 동그라미는 지면 안으로 들어가는 바람 성분으로 남풍 지균풍이다. $\phi'w$와 $T'v$는 각각 연직 방향의 섭동 에너지 플럭스와 남북 방향의 섭동 기온 플럭스다. 식 (9.12)의 $\phi'\omega$과 $\phi'w$는 서로 부호가 반대이다. (상) 기압골(L)과 기압능(H)이 고도에 따라 서쪽으로 위상이 기울어진 경우, 난기는 북쪽으로 이동하고 한기는 남쪽으로 이동하여 기온 플럭스는 북쪽을 향한다($T'v > 0$). 기본장의 서풍은 고압부를 향해 난기를 끌어오므로 이를 상쇄하기 위해 기류가 상승하여 단열 냉각하게 되어 파동의 기온 구조를 유지한다. 마찬가지로 저압부로 한기를 끌어오므로 기류가 하강하여 단열 승온한다. 이에 따라 지위 에너지 플럭스는 위로 전달된다($\phi'w > 0$). (하) 기압골과 기압능이 고도에 따라 동쪽으로 위상이 기울어진 경우, 난기는 남쪽으로 이동하고 한기는 북쪽으로 이동하여 기온 플럭스는 남쪽을 향한다($T'v < 0$). 기본장의 서풍은 고압부를 향해 한기를 끌어오므로 이를 상쇄하기 위해 기류가 하강하여 단열 승온하게 되어 파동의 기온 구조를 유지한다. 마찬가지로 저압부로 난기를 끌어오므로 기류가 상승하여 단열 냉각한다. 이에 따라 지위 에너지 플럭스는 아래로 전달된다($\phi'w < 0$).

전달된다, 즉 $\overline{\phi'\omega'} < 0$이다.

　Fig.9.6은 중립 경압 파동의 연직 에너지 전달 과정을 보인 것이다. 기본장의 $\bar{q} > 0$이면 잠재 소용돌이도 섭동은 서쪽으로 전파하므로 파동의 위상 속도 c는 기본장의 서풍보다 작아 $\bar{u}-c > 0$이 된다. 상단과 하단 그림은 각각 섭동의 위상이 고도에 따라 반대로 기울어져 있다. 먼저 상단 그림에서 기압골(L)과 기압능(H)은 고도에 따라 서쪽으로 기울어져 있어서, 난기는 북쪽으로 이동하고 한기는 남쪽으로 이동하여 기온 플럭스는

북쪽을 향한다($T'v'>0$). 기본장의 서풍은 고압부를 향해 난기를 끌어오므로 (9.11)에서 이를 상쇄하기 위해 기류가 상승하여 단열 냉각하게 되어 파동의 기온 구조를 유지한다. 마찬가지로 저압부로 한기를 끌어오므로 기류가 하강하여 단열 승온한다. 이에 따라 지위 에너지 플럭스는 위로 전달된다($\phi'\omega'<0$ 또는 $\phi'w'>0$). 아래 그림에서는 기압골과 기압능이 고도에 따라 동쪽으로 위상이 기울어져 있어서, 난기는 남쪽으로 이동하고 한기는 북쪽으로 이동하여 기온 플럭스는 남쪽을 향한다($T'v'<0$). 기본장의 서풍은 고압부를 향해 한기를 끌어오므로 이를 상쇄하기 위해 기류가 하강하여 단열 승온하게 되어 파동의 기온 구조를 유지한다. 마찬가지로 저압부로 난기를 끌어오므로 기류가 상승하여 단열 냉각한다. 이에 따라 지위 에너지 플럭스는 아래로 전달된다($\phi'\omega'>0$ 또는 $\phi'w'<0$).

한편 발달하는 경압 파동에서는 파동의 위상 속도 c가 실수가 아니라서, (9.11)은 더 이상 성립하지 않는다. 하지만 앞서 살펴본 경압 불안정 과정을 통해서 정성적으로 에너지 플럭스와의 관계를 유추해 볼 수 있다. 경압 불안정 과정에 따라 잠재 소용돌이도 섭동이 성장하면, 바람 섭동과 함께 기온 섭동도 시간에 따라 증가한다. 남북 기온 플럭스가 증가하고, (9.12)에 따라서 연직 에너지 플럭스도 증가하게 된다. 경압 파동에서 기온 플럭스가 연직 지위 플럭스에 대응한다면, (6.8)의 순압 파동에서 서풍 운동량 플럭스는 남북 지위 플럭스와 대응한다. 발달하는 순압 파동에서도 기압 섭동과 바람 섭동이 증가하고, 남북 방향의 서풍 운동량 플럭스와 지위 에너지 플럭스도 증가하게 된다.

5. 비지균풍과 전선 발달

변형장에 의한 기온 이류로 등온선이 조밀해지면 전선대는 발달한다. 이 과정에서 정역학 균형과 지균 균형을 유지하도록 이차 순환이 일어난다. 난역에서는 상승하여 단열 냉각하고 한역에서는 하강하여 단열 승온하여 이차 순환은 기온 이류 효과를 부분적으로 상쇄한다.

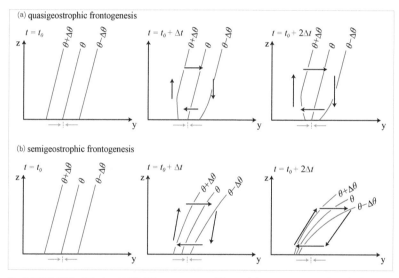

Fig.9.7 전선 발생 과정 비교. (a) 준지균(quasigeostrophic) 이론, (b) 반지균(semigeostrophic) 이론. θ는 온위이다. y축 하단 화살표는 전선대로 수렴하는 기류를 나타낸다. 평행 사변형을 둘러싼 화살표는 연직 이차 순환의 흐름을 나타낸다. 좌측에서 우측으로 가면서 시간 t가 증가하고, 연직 이차 순환도 변화한다. Bluestein(1986).

에너지 측면에서 보면 전선 발달에 따른 에너지 흐름은 Fig. 9.3의 경압 파동의 발달 과정과 유사하다. 전선대로 유입한 수렴 기류로 인해 난기는 북상하고 한기는 남하하여, 기본장의 가용 잠재 에너지가 섭동의 가용 잠재 에너지로 전환된다. 또한 난기는 상승하고 한기는 하강함으로써, 가용 잠재 에너지는 전선대에 나란한 연직 시어의 운동 에너지로 전환한다. 난기로 인해 지위가 높아진 고기압에서 한기로 인해 지위가 낮아진 저압부로 비지균풍이 흐르게 되고, 기압 경도력이 일을 하기 때문이다.

준지균(quasi-geostrophic) 이론에서는 비지균풍이 현열의 이류에 직접 참여하지 않기 때문에, 전선대는 오로지 기본장의 변형 성분에 의해서만 현상적으로 강화하게 되고, 비지균풍은 수동적으로 바람의 연직 시어와 전선대를 가로지른 기온 경도 사이에 온도풍 관계를 만족하도록 하는 균형잡이 역할에 그친다. 지면 부근에서 기류가 수렴하며 등온위면이 밀집하는 모습을 보이는 점을 제외한다면, 온위면의 기울기는 Fig.9.7 (a)와 같이 시간에 따라 변화가 없다.

한편 반지균(semi-geostrophic) 이론에서는 비지균풍에 의해 각각 현열과 운동량이 수송된다. 준지균 이론에서 비지균풍이 연직 방향의 현열 수송[30]에만 참여하는 것과 대조적이다. 다시 말해 반지균 이론에서 비지균풍은 수평 방향으로 현열은 물론이고 운동량 수송에도 참여한다. 발달하는 전선대의 직접 이차 순환에서 비지균풍은 상층에서는 난역에서 한역으로 흐르고 하층에서는 한역에서 난역으로 흐른다. Fig.9.7 (b)와 같이 온위면은 비지균풍에 따라 이류하여 한기 쪽으로 점차 기울어지고 이차 순환의 주축도 같은 방향으로 기울어진다. 비지균풍에 의한 현열 수송으로 인해, 하층 난역과 상층 한역에서는 등온선이 더욱 빠르게 밀집한다. 앞서 준지균 근사와는 대조적으로 이차 순환으로 인한 비지균풍이 전선대를 강화하

....

[30] 연직 기류에 의한 현열의 이류 과정은 통상 기압의 함수로서, 대기 안정도 안에 반영되어 있다

기상 역학

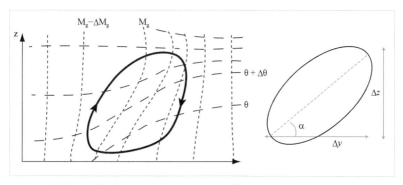

Fig.9.8 전선대를 가로지른 연직 단면에서 이차 연직 순환. 화살표는 난역에서 상승하여 한역에서 하강하는 직접 열 순환 흐름을 나타낸다. θ는 온위이고, M_g는 절대 지균 운동량이다. Δy와 Δz는 각각 연직 순환의 수평 규모와 연직 규모이고, α는 연직 순환 고리의 장축 기울기다. Holton(2004, Fig.9.5).

고 강화된 전선대는 이차 순환의 강도를 올려주게 된다. 이차 순환의 비지균풍과 전선대가 상승 작용을 함으로써 양의 환류 고리가 형성된다.

비지균풍은 2가지 방식으로 전선대에 영향을 미친다. 첫째, 수렴 기류로 등온선이 조밀해지고 전선대는 강화된다. 하층에서는 직접 열 순환의 연속선상에서 한기 쪽에서 난기 쪽으로 파고드는 비지균풍의 선단부에서 전선대가 강화된다. 온대 저기압에서는 한랭 전선을 따라 한기가 난기 아래로 파고드는 지역이다. 상층에서는 난기 쪽에서 한기 쪽으로 밀고 가는 비지균풍의 선단부에서 전선대가 강화된다. 온대 저기압에서는 온난 전선을 따라 난기가 한기 위로 활승하는 지역이다.

둘째, 이차 순환으로 인해 온위면의 기울기가 달라진다. 온위면은 고도가 높아지면서 한기 쪽으로 기울어져 있어서 난역에서 상승하고 한역에서 하강하면 전선면의 기울기가 완만해져 한란의 기온 경도는 작아진다. 전선이 발달하면 난기 위에서 한기 쪽으로 직접 열 순환이 일어나는데, 난역에서는 단열 냉각이 일어나고 한역 쪽에서는 단열 승온이 일어나 전선대를 약화시키는 방향으로 작용한다. 중층에서 전선대가 약한 이유이기도 하다.

또한 강화된 전선대와 온도풍 균형을 맞추기 위해 절대 지균 운동량이 이류된다. 상층 한기 쪽에서 하강하는 기류로 인해 전선에 나란한 바람이 이류되면서 상층부의 연직 시어는 일부 강화되며 온도풍 균형을 맞추는데 일조한다. 하층 난기 쪽에서도 상승하는 기류로 인해 전선대 하층부의 연직 시어를 부분 강화하는 역할을 한다.

반지균 운동계에 대응하는 (8.21)과 (8.22)는 고도 좌표계에서 다음과 같이 일반적인 타원 미분 방정식 형태로 나타난다(Holton, 2004).

$$N_s^2 \frac{\partial^2 \psi}{\partial y^2} + F^2 \frac{\partial^2 \psi}{\partial z^2} + 2S^2 \frac{\partial^2 \psi}{\partial y \partial z} \sim 2Q_y \tag{9.13}$$

$$Q_y \sim -\frac{g}{\theta_{00}} \frac{\partial v_g}{\partial y} \frac{\partial}{\partial y}(\theta - \theta_0) \tag{9.14}$$

$$N_s^2 = N^2 + \frac{g}{\theta_{00}} \frac{\partial}{\partial z}(\theta - \theta_0) \tag{9.15}$$

$$F^2 = f\left(f - \frac{\partial u_g}{\partial y}\right) \tag{9.16}$$

$$S^2 = -\frac{g}{\theta_{00}} \frac{\partial}{\partial y}(\theta - \theta_0) \tag{9.17}$$

여기서 θ_{00}는 온위의 기준값으로 상수고, θ_0는 θ_{00}에 대한 온위의 편차로서 고도만의 함수다. Q_y는 Q벡터의 남북 성분으로 신장 변형장만을 고려한 것이다. 비틀림 변형장을 포함한 일반화된 수식은 Holton(2004)에서 찾아볼 수 있다. N_s^2은 섭동의 대기 안정도에 기본장의 대기 안정도 $N^2 \sim \rho^2 g^2 \sigma$를 합한 것이다. $F^2 = f \partial M_g / \partial y$는 관성 안정도다. S^2은 남북 기온 경도로서, 경압성의 척도다. ψ는 자오선 단면에서 유선 함수이고, 바람 벡터 (v_a, w)는 유선 함수와 다음 관계를 갖는다.

$$w = \partial \psi / \partial y \tag{9.18a}$$

$$v_a = -\partial \psi / \partial z \tag{9.18b}$$

반지균 운동계의 이차 순환 방정식 (9.13)을 준지균 운동계의 (8.21)과 비교해 보면 몇 가지 차이점이 보인다. 첫째, 이차 순환에 따른 대기 안정도의 변화를 반영한다. 즉 연직 기류에 의한 온위면의 변화가 대기 안정도에 미치는 효과를 고려한다. 둘째, 지균풍의 수평 바람 시어가 관성 안정도에 미치는 효과를 반영한다. 기본장의 절대 지균 운동량의 이류가 관성 안정도에 미치는 효과를 고려한 것이다. 셋째, 비지균풍에 의한 현열과 운동량의 이류를 통해서 이차 순환계의 장축이 기울어지는 효과를 반영한다.

이차 순환은 전선대를 가로지른 연직 단면에서, Fig.9.8과 같이 온위면의 기울기를 따라 장축이 형성되는 타원 궤적을 그린다. 타원 장축의 기울기 α는 (9.13)에서 S에 좌우된다. 연직 시어가 커지거나, 전선대를 가로질러 기온의 경도가 심해질 때 기울기는 완만해진다. 연직 대기 안정도가 증가하면 이차 순환의 연직 규모 Δz가 수평 규모 Δy에 비해 작아진다. 한편 절대 지균 운동량의 남북 경도가 증가하면, 관성 저항이 커지게 되어 이차 순환의 수평 규모가 연직 규모에 비해 줄어든다.

연직 시어가 증가할수록 절대 지균 운동량면의 기울기는 완만해지고, 기본장은 대칭적으로 불안정 해진다(Blustein, 1993). 온위면을 따라 상승하는 기류는 남북 기온 경도가 갖는 가용 잠재 에너지와 남북 바람 시어가 갖는 운동 에너지를 받아 발달할 가능성이 높아진다. 반면 대기 안정도가 증가하면 온위면의 기울기가 완만해지고, 연직 운동이 억제되어 대칭 불안정 과정이 일어나기 어렵다. 또한 절대 소용돌이도가 증가하더라도 절대 지균 운동량 면이 가팔라지고, 수평 운동이 억제되어 대칭 불안정 과정에 멀어진다.

제10장

저기압 경로

1. 비단열 효과

　　　　　　　　지금까지는 외부 열이 단절된 조건에서 잠재 소용
돌이도의 보존 원리를 논의하였다. 하지만 실제 대기상에는 다양한 물리
적 힘이 작용하여 잠재 소용돌이도를 변화시킨다. 대표적으로 잠열을 들
수 있다. 기류가 상승하면 대기 중의 수증기가 응결하며 잠열을 방출하여
주변 공기를 덥힌다. 잠열이 증가하여 기온이 상승하면 열원 위의 기층에
서는 대기 안정도가 떨어진다. 신장 소용돌이도가 감소하여 잠재 소용돌
이도 총량은 줄어든다. 잠재 소용돌이도 역산의 원리에 따라 북반구에서
는 상층에 시계 방향의 회전 바람이 증가하며 기압능이 강화된다. 상층 기
압능이 강화되면 풍상측에서 다가오는 상층 기압골의 진폭은 Fig.10.1의
우측 그림과 같이 짧아지게 된다. 열원 아래 기층에서는 대기 안정도가 증

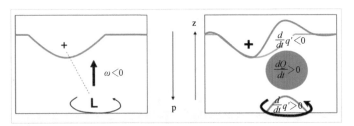

Fig.10.1 잠열이 잠재 소용돌이도에 미치는 영향. 고도(z) 또는 기압(p)의 연직 좌표계에서 굵은 실선은
PVU=1.5~2.0인 역학적 권계면이다. (좌) 초기 시각($t = 0$)에 서쪽에 자리잡은 상층 (+)잠재 소용
돌이도 섭동이 지상 저기압(L)으로 접근하면 상호 작용하며 발달하게 된다. 지상 저기압 주변에
서는 검정 화살표 방향으로 기류가 상승한다(기압 속도 $\omega < 0$). (우) $t = \Delta t$에서 저기압이 발달하면
수증기가 응결하여 잠열이 방출되고 주변 대기는 가열된다($dQ/dt > 0$). 대기 중층에서 잠열로 인해
기온이 상승하면 상층에서는 연직 안정도가 낮아진다. 섭동의 잠재 소용돌이도가 감소($dq/dt < 0$)
하여 북반구에서 시계 방향의 회전 바람 성분이 증가한다. 상층에 기압능이 발달하며 풍상측의
기압골 파장은 상대적으로 줄어든다. 잠열이 발생한 기층의 아래쪽에는 대기 안정도가 높아져
섭동의 잠재 소용돌이도가 증가($dq/dt > 0$)하고, 지상 저기압에서 시계 반대 방향의 회전 바람 성
분(두터운 검정 화살표)은 더욱 강해진다.
https://www.atmos.illinois.edu/~snesbitt/ATMS505/stuff/12%20IPV.pdf

가한다. 신장 소용돌이도가 늘어나며 잠재 소용돌이도 총량도 증가한다. 잠재 소용돌이도 역산의 원리에 따라 하층에 시계 반대 방향의 회전 바람이 증가하며 저기압은 더욱 강하게 발달한다(Raymond and Jiang, 1990).

기류가 상승하는 지역에서 잠열이 가세하면, 기온이 더욱 높아지고 상층 기압능과 하층 저기압도 더욱 강해진다. 지균 관계를 만족하기 위해 회전 기류도 더 강해지고, 이를 지원하는 상승 기류의 강도도 더욱 강해지게 된다. 다른 각도에서 보면 저기압이 발달하는 과정에서 유도된 상승 기류는 단열 냉각 효과로 난기 이류를 부분 상쇄하는데, 하층 난기에 잠열이 추가되는 만큼 상승 기류가 강해져야 온도풍 균형을 유지할 수 있기 때문이다. 상승 기류가 일어나는 곳에서 수증기가 응결하여 잠열을 방출하므로, 잠열과 상승 기류는 상호 상승 작용을 하게 된다. 따라서 습윤 물리 과정이 작동하는 현실 세계에서 지상 저기압은 준지균 이론보다 더욱 강하게 발달하게 된다. 태풍이 발달하는 과정에서도 중심 기압이 낮아질수록 중심을 향한 수렴 기류가 강해지고 해면으로부터 수증기 공급을 받아 눈 외벽의 깊은 적운대에서 잠열이 보다 많이 생성되므로 중심 기압은 다시 낮아지는 양의 순환 과정(positive feedback)이 이어진다. 열대 지역에서 MJO 파동계를 따라 발달하는 강수 시스템도 이러한 상호 작용과 무관하지 않다(MetED, 2011). 적란운 대류계에서 발달한 깊은 적란운은 중력 파동을 유발하고 돌풍 전선 전면의 상승 기류 지역에서 2차 적란운이 발생하기도 한다(Houze, 2004).

지상 저기압에서는 Fig.10.2와 같이 온난 전선과 한랭 전선에 동반된 강수대 주변에서 잠열로 인해 하층의 대기 안정도가 증가하며 신장 소용돌이도가 증가한다. 하층에서 증가한 $(+)q'$이 북서쪽에서 접근하는 상층

골의 (+)q'와 상호 작용하면, 저기압이 더욱 발달하고 저기압 남동쪽의 남서풍도 아울러 강해진다(Brennan et al., 2008). 한편 온난 전선 북쪽에서는 전선면을 따라 유입한 따뜻한 공기로 인해 상층에서 대기 안정도가 낮아지며 신장 소용돌이도가 감소한다.

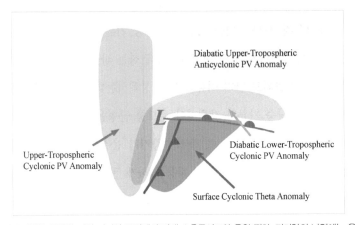

Fig.10.2 전선을 동반한 지상 저기압 주변에서 잠재 소용돌이도와 온위 편차. 저기압의 난역에는 온위의 (+)편차(theta anomaly)가 놓여 있다. 온난 전선과 한랭 전선 위로 난기가 활승한 곳에서는 잠열의 영향으로 대기 안정도가 높아지며 하층에서 잠재 소용돌이도 (+)편차(cyclonic PV anomaly)가 보태진 지역이다. 온난 전선을 가로질러 난기가 북상한 곳에서는 잠열로 인해 대기 안정도가 낮아지며 상층에서 광범위하게 잠재 소용돌이도 (−)편차(anticyclonic PV anomaly)가 형성된다. 이로 인해 지상 저기압 서편에서 접근하는 상층 잠재 소용돌이도 (+)편차 구역도 주로 저기압 서쪽으로 영역이 제한된다.(Brennan et al., 2008)

코헨은 중위도 경압 대기 구조에서 발달하는 잠재 소용돌이도 파동계에서 잠재 소용돌이도와 잠열의 상호 작용으로 인한 경압 파동 발달 유형을 Fig.10.3과 같이 제시하였다(Cohen et al., 2016). 그림에서 제시한 기본장과 섭동의 구조는 앞 장의 Fig.9.1에서 살펴본 단열 과정의 경압 불안정 과정과 동일하다. 기본장은 상층에서 $\partial \bar{q}/\partial y > 0$, $\bar{u}-c > 0$이고, 하층에서 $\partial \bar{q}/\partial y < 0$, $\bar{u}-c < 0$으로 이루어져, 경압 불안정 조건을 만족한다. 또한 상

층 섭동의 위상은 하층 섭동의 위상보다 서쪽으로 기울어져 발달할 수 있는 모양을 갖추었다. 상층 섭동의 위상이 하층보다 서쪽으로 $(-\pi, 0)$만큼 기울어져 있을 때 발달하고, 위상이 $\pi/2$일 때 최대로 발달한다. 또한 상층 섭동의 위상이 하층보다 서쪽으로 $(-\pi/2, \pi/2)$만큼 떨어질 때 상대방의 섭동을 지향류와 반대 방향으로 끌게 되어 섭동의 위상 구조를 유지하는데 유리하다.

먼저 (a)는 Fig.9.1에서 소개한 단열 과정의 경압 불안정 조건과 섭동의 구조를 옮겨 놓은 것이다. 잠열이 관여하는 (b)~(d) 유형과 비교하기 위해, (a)에서 단열 과정의 경압 불안정 과정을 먼저 요약해 보자. 하층 잠재 소용돌이도 섭동 $(+)q'$ (또는 온위 섭동 $(+)\theta'$)의 서쪽에서는 북풍이 불고, 잠재 소용돌이도 역산의 원리에 따라 상층에서도 북풍이 나타나게 된다. 상층의 북풍은 기본장의 높은 잠재 소용돌이도 $\bar{q}$를 남쪽으로 끌어내려 상층 $(+)q'$는 더욱 강화된다. 한편 상층의 $(+)q'$의 동쪽에서는 남풍이 불고, 잠재 소용돌이도 역산의 원리에 따라 하층에서도 남풍이 나타나게 된다. 하층의 남풍은 기본장의 높은 잠재 소용돌이도 $\bar{q}$를 북쪽으로 밀어 올려 하층 $(+)$는 더욱 강화된다. 상층과 하층의 잠재 소용돌이도 섭동은 상호 상승 작용하며 발달하게 된다. 마찬가지로 하층 $(+)q'$의 동쪽에서는 남풍이 불고, 잠재 소용돌이도 역산의 원리에 따라 상층에서도 남풍이 나타나게 된다. 상층의 남풍은 낮은 $\bar{q}$를 북쪽으로 끌어올려 상층 $(-)q'$는 강화된다.

기본장의 잠재 소용돌이도 이류 과정$(-v'\partial\bar{q}/\partial y)$과 상승 기류에 의한 잠열은 역학적으로 동일한 효과를 보인다. 첫째, 상층과 하층의 상호 작용 과정을 보자. 하층의 남풍은 난기 이류를 통해 상승 기류를 유발하고, 수증기가 응결하며 발생한 잠열은 상층의 대기 안정도를 떨어뜨려 상층 섭동의 신장 소용돌이도는 줄어든다. 하층의 남풍과 상승 기류가 양의 상관을 보이기 때문에, 하층의 남풍이 상층에 미치는 역학적 효과는 잠열이 상층에 미치는 비단열 효과와 동등하다. 마찬가지로 하층의 북풍과 하강 기류도 양의 상관을 보이기 때문에, 하층의 북풍이 상층에 미치는 역학적 효과도 잠열이 상층에 미치는 비단열 효과와 동등하다.

둘째, 파동의 위상 전파 과정을 보자. 앞서 Fig.8.12에서는 하층 $(+)q'$의 풍하측, 또는 이동하는 $(+)q'$의 진행 방향 후면에 상승 기류가 유도된다는 점을 보였다. 하층에서 $\bar{u}-c<0$이므로 $(+)q'$의 동쪽에 놓인 상승 기류 지역에서는 잠열이 발생하고 잠열은 하층의 잠재 소용돌이도를 증가시켜 주기 때문에 하층 잠재 소용돌이도 섭동은 동쪽으로 전파한다. 또한 Fig.8.10에서는 상층에서 이동하는 $(+)q'$의 전면에 상승 기류가 유도된다는 점을 보였다. 상층에서는 $\bar{u}-c>0$이므로 $(+)q'$의 동쪽의 상승 기류 지역에서는 잠열이 발생하고 잠열은 상층의 잠재 소용돌이도를 감소시켜 주기 때문에 상층 잠재 소용돌이도 섭동은 서쪽으로 전파한다. 이 과정은 기본장의 잠재 소용돌이도의 경도가 하층에서는 $\partial \bar{q}^*/\partial y<0$, 상층에서는 $\partial \bar{q}^*/\partial y>0$일 때, 섭동의 전파 과정과 흡사하다. 여기서 $\partial \bar{q}^*/\partial y \propto (dq_v/dz)$ $f_0 N^{-4}L^{-1}$는 잠열의 연직 경도가 갖는 역학적 효과를 기본장의 잠재 소용돌이도의 남북 경도로 환산한 것으로, q_v는 비습, f_0는 지구 소용돌이도 기준값, N은 브런트 바이살라 진동수로 대기 안정도, L은 운동의 수평 규모다 (Cohen et al., 2016). 수증기가 하층에 갇혀 있어서 수증기장의 연직 경도가 클 때 잠열 파동의 위상 속도도 빨라진다. 또한 대기가 안정하거나 운동 규모가 크면 잠열 파동의 위상 속도는 느려진다.

이제 잠열이 관여하는 (b)~(d) 유형을 하나하나 짚어보자. 먼저 습윤 경

기상 역학

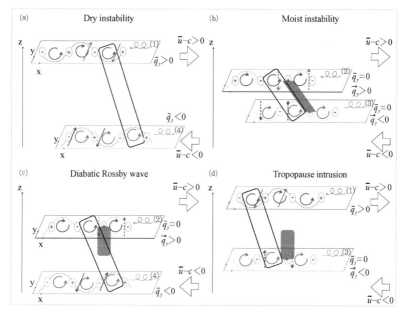

Fig.10.3 잠열과 경압 파동의 상호 작용. 파동계와 함께 x방향으로 움직이는 좌표계에서 기본장은 상층에서 서풍($\bar{u}-c>0$)이 불고 하층에서 동풍($\bar{u}-c<0$)이 불어(열린 화살표의 방향), 북반구에서 기온은 북으로 가면서 (y방향) 낮아지는 구조를 갖는다. 파동의 변위는 점선으로 표시하였다. 잠재 소용돌이도 섭동 q'이 양의 값이면 그 주변에 시계 반대 방향의 회전 기류(회전 화살표)가 흐르고 음의 값이면 시계 방향의 회전 기류가 흐른다. ±부호는 각각 상승 기류(+)와 하강 기류(−)를 나타낸다. 서쪽으로 비스듬히 서있는 사각 기둥은 대척 관계(counter propagating)에서 상호 작용하는 상층과 하층의 파동의 쌍을 강조한 것이다. 위상의 서쪽 편향(0~π/2)은 발달하는 파동계의 필수 요건이다. 남북 방향의 실선 화살표는 대척하는 잠재 소용돌이도 섭동에 의해 유도된 남북 바람 성분이다. 상하 방향의 점선 화살표는 대척하는 잠열 섭동에 의해 유도된 연직 바람 성분이다. 기본장의 잠재 소용돌이도의 남북 경도($\bar{q}_y$)와 잠열(채색한 연직 기둥)에 의한 유사 남북 경도($\vec{q}_y$)는 상층과 하층에서 부호가 반대가 되도록 설정하여 경압 불안정 필수 요건을 갖추었다. 중층에서 잠열의 강도는 최대가 되어, 상층에서는 $\vec{q}_y>0$, 하층에서는 $\vec{q}_y<0$이 된다. $\bar{q}_y$ 또는 $\vec{q}_y>0$이면 파동은 서쪽으로 전파하고, $\bar{q}_y$ 또는 $\vec{q}_y<0$이면 파동은 동쪽으로 전파한다(나선형 화살표의 방향). 파동은 기본장의 바람에 역행하여 전파하므로 경압 불안정 필수 요건을 만족한다. (a) 단열 과정에서 상하층 잠재 소용돌이도 섭동의 경압 불안정성(dry instability), (b) 비단열 과정에서 상하층 잠열 섭동의 경압 불안정성(moist instability), (c) 상층의 잠열 섭동과 하층의 잠재 소용돌이도 파동의 경압 불안정성(diabatic Rossby wave), (d) 상층의 잠재 소용돌이도 섭동과 하층의 잠열 섭동의 경압 불안정성(tropopause intrusion). (Cohen et al., 2016, Fig.4)

압 불안정(moist instability) 유형이다. Fig.10.3(b)와 같이 상하층 잠열 섭동이 상호 작용하며 발달하는 유형이다. 상층 $(+)q'$ 동쪽에서는 기류가 상승하고, 응결에 의한 잠열이 방출된다. 하층에서는 대기 안정도가 높아지며 하층 $(+)q'$의 강도가 증가한다. 마찬가지로 상층 $(+)q'$ 서쪽에서 기류가 하강하면 잠열이 감소하고 그 하부에는 대기 안정도가 감소하며 하층 $(-)q'$의 강도가 강해진다. 상층 잠재 소용돌이도 섭동이 지원하는 연직 기류로 인해 하층의 잠재 소용돌이도 섭동은 발달한다. 마찬가지로 하층 $(+)q'$ 동쪽에서 Fig.8.12와 같이 남풍이 상승하면 잠열이 방출되고 그 상부에는 대기 안정도가 낮아지며 상층 $(-)q'$의 강도가 증가한다. 마찬가지로 하층 $(+)$ q'서쪽에서 북풍이 하강하면 잠열이 감소하고 그 상부에는 대기 안정도가 증가하며 상층 $(+)q'$의 강도가 강해진다. 하층 잠재 소용돌이도 섭동이 지원하는 연직 기류로 인해 상층의 잠재 소용돌이도 섭동도 발달한다.

비단열 로스비 파동(diabatic Rossby wave)은 Fig.10.3 (c)와 같이 하층의 잠재 소용돌이도 섭동과 상층의 잠열 섭동이 상호 작용하여 발달하는 유형이다. 하층 $(+)q'$ 동쪽에서 Fig.8.12와 같이 남풍이 상승하면 잠열이 방출되고 그 상부에는 대기 안정도가 낮아지며 상층 $(-)q'$의 강도가 증가한다. 마찬가지로 하층 $(+)q'$ 서쪽에서 북풍이 하강하면 잠열이 감소하고 그 상부에는 대기 안정도가 증가하며 상층 $(+)q'$의 강도가 강해진다. 하층 잠재 소용돌이도 섭동이 지원하는 연직 기류로 인해 상층의 잠열 섭동은 발달한다. 한편 상층의 잠열 섭동이 유도하는 남풍(북풍)으로 인해 하층에서는 기본장의 높은(낮은) 잠재 소용돌이도가 옮겨와 하층의 잠재 소용돌이도 섭동도 발달하게 된다.

잠열 섭동에 따른 구름대는 하층 $(+)q'$의 서쪽에 위치한다. 아열대 고압부와 가까운 하층 경압 대기에서 자주 발생하며, 아열대 고기압 가장자리나 몬순 기압골에서 뻗어 나온 남서풍계에서 발달하기 유리하다. 또한 노쇠한 중규모 대류계나 열대 폭풍의 잔여 세력이 하층 경압 지역으로 옮겨와 발생하기도 한다. 특히 장마철 정체 전선에서도 유사한 메커니즘이 작동한다고 볼 수 있다(Parker and Thorpe, 1995; Boettcher and Wernli, 2013)

권계면 침투(tropopause intrusion) 유형은 Fig10.3 (d)와 같이 상층의 잠재 소용돌이도 섭동과 하층의 잠열 섭동이 상호 작용하여 발달하는 유형이다. 상층골이 접근하면 잠재 소용돌이도 역산의 원리에 따라 하층의 약한 경압성 지역이 활성화된다. 상층 $(+)q'$ 동쪽에서 Fig.8.10과 같이 남풍을 따라 기류가 상승하고, 응결에 의한 잠열이 방출된다. 하층에서는 대기 안정도가 높아지며 하층 $(+)q'$의 강도가 증가한다. 마찬가지로 상층 $(+)$ q' 서쪽에서 북풍이 하강하면 잠열이 감소하고 그 하부에는 대기 안정도가 감소하며 하층 $(-)q'$의 강도가 강해진다. 상층 잠재 소용돌이도 섭동이 지원하는 연직 기류로 인해 하층의 잠열 섭동은 발달한다. 한편 하층의 잠열 섭동이 유도하는 남풍(북풍)으로 인해 상층에서는 기본장의 낮은(높은) 잠재 소용돌이도가 이류해 와 상층의 잠재 소용돌이도 섭동도 발달하게 된다. 이러한 상호 작용 과정을 C형의 저기압 발달 유형으로 분류하기도 한다(Plant et al., 2003, Gray and Dacre, 2006).

권계면 침투 유형에서 잠열 섭동에 따른 구름대는 상층 $(-)q'$의 동쪽에 위치한다. 일단 상층 골이 접근하며 잠열이 촉발된 후에는 상층 골과 상관없이 하층의 잠열 메커니즘에 의해 동진하기도 된다. 때로는 상층의 높은 $(+)q'$가 아열대 지역으로 남하하여 하층의 온위 섭동이 경압적으로 발달한 후 하층의 난역에서 적란운 군집이 조직화된다. 연직 바람 시어가 작고 수증기가 충분히 공급되면 경압 파동의 상승 구역에서 적운이 발달하고 잠열에 의해 하층에 $(+)q'$가 증가하며 태풍으로 발달하기도 한다(Guishard, 2006).

열대 수렴대(ITCZ) 부근에서는 적운 대류 활동이 왕성하여 잠열에 의해 하층에 (+) 신장 소용돌이도 띠가 형성된다. 주변 지역과 신장 소용돌이도 차이로 인해 신장 소용돌이도의 남북 경도가 상당하다. ITCZ 북측에는 신장 소용돌이도가 위도에 따라 감소하여 $\partial \bar{q}/\partial y < 0$이 된다. 남측에서는 $\partial \bar{q}/\partial y > 0$이 된다. 동풍의 강풍대가 ITCZ 북측에 위치하면, 북측에서는 $\bar{u}-c < 0$이 되고 남측에서는 $\bar{u}-c > 0$이 되어 시어 불안정의 필요 조건[31]을 만족하게 된다(Diskinson and Morinari, 2000). 태풍 또는 다른 유형의 잠재 소용돌이도 섭동이 이 지역을 지나가면, 순압 또는 경압 불안정 과정을 통해서 ITCZ의 가용 잠재 에너지를 받아 섭동이 발달하게 된다(Schubert et al., 1991; Ferreira and Schubert, 1997). 동서로 이어진 ITCZ가 발달한 파동군으로 인해 여러 개의 시스템으로 분기하면, 그 주변에 남북류가 두드러진다. 그중 일부는 몬순 순환계(monsoon gyre)를 구성하거나 태풍으로 발달하기도 한다.

한편 적운 활동이 주류를 이루는 대류계는 에너지 원천이 경압 파동계와는 다르다. 여름철 몬순의 영향을 받는 강수대는 기본장의 경압성이 약하다. 적란운 대류계의 잠열이 섭동의 가용 잠재 에너지를 주로 공급하고, 섭동은 이 에너지를 운동 에너지로 전환하여 발달하게 된다. Fig.10.4에서 기본장의 가용 잠재 에너지가 섭동의 가용 잠재 에너지로 전환하는 양

---

[31] Charney-Stern 시어 불안정 필요 조건은 잠재 소용돌이도의 남북 경도가 (+)인 위도대와 (−)인 위도대가 존재해야 한다는 것이고, Fjortoft 필요 조건은 (+)인 위도대의 동풍이 (−)인 위도대의 동풍보다 커야 한다는 것이다.

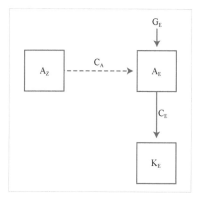

Fig.10.4 몬순 운동계나 열대 저기압(태풍)의 에너지 흐름. 기본장의 경압성이 약한 만큼 기본장의 잡재 위치 에너지가 섭동의 가용 잠재 에너지로 전환하는 비중(C_A)은 높지 않다(점선 화살표). 대신 적란운 대류계의 잠열(G_E)이 주로 섭동의 가용 잠재 에너지를 공급하고, 이 에너지는 섭동의 운동 에너지로 전환(C_E)하여 섭동은 발달한다.

(C_A)은 크지 않고, 대신 잠열에 의한 섭동의 가용 잠재 에너지 생산량(G_E)이 늘어난다. 열대 해상에서 발달하는 태풍도 유사한 에너지 흐름을 갖는다(Wallace, 2010).

경압 파동의 남북 이동

통상적으로 온대 저기압이 발달할 때 지상 저기압의 2시 반 방향에서 잠열이 증가하게 된다. 잠열로 인해 하층에서는 대기 안정도가 증가하고 잠재 소용돌이도가 아울러 늘어난다. 당초 저기압 중심에 놓인 잠재 소용돌이도의 (+)q' 영역은 점차 북동 방향으로 확장하게 되고 저기압 중심은 북동 방향으로 옮겨가게 된다(Tamarin et al, 2016). 이 효과는 특히 저기압이 발달하는 단계에서 가장 크게 작용하고 저기압이 쇠퇴하는 단계에 접어들면 멈추게 된다. 베타 효과도 부분적으로 저기압의 북진에 영향을 줄 수 있다. 제5장에서는 비선형 베타 효과가 작용하여 태풍의 북진 성분이 증가하는 과정을 살펴보았는데, 태풍 대신 온대 저기압을 놓고 보면 알기 쉽다.

한편 지상 저기압의 북서쪽에서는 상층 기압골도 발달하며 다가오는 경우가 많다. 상층에서는 극으로 갈수록 잠재 소용돌이도가 커지므로 상층골의 전면에서는 남풍으로 인해 남쪽의 낮은 $\bar{q}$가 유입하여 고기압이 발달하게 된다. 소위 풍하측 발달 과정을 재현한다. 상층 능이 발달하면 골과 능 사이에서 남풍이 더욱 강화되고, 잠재 소용돌이도의 역산을 통해 하층에서도 남풍이 강화되며 저기압을 북쪽으로 밀게 된다(Oruba et al., 2013).

지상 고기압도 비슷한 영향을 받는다. 하층에서는 상층보다 잠재 소용돌이도의 남북 경도가 작아 지상 저기압 서쪽에서 유도되는 이동성 고기압의 강도는 상대적으로 크지 않다. 상층 기압골과 기압능 사이에 형성된 북풍이 지상 고기압을 남쪽으로 끌어내린다. 기후학적으로 중위도 강풍대를 따라 저기압과 고기압은 각각 동으로 사행하며, 발달하는 과정에서 저기압은 흔히 강풍대 북쪽으로 넘어가고 고기압은 강풍대 남쪽으로 처지게 된다(Macdonald, 1967).

2. 풍하측 발달

불안정한 기본장에 국지적인 힘을 가하면, 주변 지역으로 파동이 퍼져 나간다. 하나의 고기압 주변에 저기압이 발생하고 다시 그 외곽으로 고기압이 발생한다. 이는 개별 고기압이나 저기압이 지향류를 따라 각기 일정한 속도로 이동하는 방식과는 본질적으로 다른 것이다. 파동군의 풍하측과 풍상측에 새로운 파동이 발생하는 현상을 각각 풍하측 발달(downstream development)과 풍상측 발달(upstream development)이라고 부른다. 발달하는 태풍이 중위도 제트를 만나 온대 저기압으로 전환하는 과정에서 태풍의 북동쪽에는 남풍으로 인해 난기가 이류되며 능이 발달하게 되는 것은 풍하측 발달 과정의 사례다(Harr, 2010). 반면 발달한 저기압의 후면에서 한랭 전선이 길게 발달하고 그 꼬리 부분에서 이차 저기압이 발생하는 것은 풍상측 발달의 사례로 볼 수 있다. 여기서 '풍상측'의 수식

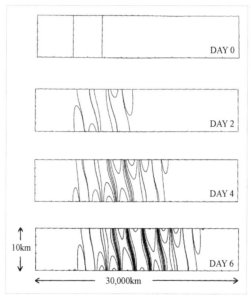

Fig.10.5 경압 파동의 풍하측 발달 과정 모식도. 동서 방향으로 자른 연직 단면에서 0, 2, 4, 6일의 소용돌이도가 음양의 구분없이 ±0.01, ±1, ±2.5, ±5, ±10, ±25 단위의 등치선으로 나타나 있다. 이 디 모델(Eady model)에서 기본장의 바람은 연직으로 갈수록 서풍이 증가하고 북으로 갈수록 기온이 하강하는 온도풍 구조를 상정하게 되면, 상단과 하단에서는 기온이 남북으로 이류되고 이로 인해 연직 대기 안정도가 변하면서 온위 섭동 $\pm\theta'$ 가 유도되고 그 주변에 상응하는 회전 바람이 유도된다. (+)θ' 온위 섭동이 상단에 나타나면 시계 방향의 회전 기류가 유도되고, 하단에 나타나면 시계 반대 방향의 회전 바람이 유도된다. 상하층의 온위 섭동은 상호 작용하면서 상층에서는 풍하측에 새로운 온위 섭동이 발생하고, 하단에서는 풍상측에 새로운 온위 섭동이 발생하게 된다.(Simmons and Hoskins, 1979. Fig.4).

어는 상층 바람장을 기준으로 바라본 것으로, 상대적인 것이다. 하층 바람장을 기준으로 한다면 '풍하측'에 해당하기 때문이다. 순압 대기에서 로스비 파동의 위상은 베타 효과로 인해 서쪽으로 전파하고 파동군은 동쪽으로 이동한다는 것은 앞 장의 Fig.8.4에서 도식적으로 설명한 바 있다. 엄밀한 의미에서 풍하측 발달 과정은 시어 불안정한 기본장에서 가능하다. 하지만 안정한 기본장에서도 풍하측에서 새로운 파동이 발생하는 과정을 이해하는 데는 무리가 없다.

경압 대기에서 일어나는 풍하측 발달 과정도 순압 대기의 경우와 크게 다르지 않다. Fig.10.5에서는 경압 불안정한 기본장에서 이상적인 파동 발달 사례를 보인 것이다. 그림에서 상정한 기본장은 (9.7)의 이디 경압성 지수에서 가정한 것과 동일한 조건이다. 연직 시어가 크고, 고도에 따라 서풍이 증가한다. 또한 상층에서는 북으로 갈수록 기본장의 잠재 소용돌이도 $\bar{q}$가 커지고, 하층에서는 남으로 갈수록 $\bar{q}$가 커지는 국면이다. 그림에서는 잠재 소용돌이도 섭동이 발달하며 파동군이 동서 방향으로 확장하는 모습을 날짜별로 보이고 있다. 초기 상태에 잠재 소용돌이도 섭동 $(+)q'$은 중앙에 연직 기둥 모양으로 서 있다. 파동의 위상이 이동하는 방향을 따라 상층에서는 서쪽, 하층에서는 동쪽으로 중심축이 기울어진다.

한편 Fig.8.4와 같은 방식으로 하층 섭동 $(+)q'$의 서쪽에서는 북풍으로 인해 기본장의 낮은 잠재 소용돌이도가 유입하며 $(-)q'$가 발생한다. 또한 상층 섭동 $(+)q'$의 동쪽에서는 남풍으로 인해 기본장의 낮은 잠재 소용돌이도가 유입하며 $(-)q'$가 발생한다. 상층과 하층 모두 기본장의 바람 방향의 풍하측에 새로운 파동이 발생하고, 상하층 간 상호 작용 과정을 통해 발달하게 된다. 파동군 양 끝단에서는 대척하는 섭동이 존재하지 않으므로, 상층 동쪽 끝단의 섭동은 아래쪽으로 커지고 하층 서쪽 끝단의 파동은 위쪽으로 커지면서 시간이 지나면 상하층 섭동이 연결되어 정상 파동의 형태를 갖추게 된다.

발달하는 정상 파동에서는 상층과 하층의 파동이 상대방의 발달을 지원하는 구조를 갖는다. 상층의 섭동 $(+)q'$의 동쪽에서 유도된 남풍으로 인해 하층의 저기압 위에서는 남풍이 불고 난기가 유입하며 $(+)q'$이 증가한다. 기울어진 온위면을 따라 기류가 상승하고 하층에서는 기류가 수렴하며 시계 반대 방향의 회전 바람이 증가한다. 이는 상승하며 기층이 신장함에 따라, 대기 안정도가 낮아지며 신장 소용돌이도 일부가 상대 소용돌이로 전환한데 따른 것이다. 반면 하층의 섭동 $(+)q'$의 서쪽에서 유도된 북풍으로 인해 상층의 기압골 아래서는 북풍이 불고 기본장의 높은 잠재 소용돌이도가 유입하며 $(+)q$도 증가한다. 기울어진 온위면을 따라 기류가 하강하고 상층에서는 기류가 수렴하며 시계 반대 방향의 회전 바람이 증가한다. 이번에는 하강하며 기층이 신장함에 따라, 대기 안정도가 낮아지며 신장 소용돌이도 일부가 상대 소용돌이도로 전환한데 따른 것이다.

풍하측 발달 과정이 계속 진행되면 결국은 전 지구 영역에 걸쳐 경압 파동군이 형성된다. 소위 전구 모드(global mode)의 형태를 취한다. 선형 발생론의 입장에서 보면 3차원 기본류에서 다양한 형태의 전구 모드가 제시되는데, 여기에도 이미 풍하측 발달 과정이 반영되어 있다고 보겠다. 풍하측 발달 과정에서 비지균풍의 역할은 이중적이다. 첫째, 기압 경도력이 비지균풍에 작용하면 파동의 가용 잠재 에너지가 운동 에너지로 전환한다. 저기압 주변에서는 기류가 수렴하고 고기압 주변에서는 기류가 발산하며 비지균풍은 일을 하게 된다. 일을 하는 동안, 난기는 상승하고 한기는 하강하여 섭동의 잠재 위치 에너지는 줄어들게 된다. 이 과정에서 비지균풍은 온도풍 균형을 맞추기 위해 상층이나 하층에서 수렴 또는 발산 기류를 지원하고, 연직 2차 순환으로 이어진다.

둘째, 비지균풍에 의한 지위 에너지 플럭스는 이차 순환과 연동되어 있다. Fig.6.5의 가운데 그림에서 위쪽은 상층, 아래쪽은 하층의 파동을 나타낸다고 보면, 상층 기압골 동쪽에서는 비지균풍이 발산하고 하층 기압골의 동쪽에서는 수렴하여 기압골 우측에서는 전반적으로 상승 기류가 일어난다. 한편 발달하는 경압 파동계에서는 그림과는 달리 상층 골의 위상이 하층보다 서쪽으로 편향되어 있다. 난기가 북상하며 상승하여 상층 기압골의 동쪽에서 발산하는 비지균풍을 지원한다. 마찬가지로 한기가 남하하며 하강하여 상층 기압골의 서쪽(또는 기압능의 동쪽)에서 수렴하는 비지균풍을 지원한다. 경압 파동계의 이차 순환은 비지균풍을 통한 지위 에너지 플럭스와 긴밀하게 연결되어 있음을 알 수 있다.

풍하측에 발달하는 새로운 파동은 지향류에 비지균 풍속을 더한 속도로 빠르게 전파한다(Chang et al., 2002). 운동 방정식계에서 바람의 제곱에 대한 에너지 수지를 따지는 방식은 여러 가지다. 에너지 변환율도 상대적인 크기로서, 상수를 보정하기에 따라서 달리 정의할 수 있다. 에너지 플럭스 정의에 임의의 항을 추가하더라도 에너지는 전지구적으로 보존될 수 있기 때문이다. 그럼에도 불구하고 실증적인 연구 결과는 지위 에너지 플럭스가 파동군의 속도에 가장 근접한다는 것을 보여준다(Chang and Orlanski, 1994). 풍하측 발달에 작용하는 지향류의 비중은 70%, 비지균풍의 비중은 30%가 된다. 강한 상층 풍계를 따른 지향류가 25㎧라면 비지균풍은 10㎧

정도이다. 이를 합하면 풍하측 발달 과정을 통해서 가장 빨리 전파하는 상층 파동의 기압 포텐셜 에너지 전파 속도는 대략 35㎧가 되는 셈이다. 풍하측에 발달하는 기압골이나 능은 개개 파동의 도달 시점보다 앞서 일어나므로 유의해야 한다. 풍상측에 발달하는 기압골이나 능은 개개 파동의 도달 시점보다 늦게 발생하므로 시간적인 여유가 있는 편이다.

상층 일기도에서는 기압골이나 기압능이 평균장에 묻혀 드러나기 때문에, 기압골을 추적하거나 전면이나 후면에서 발달하는 기압능이나 기압골을 구분해 내기 쉽지 않다. 풍하측 발달 과정은 호버뮬러 다이어그램(Hovermuler diagram)을 그려 보아야 명확하게 확인할 수 있다. 이 다이어그램을 그려내려면 최소한 3시간의 촘촘한 시간 간격으로 파동의 위상을 분석해야 하는데, 하루에 2번 관측하는 고층 관측 자료만으로는 한계가 있기 때문에 모델의 예측 자료를 보조적으로 함께 검토하는 것이 효과적이다.

3. 선형 발생론과의 관계

정상 파동(normal mode)은 선형계에서 나타날 수 있는 이상적인 파동의 구조를 보여준다. 앞서 Fig. 10.3과 10.5에서 예로 든 중위도 경압 파동은 기본장의 연직 시어 조건에서 남북 열 수송을 통해 발달하는 정상 파동에 속한다. 다음 장에서 다룰 적도 부근의 켈빈 파동, 로스비 중력 파동은 연직 대류에 따른 열원에 반응하는 중립 정상 파동의 일종이다.

하지만 정상 파동이 실제로 발현되려면 해당 파동의 성분이 초기에 존재하거나, 그 성분 위에 힘이 가해져야만 한다. 정상 파동은 각기 고유한 진동수를 갖는다. 지수 함수적으로 진폭이 증가하거나 감소하는 것이 있다. 진폭이 변하지 않는 것도 있다. 특정 정상 파동의 성분이 초기 상태에 주어진다면 해당 파동의 고유한 특성에 따라, 그 파동은 시어 불안정 과정에 따라 지수 함수적으로 성장하거나 쇠퇴하거나 중립적으로 머물게 될 것이다. 만약 외력이 해당 성분의 고유 진동수에 맞추어 지속적으로 작용한다면 공명(resonance) 현상이 일어나며 파동은 더욱 빠르게 성장하게 된다.

초기 상태에 다양한 정상 파동 성분이 섞여 있다 하더라도, 이 중 빠르게 성장하는 정상 파동이 먼저 모습을 드러내게 될 것이다. 이 정상 파동이 충분히 성장하여 비선형적으로 기본장을 변화시킨다면, 느리게 성장하는 정상 파동도 점차 발달할 수 있게 될 것이다. 정상 파동은 충분한 시간이 흘러야만 발현 가능한 근사해(asymptotic solution)의 특성을 갖는다. 발생론의 입장에서 보면 지수 함수적으로 성장하는 섭동의 구조에 집착한다. 하지만 실제 일기도에서 이러한 이상적인 저기압 발달 과정은 거의 찾아보기 어렵다. 하나의 정상 파동으로 오롯이 모양을 갖춘 저기압이나 고기압은 현실에서 찾아보기 어렵다. 대신 특정한 기상 조건에서 한동안 발달하거나 쇠약해지는 일시적인 파동의 구조를 확인하게 된다. 임의의 초기 상태는 많은 정상 파동의 조합으로 구성되어 있기 때문에, 비정상(nonmodal) 파동군이라고 볼 수 있다. 비정상 파동이라 하더라도 조건만 맞으면 지수 함수보다 더 빠른 속도로 성장할 수 있다(Farrell, 1984). 물론 충분한 시간이 흐르면 가장 빠르게 성장하는 정상 파동이 결국 상황을 지배하게 되지만, 그 전에 비선형 효과가 작용하면 이미 선형계의 이론은 한계에 이르고 정상 파동도 역학적 의미를 갖기 어렵게 된다. 선형계를 가정한 발생론은 발달하는 파동의 구조와 메커니즘을 이론적으로 이해하는데 의의가 있다고 하겠다.

예보 실무 입장에서는 발생론적 파동 구조에 개의치 않고 일기도에서 그때그때 나타나는 기압골이나 기압능의 형태를 분석한다. 섭동의 바람이 기본장의 등온선을 가로질러 부는 곳에 집중하게 된다. 정상 파동의 형태가 아니더라도, 풍향과 등온선의 각도가 직각에 가깝고 풍속이 강하다면 섭동은 일시적으로 발달할 수 있기 때문이다. 하지만 초기 조건에는 관측 또는 분석 오차가 포함되어 있다. 특히 발생 단계에 있는 미약한 파동의 초기 분석에는 더 많은 오차가 관여한다. 초기 조건의 불확실성으로 인해 예측 오차가 상존하는 만큼, 관측 오차 범위 안에서 복수의 초기 조건을 각각 사용하여 예측한 여러 시나리오를 종합하는 것이 현실적인 해법이다. 소위 앙상블 예측 기법은 이러한 문제에 착안하고 있다.

한편 바람의 연직 시어는 동서로 이어져 있기 때문에, 기후 평균한 연직 시어를 갖는 기본장에서 발현 가능한 정상 파동은 흔히 전구적인 분포를 갖는다. 파동열이 강풍대를 따라 위도대를 일주하는 패턴을 보인다. 전구 정상 파동(global mode)이 형성되려면 파동군이 지구 둘레를 한 차례 이상 일주해야만 할 터인데 마찰력으로 인해 이내 소진되고 말 것이다. 따라서 마찰력을 이겨낼 만큼 경압 파동의 씨앗이나 외력이 어디선가 계속 가해져야만 할 것이다. 대기 상층에는 섭동의 역할을 할 만한 파동 씨앗이 옮겨 다니고, 편서풍이 산악과 상호 작용하며 지역적인 경압 구조를 지원한다는 이론도 있다. 한편 일기도에서는 패킷 형태로 단속적인 파동군(wavepacket)의 모습을 보이는 경우는 더러 있으나 전 지구적으로 연결된 이상적인 파동은 찾아보기 어렵다. 따라서 전구 정상 파동보다는 지역적으로 범위가 제한된, 지역 정상 파동(local mode)이 현실과 더 가깝다.

엄밀한 의미에서 지역 정상 파동은 소위 절대 불안정(absolutely unstable)한 기본장에서 비롯한다(Lin and Pierrehumbert, 1993). 경압 파동이 편서풍을 타고 동진하다가 연직 시어가 큰 경압성 지역을 지나게되면 발달 한다. 파동군의 속도로 이동하는 상대 좌표계에서 보면 이 파동은 연직 시어의 가용 잠재 에너지를 받아 계속 발달하는 것으로 보일 것이다. 반면 고정 좌표계에서는 파동군이 동진해 나간 후에는 아무것도 남지 않게 되어 파동이 소멸한 것으로 보인다. 이런 경우 기본장은 대류 불안정(convectively un-stable)하다고 정의한다. 대류 불안정한 기본장이라 하더라도 파동군이 위도대를 일주하는 동안 마찰력으로 인해 완전히 소멸하지 않는다면, 다시 경압 불안정한 지역으로 되돌아와 에너지를 받아 성장할 수 있게 될 것이다(Lee and Mak, 1995).

한편 파동군의 풍상측 발달 속도가 편서풍보다 빠르다면, 비록 파동군의 주축은 편서풍을 타고 계속 동진해 가겠지만 풍상측에서는 계속 새로운 파동의 씨앗이 제공되어 발달하므로 전체 파동군은 고정 좌표계에서도 발달하는 것으로 보인다. 이런 경우 기본장은 절대 불안정(absolutely unstable)하다고 정의한다. 절대 불안정한 기본장에서는 파동 스스로가 씨앗을 만들어 풍상측에 갖다 놓는 자가 발전 구조를 갖게 된다. 통상 기본장의 바람이 약하거나 동풍이 부는 곳이 절대 불안정 조건을 맞추기 유리하지만 자연계에서는 찾아보기 쉽지 않다.

4. 기본장과 섭동의 상호 작용

중위도에서 발달한 저기압이 자주 지나가는 지역을 저기압 경로(storm track)라고 한다. 북반구에서는 주로 태평양과 대서양에 저기압 경로가 나타난다. 저기압 경로는 대기 하층에서 전선대가 활성화되고 상층에는 강풍대가 위치하며 연직 시어가 강해 경압 불안정 과정에 의한 저기압 발달이 용이한 곳이다. 저기압 경로 입구에서 발생한 경압 파동은 발달하며 편서풍을 타고 풍하측으로 이동한다. 개개 저기압이나 고기압은 어느 정도 성장하고 나면, 기본장과 비선형적으로 상호 작용하게 되고 급기야 쇠퇴하게 된다. 파동의 비선형적 쇠약 과정과 풍하측 발달 과정이 균형을 이루게 되면 파동군은 상당 기간 동안 패킷의 모양을 유지하기도 한다. 강풍대 입구에서 경압 불안정 과정을 통해 파동이 발달하면, 파동은 풍하측 발달 과정을 통해서 에너지를 강풍대 출구 너머까지 멀리 전달한다. 예보 실무의 관점에서 보면, 전체 파동 패킷의 모양과 이동 과정을 분석함으로써, 중기 예측 구간에서 다음 파동의 풍하측 발달 시점을 미리 짐작할 수 있다.

저기압 경로 출구는 전선대가 약한 지역으로 파동의 발달이 느리다. 여기에 비선형적 작용이 가세하면 대기가 점차 순압적으로 안정한 구조로 변화하며 파동도 쇠약해진다. 이 과정에서 파동의 운동 에너지는 기본장의 운동 에너지로 일부 옮겨가고, 이 에너지는 다시 기본장의 잠재 위치 에너지를 충전하는데 쓰인다. 에너지 스펙트럼에서 보면, 작은 규모에서 큰 규모로 에너지가 전이하는 흐름이다. 저기압 경로 출구에서는 순압 과정이 경압 파동의 발달을 제약(barotropic governor)하게 된다(James, 1987). 중위도 제트에서 남북 방향으로 바람의 시어가 심해지면, 파동의 남북 변위가 제한되고 남북 방향으로 유선이 심하게 비틀리며 발달이 지체된다는 것이다.

저기압 경로를 따라 경압 파동이 줄지어 발달하며 통과하고 나면 기본장의 가용 잠재 에너지는 파동의 잠재 에너지로 전환하게 되고, 대신 기본장의 남북 기온 경도는 약해진다. 이로 인해 저기압의 강도가 약해지거나 저기압 자체가 뜸한 시기가 도래하게 된다. 그럼에도 불구하고 기후학적으로 저기압 경로가 뚜렷하게 유지되는 데에는 설명이 필요하다. 발달한 저기압이 하층 경압 대기를 복원하는 기능이 있다는 설도 있고, 북반구의 대규모 산맥들이 편서풍과 상호 작용하며 저기압의 씨앗을 제공한다는 설도 있으나 논란의 여지가 많은 편이다(Chang et al., 2002, Lee and Mak, 1996). 예보 실무의 관점에서 저기압 경로를 지나는 파동에 대한 이해는 저기압 패킷에 대한 2~4주간의 변동성을 전망하는데 도움이 될 수 있다. 이를 테

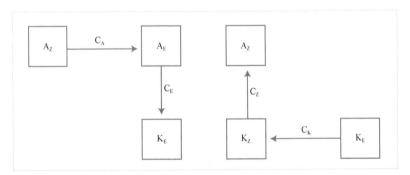

Fig.10.6 경압 파동의 비선형적 수치 모의 실험에서 에너지 흐름 모식도. (좌) 파동이 선형적으로 발달하는 과정은 주로 기본장의 가용 잠재 에너지가 섭동의 운동 에너지로 전환되는 흐름을 통해 진행한다. (우) 파동이 성숙하여 규모가 커져 기본장과 비선형적으로 상호 작용하게 되면 기본장의 구조 변화로 파동은 더 이상 경압적으로 발달하기 어려워진다. 대신 파동의 운동 에너지가 기본장의 운동 에너지로 전환하고, 이는 다시 기본장의 잠재 위치 에너지로 전환하여 다음번 경압 발달 과정을 지원하게 된다. Simmons and Hoskins(1978)

기상 역학

면 저기압이 자주 지나가는 패턴에서 저기압이 억제되는 패턴으로 전이하거나 또는 반대 방향으로 전환할 가능성을 미리 엿볼 수 있다.

에너지 흐름도 Fig.10.6의 좌측 그림에서 C_A에서 C_E로 이어지는 과정이 저기압 경로 입구에서 발달하는 섭동의 경압 과정을 나타낸다면, 우측 그림에서 C_K와 C_Z로 연결되는 과정은 저기압 경로 출구에서 약화되는 섭동의 순압 과정을 나타낸다. 직교 좌표계에서,

$$C_K \equiv C(K_Z, K_E) = -\overline{u'v'}\frac{\partial \bar{u}}{\partial y} \tag{10.1}$$

여기서 C_K는 동서 평균 운동 에너지 K_Z에서 파동의 운동 에너지 K_E로 전환되는 양이다. 앞서 연직 시어와 마찬가지로 남북 바람 시어와 반대되는 방향으로 파동의 위상이 기울어져 있으면, 섭동이 기본장의 동서 운동량을 받게 된다. 섭동의 운동 에너지는 증가하는 대신 기본장의 운동 에너지는 줄어든다. $C_K > 0$이 된다. 반대로 파동의 위상이 남북 바람 시어와 같은 방향으로 기울어져 있으면, 파동이 평균장에 동서 운동량을 주게 된다. 파동의 운동 에너지가 감소하는 만큼 평균장의 운동 에너지가 증가하게 된다. $C_K < 0$이 된다. C_K는 0.4 단위 정도로 경압 과정에 대응하는 C_A에 비해 10%도 되지 않는다.

동서 평균 자오선 순환계의 입장에서 기본장의 운동 에너지 전환율은 다음과 같이 나타낼 수 있다.

$$C_Z \equiv C(A_Z, K_Z) = -\bar{v} \cdot \nabla_p \bar{\phi} = -\bar{v}\frac{\partial \bar{\phi}}{\partial y} = f\bar{u}\bar{v} \tag{10.2}$$

여기서 C_Z는 기본장(동서 평균장)의 가용 잠재 에너지 A_Z에서 운동 에너지 K_Z로 전환되는 양으로, $-\bar{\alpha}\bar{\omega}$의 영역 평균값에 해당한다. C_K와 마찬가지로 자오선 순환에서 직접 열 순환을 하면 $C_Z > 0$이 되고, 간접 열 순환을 하면 $C_Z < 0$이 된다. 저위도 하드리 세포에서는 Fig.10.7의 윗 그림과 같이 난기에서 한기의 방향으로 직접 열 순환으로 인해 연직 기류와 기온 간의 양의 상관을 보이므로 가용 잠재 에너지가 운동 에너지로 전환한다. 난역에서는 정역학 관계에 따라 상층에 고압부 하층에 저압부가 분포한다. 반대로 한역에서는 상층에 저압부 하층에 고압부가 분포한다. 상하

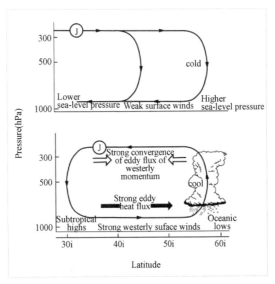

Fig.10.7 중위도 자오선 순환계의 구조. 화살표로 이어진 실선은 위도(latitude)와 기압(pressure)의 연직 단면에서 유선이다. J는 상층 강풍대다. (상) 강풍대의 입구에서는 하드리 직접 열 순환 세포가 40°N 이북으로 확장하고 하층에서는 저위도를 향해 바람이 분다. (하) 강풍대의 출구에서는 페릴 간접 열 순환 세포가 뚜렷하다. 하드리 세포의 북단에서 아열대 지역(subtropical high)으로 하강하는 기류는 고위도로 이동하며 전향력을 받아 하층에서 서풍(westerly)을 지원한다. 중위도 종관 파동계는 열과 서풍 운동량을 고위도로 수송 한다. 열 플럭스(eddy heat flux)가 수렴하는 60°N 부근에서 기류는 상승하며 단열 냉각되고, 열 플럭스가 발산하는 30°N 부근에서 하강하며 단열 승온한다. 서풍 운동량 플럭스(eddy flux of westly momentum)가 수렴하는 45°N 상부에서는 북풍이 불어 전향력이 이를 부분 상쇄한다. Blackmon et al.(1977).

층 모두 기압 경도력의 방향으로 일을 하게 되어 운동 에너지가 증가하게 된다.

반면 중위도 페릴 세포는 Fig.10.7의 아래 그림과 같이 중위도 북단에서 찬 공기가 상승하고 대신 아열대 지역에서는 따뜻한 공기가 하강하는 간접 열 순환을 보인다. 이차 순환 기류는 상층과 하층에서 각각 기압 경도력에 역행하므로 운동 에너지가 가용 잠재 에너지를 충전하는 데 쓰인다[32]. 자오선 순환계에서 C_Z는 0.1 단위로서 미미하지만 근소하게 양의 값을 보인다. 이는 하드리 세포가 페릴 세포 보다 뚜렷한 자오선 운동을 보여준다는 것을 의미한다. 하드리 세포와 달리 페릴 세포는 지역에 따라 순환 구조가 달라 동서 방향으로 평균을 취하면 그 흔적이 희미하다. 통상 상층 강풍대(jet streak) 입구에서는 Fig.10.7의 아래 그림과 같이 직접 열 순환이 일어나, 입구 남단에서 상승한 따뜻한 기류는 상층에서 북진하고 입구 북단에서 남하하게 되어 전형적인 페릴 순환과 배치된다. 반면 상층 강풍대 출구 북단에서는 Fig.10.7의 윗 그림과 같이 찬 공기가 상승하여 남하한 후 출구 남단에서 하강하게 되어 페릴 순환과 부합한다. 이처럼 중위도에서는 경압 파동의 위상에 따라 상층 강풍대가 이동하고 그 전 후방에 각기 다른 방향의 연직 순환계가 작동하므로 동서 방향으로 평균을 취하면 그 흔적이 미약해지게 된다.

....

[32] 엄밀한 의미에서 페릴 세포에서는 하강 기류가 있는 아열대 하층에서도 고압부가 나타난다. 따라서 상부에서는 기압 경도력에 역행하는 흐름이지만 하부에서는 순행하는 흐름이라서 동서 평균 장의 운동 에너지가 잠재 에너지로 전환하는 양은 그다지 크지 않다.

중위도 파동과 각운동량 보존

지구와 대기로 구성된 시스템의 총 각운동량은 시스템 외부에서 회전력이 가해지지 않는 한 보존된다. 한편 지구의 각운동량은 지금까지 일정한 크기를 유지해 왔으므로, 대기의 각운동량도 보존되어야만 한다. 적도 부근 무역풍대에서는 지구 자전과 반대 방향으로 해상풍이 불게 되어 대기는 지구로부터 서풍의 각운동량을 받게 된다. 각운동량 보존의 원리에 따라서, 서풍 각운동량이 하드리 세포의 자오선 순환계를 따라 상승하여 아열대 지역으로 이동한다. 중위도에서는 종관 파동이 일정 부분 서풍 각운동량을 북쪽으로 실어 나르는 역할을 담당한다. 발달한 파동계가 쇠약 단계에 들어서면, 기압골과 기압능의 위상이 각각 북동에서 남서 방향으로 기울어지게 된다. 파동의 남풍은 파동의 서풍 각운동량을 북쪽으로 실어 나르고, 파동의 북풍은 파동의 동풍 각운동량을 남쪽으로 보내게 된다. 따라서 종관 파동은 서풍 각운동량의 북향 플럭스를 지원한다.

중위도 편서풍대에서는 지면 마찰로 인해 서풍 각운동량을 다시 지구에 되돌려 주어 서풍 각운동량의 수지를 맞추게 된다. 종관 파동이 발달하면 비선형 효과로 인해 기본장이 사행하며 난기 골은 북쪽으로 이동하고 한기 골은 남하하게 되는데, 이를 따라 지상 저기압은 북쪽으로 치우치고 지상 고기압은 남쪽으로 치우치게 된다. 자연스럽게 저기압의 남단과 고기압의 북단을 따라 서풍이 이어지고 지면 부근에서 마찰력이 작용하여 지구로 서풍 각운동량을 내보내고, 대신 지상풍은 약화된다. 나중에 다루겠지만 경압 파동은 서풍 각운동량을 연직으로도 수송한다. 산악에 부딪혀 형성된 정체 파동은 지면 저항에 따른 서풍 운동량 감소분을 일부 유예시켰다가 대신 아열대 상공에서 파쇄되며 편서풍을 감속하게 한다.

활동량 플럭스

동서 평균한 선형 준지균 운동계에서 활동량 플럭스(wave action flux)는 엘리어슨 팜 플럭스(Eliassen Palm flux)에 근접한다. 자오선 단면의 직교 좌표계에서 활동량 플럭스의 보존식은 다음과 같다.

$$\frac{\partial A}{\partial t} + \left(\frac{\partial F_y}{\partial y} + \frac{\partial F_p}{\partial p}\right) = D \tag{10.3a}$$

$$(F_y,\ F_p) = (-\overline{u'v'},\ -f_0 R\sigma^{-1}p^{-1}\overline{v'T'}) \tag{10.3b}$$

여기서 $A = \frac{1}{2}q'^2(\partial\bar{q}/\partial y)^{-1}$는 활동량, D는 마찰력에 따른 활동량 감소율이다[33]. $(\overline{u'v'})$는 섭동의 지균풍 성분이다. $\bar{q}$와 q'은 각각 등압면에서 기본장과 섭동의 잠재 소용돌이도다. 엘리어슨 팜 플럭스 벡터 $\boldsymbol{F}$의 남북 성분은 파동의 동서 운동량 플럭스의 북향 성분이고, 연직 성분은 파동의 열 플럭스의 북향 성분이다. 식 (10.3b)를 (6.8), (9.12)와 각각 비교해 보면 $\boldsymbol{F}$는 파동의 지위 에너지 플럭스 벡터에 비례한다. 다시 말해 파동의 에너지는 엘리어슨 팜 플럭스 벡터를 따라서 이동함을 알게 된다.

한편 섭동의 잠재 소용돌이도 북향 플럭스는 엘리어슨 팜 플럭스의 발산량과 같다. 즉,

$$\overline{v'q'} = (\partial F_y/\partial y + \partial F_p/\partial p) \tag{10.4}$$

....

[33] https://ocw.mit.edu/courses/earth-atmospheric-and-planetary-sciences/12-803-quasi-balanced-circulations-in-oceans-and-atmospheres-fall-2009/lecture-notes/MIT12_803F09_lec17.pdf

Fig.10.8은 $\bar{q}_y>0$이고 $\overline{v'q'}<0$일 때, 순압 파동과 경압 파동에서 각각 엘리어슨 팜 플럭스와 잠재 소용돌이도 남북 플럭스와의 관계를 보여준다. 먼저 순압 파동에 관한 좌측 그림에서 $(+)q'$ 주변에는 북측에 동풍, 남측에 서풍이 각각 불게 된다. 북풍을 따라 서풍 운동량이 이류하면 북측에는 $u'v'>0$, $F_y<0$이 되고 남측에는 $u'v'<0$, $F_y>0$이 된다. $(+)q'$ 주변에서 서풍 운동량 플럭스는 발산하고 엘리어슨 팜 플럭스는 수렴하게 된다. $(-)q'$ 주변에서도 같은 결과를 얻는다. 경압 파동에 관한 우측 그림을 보면, $(+)q'$ 의 기압골에서는 정역학 원리에 따라 위쪽에 난기(W), 아래쪽에 한기(C) 섭동이 각각 자리잡는다. $(-)q'$ 의 기압능에서는 위쪽에 한기, 아

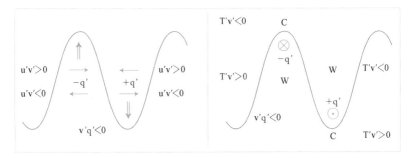

Fig.10.8 잠재 소용돌이도 남북 플럭스와 엘리어슨 팜 플럭스와의 관계. 기본장의 잠재 소용돌이도는 $\bar{q}_y>0$인 조건에서, 남풍이 부는 곳에서는 $(-)q'$, 북풍이 부는 곳에서는 $(+)q'$이 형성되어 $\overline{v'q'}<0$이 된다. 준지균 운동계에서 $(+)q'$ 주변에는 기압골이 놓이고 시계 반대 방향의 바람이 분다. $(-)q'$ 주변에는 기압능이 놓이고 시계 방향의 바람이 분다. (좌) 가로는 동서 방향이고 세로는 남북 방향이다. 파동 곡선은 섭동의 잠재 소용돌이도가 0인 등치선이다. 이중 화살표는 남북 바람 성분이다. 가는 화살표는 잠재 소용돌이도 역산의 원리에 따라 균형을 이룬 섭동 바람 성분이다. $(+)q'$ 주변에는 북측에 동풍, 남측에 서풍이 각각 불게 되어, 북풍을 따라 서풍 운동량이 이류하면 북측에는 $u'v'>0$이 되고 남측에는 $u'v'<0$이 된다. $(+)q'$ 주변에서 서풍 운동량 플럭스는 발산하고 엘리어슨 팜 플럭스는 수렴하게 된다. $(-)q'$ 주변에서도 같은 결과를 얻는다. (우) 가로는 동서 방향이고 세로는 연직 방향이다. 파동 곡선은 등압선의 연직 단면이다. 점이 박힌 동그라미는 지면 밖으로 나오는 바람으로 북풍이다. 십자형 동그라미는 지면으로 들어가는 바람으로 남풍이다. $(+)q'$의 기압골에서는 정역학 원리에 따라 위쪽에 난기(W), 아래쪽에 한기(C) 섭동이 각각 자리잡는다. $(-)q'$의 기압능에서는 위쪽에 한기, 아래쪽에 난기 섭동이 각각 자리잡는다. $(+)q'$ 주변에는 북풍을 따라 기온이 이류하면 상층에는 $T'v'<0$이 되고, 하층에는 $T'v'>0$이 된다. $(+)q'$ 주변에서 북향 기온 플럭스는 연직적으로 수렴한다. $(-)q'$ 주변에서도 같은 결과를 얻는다.

래쪽에 난기 섭동이 각각 자리잡는다. $(+)q'$ 주변에는 북풍을 따라 기온이 이류하면 상층에는 $T'v'<0$, $F_p>0$이 되고 하층에는 $T'v'>0$, $F_p<0$이 된다. $(+)q'$ 주변에서 엘리어슨 팜 플럭스는 연직적으로 수렴한다[34].

중립 파동에서는 섭동의 크기가 변하지 않으므로 (9.3)에서 잠재 소용돌이도 섭동의 북향 플럭스는 0이 된다. 또한 (10.4)에 따라서 엘리어슨 팜 플럭스는 수렴하지도 발산하지도 않는다. 기본장의 서풍 $\bar{u}$에 따라 이류하는 이상적인 중립 파동(neutral wave)에 대해 (8.3)의 선형 방정식을 정리하면 다음과 같이 쓸 수 있다.

$$(\bar{u}-c)\frac{\partial q'}{\partial x} = -v'\frac{\partial \bar{q}}{\partial y} \tag{10.5}$$

양변에 q'을 곱하고 동서 평균을 취하면, $\bar{u}-c \neq 0$인 조건에서 좌변은 0이 되므로 자연히 우변의 $\overline{v'q'}=0$이 된다. 따라서 임계층을 만나지 않는 한 남북 또는 연직으로 전파하는 중립 파동은 (9.3) 또는 (10.3a)에 따라 활동량에 변화가 없고, 기본장에 영향을 주지도 않는다. 다만 중립 파동이라도 (10.4)의 형태에 따라, 엘리어슨 팜 플럭스가 연직 방향으로 수렴하면 수평 방향으로 발산하고, 수평 방향으로 수렴하면 연직 방향으로 발산할 수는 있다. 반면 발달하는 파동은 기본장의 잠재 소용돌이도의 남북 경도를 거스르는 방향으로 섭동의 변위가 커지므로 자연히 $\overline{v'q'}<0$이 되어, (10.3a)에서 활동량 플럭스는 수렴하고 섭동의 활동량도 증가한다.

....

[34] 기압 좌표계에서는 엘리어슨 팜 플럭스의 연직 성분이 음의 값일 때 위를 향하고, 양의 값일 때 아래를 향한다.

중립 파동이라도 임계층 주변에서는 파동이 선형적으로 발달하고 $\overline{v'q'}$ 가 변화하는 특이 현상을 보인다. Fig.10.9와 같이 기본장의 $\bar{q}_y > 0$인 순압 대기에서 $y=0$선을 기점으로 북측은 서풍, 남측은 동풍이 부는 기본장을 상정하자. 또한 중립 파동의 위상 속도는 0이라고 가정하자. 이러한 조건에서 임계층은 $y=0$에 놓이게 된다. 임계층 주변에는 기류의 흐름이 고양이 눈(Kelvin's cat's eye)과 유사한 형태를 보인다. 임계층 북측에 파동의 에너지 원천이 놓여 있다면, 파동의 에너지 플럭스는 북측에서 임계층을 향한다, 즉 $F_y < 0$. 임계층 남측에는 동풍이 불기 때문에 (6.21)의 조건에 따라서 파동은 남측으로 계속 전파해 가기 어렵다. 북측에서 임계층에 접근하는 에너지 플럭스는 임계층을 만나 다음 세 가지 시나리오 중 하나로 진행하게 된다. 첫째, 임계층에 접근하며 점차 에너지 플럭스가 수렴하여 임계층에 흡수(absorption)된다. $\partial F_y / \partial y < 0$ 또는 (10.4)에서 $\overline{v'q'} < 0$이 되어, 섭동은 기본장의 잠재 소용돌이도를 거슬러 남북으로 변위를 확장한다. 둘째, 임계층에서 완전 반사(reflection)하여 되돌아가 $\partial F_y / \partial y = 0$ 또는 $\overline{v'q'} = 0$이 된다. 우측 상단 그림과 같이 잠재 소용돌이도 섭동이 고양이 눈 주위를 시계 방향으로 $\pi/2$ 회전하여 잠재 소용돌이도 플럭스가 동서로 나란한 경우다. 셋째, 임계층에서 과잉 반사(overreflection)하면, 우측 하단 그림과 같이 잠재 소용돌이도 섭동이 고양이 눈 주위를 계속 회전하여 잠재 소용돌이도 플럭스의 방향이 본래의 발원 지역을 향하게 된다, 즉 $\overline{v'q'} > 0$. 또한 되돌아가는 에너지 플럭스가 입사한 플럭스보다 커져 $\partial F_y / \partial y > 0$이 된다. 임계층 주변에서는 비선형성이 매우 강해 선형적으로 접근하는데 한계가 있다. 비선형 과정에서는 잠재 소용돌이도 섭동이 임계층 주변을 맴돌며 에너지 플럭스가 흡수, 반사, 과잉 반사 과정을 반복하는 동안 파쇄

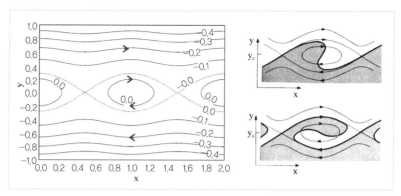

Fig.10.9 임계층(critical layer) 주변에서 중립 파동(steady wave)의 변화 과정. 실선과 화살표는 각각 유선과 바람의 방향이다. (좌) 켈빈의 고양이 눈은 폐곡된 회전 운동 궤적을 그리며 점선으로 둘러싸여 있다. 임계층 $y_c(y=0)$에서는 $\bar{u}=0$이 되어 중립 파동은 이 부근에서 특이한 성질을 보이게 된다. 임계층의 북쪽에는 서풍이 불고 남쪽에는 동풍이 분다. 임계층에서 떨어진 곳에서는 단조로운 파동이 흐르는 반면, 임계층 부근에서는 기류가 혼돈한 모습을 보인다. (우) 기본장의 잠재 소용돌이도 $\bar{q}$는 임계층 북쪽이 크고(흰색) 남쪽이 작은(회색) 가운데, 잠재 소용돌이도 섭동 q'이 임계층에 접근하면 (+)q'는 임계층 남쪽으로 향하고 (−)q'는 임계층 북쪽으로 이류하여 동서 평균한 $\overline{v'q'}$는 음의 값을 갖고 남쪽을 향한다. 엘리어슨 팜 플럭스가 수렴하며 일부 임계층에 흡수(absorption)되고, q'의 진폭은 증가한다. 잠재 소용돌이도 섭동이 고양이 눈을 중심으로 계속 회전하게 되면 다시 원래의 방향으로 되돌아가며 과잉 반사(overreflection)하다가 다시 흡수되는 과정을 반복하며 비선형 과정을 거치는 동안 점차 소멸된다.

https://www.gfd-dennou.org/arch/fdeps/2010-11-16/01_plumb/lecture02/pub-web/lecture2.pdf

(wave breaking) 되어 작은 규모의 파동으로 전이하거나, 잠재 소용돌이도의 균질화 과정(PV homogenization)을 거치면서 임계층에 반사되어 오던 길로 되돌아가기도 한다(Plumb, 2004; Buhler, 2004).

준지균 자오선 운동계에서 동서 평균한 서풍 운동량의 선형 방정식은 다음과 같다(Emanuel, 2009).

$$\frac{\partial \bar{u}}{\partial t} \sim f\tilde{v} + \left(\frac{\partial F_y}{\partial y} + \frac{\partial F_p}{\partial p}\right) \tag{10.6}$$

여기서 $\bar{u}$는 동서 평균한 서풍, $\tilde{v}$는 섭동의 남북 열 수송에 따른 온도풍 균형 성분을 제외한 이차 순환의 남북 바람 성분이다. 식 (10.6)에서 마찰력은 무시하였다. 섭동의 크기가 작아 선형계의 가정이 성립하고, 단열 과정이 유지되고 마찰력이 없을 때, 파동계가 정상 흐름(steady)을 보인다면, (10.3)에서 엘리어슨 팜 플럭스의 발산량은 0이 되고, 동서 평균장의 서풍은 (10.6)에 따라 섭동의 영향을 받지 않게 된다.[35]

반면 기본장이 경압 또는 순압적으로 불안정하면, 자오선 연직 단면 어디에선가 $\partial \bar{q} / \partial y$의 부호가 변해야 한다. 섭동이 발달함에 따라 활동량이 증가하고 $\overline{v'q'} < 0$이 되어, (10.6)에 따라 동서 평균한 서풍은 감속하게 된다. 엘리어슨 팜 플럭스가 수렴하는 곳에서는 파동의 활동량이 증가하는 대신 기본장의 서풍 운동량은 감소하게 된다. Fig.10.10은 자오선 단면에서 엘리어슨 팜 플럭스의 흐름을 나타낸 모식도다. 편서풍대에서 온대 저기압이 발달하면 난기가 북상하고 한기가 남하하며 엘리어슨 팜 플럭스는 연직 방향으로 뻗게 된다. 하층을 제외하면 엘리어슨 팜 플럭스의 연직 성분은 상부로 이동하며 완만하게 수렴한다. 경압 파동이 열을 극지방으로 수송하며 남과 북의 기온 경도는 줄어든다. 온도풍 균형을 맞추기 위해 편서풍의 연직 시어는 감소하고 편서풍의 풍속도 감소한다. 한편 엘리어슨 팜 플럭스의 연직 성분이 수렴하는 곳에서 수평 성분은 발산하게 되어 두 성분은 서로 경쟁한다. 엘리어슨 팜 플럭스의 수평 성분이 발산하면 (10.6)에서 편서풍을 강화시키기 때문이다. 중위도 상부에서 엘리어슨 팜 플럭스는 점차 적도 방향으로 방향을 틀게 된다. 연직 성분은 줄어들고 수

---

[35] non-acceleration theorem

기상 역학

평 성분이 수렴하는 곳에서 동서 평균장의 서풍 운동량이 감소한다. 북쪽으로 수송되는 서풍 운동량 플럭스가 발산하기 때문이다. 한편 발달한 파동이 엘리어슨 팜 플럭스가 수렴하는 곳에서 파쇄 과정을 겪게 되면, 파동의 영향으로 감속한 기본장의 서풍은 회복하기 어려운 불가역적(irreversible) 상태가 된다(Holopainen, 1983, Edmon et al., 1980).

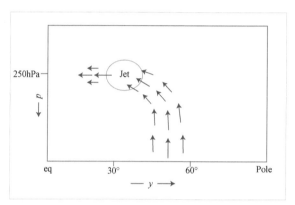

Fig.10.10 연직 단면도 (y, p)에서 엘리어슨 팜 플럭스 모식도. 활동량 플럭스 벡터(화살표)는 중위도 경압 파동계에서 출발하여 상승한 후 아열대 상공에서 점차 수렴하며 적도 지역으로 옮겨 간다. Wallace (2010).

엘리어슨 팜 플럭스가 자오선 단면에서 활동량의 흐름을 보여준 것처럼, 활동량 플럭스의 보존식 (10.3a)는 동서 방향으로도 확장할 수 있다(Takaya and Nakamura, 2001). 편서풍계에서 국지적인 힘의 작용으로 발생한 로스비 파동은 대권의 방향으로 동서남북으로 퍼져나간다. 극지방으로 가면서 편서풍이 강한 곳에 이르면 파동선은 점차 동쪽으로 휘면서 급기야는 위도선에 나란하게 흐르게 되는데 이곳이 전환층이 된다. 이곳에서는 북향 군속도가 0이 되고, 남북 방향으로 파장이 커지게 된다. 파동의 진폭은 최대가 된다. 이후 파동은 적도를 향해 되돌아온다. 적도에 가까워지면 이번에는 편서풍이 매우 약해져 0이 되거나 심지어 동풍이 부는 곳에 이른다. 이곳이 임계층이다. 여기서 남북 방향으로 파수가 매우 커지고 파장은 매우 짧아지게 된다. 남북 방향의 군속도는 다시 0이 된다. 파동은 남북 방향으로 매우 납작해진 모양을 취하면서 임계층 주변에서는 매우 강한 비선형적 파쇄 현상이 진행한다. 파동의 에너지도 줄어든다. 한편 로스비 파동은 연직 방향으로도 퍼져 나간다. 편서풍이 강할수록 파동의 규모가 커져야만 연직으로 전파 가능하다. 일반적으로 편서풍은 고도에 따라 증가하므로 장파동을 가두어 놓는 전환층 고도가 존재한다. 이곳에서 연직 파수는 0이 되어 연직 파장은 매우 커지게 되고 연직 군속도는 0이 된다(Held, 1983).

Fig.10.11은 상층 등압면 위에 투영한 활동량 플럭스(WAF)의 사례다.

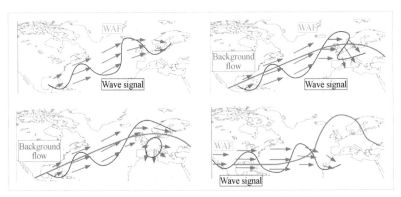

Fig.10.11 파동 활동량 벡터와 로스비 파동 파쇄(wave breaking) 시나리오. 굵은 실선은 기본장(background flow)의 상층 강풍대(jet)이고, 가는 실선은 고도 좌표계에서 등압선이다. 화살표는 파동의 신호(wave signal)이자, 파동 활동량 플럭스 벡터(WAF, wave action flux)를 나타낸다(Takaya and Nakamura, 2001). (상좌) 활동량 플럭스 벡터는 상층 강풍대를 따라 흐른다. (상우) 파동군의 선단에서 활동량 플럭스 벡터가 강풍대를 가로지르는 곳에서 로스비 파동의 파쇄가 진행한다. 또한 활동량 플럭스 벡터가 수렴하며 파동 활동량이 그곳에 흡수된다. 파동이 성장하는 대신 기본장은 그만큼 약해진다. (하좌) 파쇄가 진행되는 곳에서 기본장은 점차 폐곡되고, (하우) 결국 브로킹 패턴으로 변해간다. https://www.wmo.int/pages/prog/arep/wwrp/new/wwosc/documents/gabriel_wolf_wwosc.pdf

기상 역학

파동을 따라 전파하는 활동량 플럭스가 수렴하는 곳에서 파동은 성장하고 진폭이 지나치게 커지면 남북으로 길어진 모양으로 변해가며 파쇄 과정을 겪는다. 그림에서는 시간이 경과함에 따라 에너지 플럭스의 분포는 우측 상단에서 좌측 하단으로 이어진다. 유럽 지역에서는 파동의 급격한 파쇄가 진행되며 절리 저기압으로 분기하는 모습을 볼 수 있다. 예보 실무 관점에서는 활동량 플럭스가 수렴하는 지역을 중심으로 블로킹이 진행될 것인지를 사전에 진단하는데 도움이 된다.

중력 파동

1. 변형 반경

외력이 가해지면서 경도풍 또는 지균풍에 작용하는 기압 경도력, 전향력, 원심력 중에 어느 하나의 힘이 커져 힘의 균형이 깨지면 중력파가 발생하고 주변으로 파동 에너지가 퍼져나가며 지균 상태를 회복한다.[36] 준지균 운동계에서는 연직으로 정역학 관계, 수평 방향으로는 지균풍 관계를 전제하므로 원천적으로 중력파와 음파의 운동을 차단한다. 대신 최소한의 비지균풍과 이차 연직 순환 운동을 용인함으로써 외력에 의해 힘의 균형을 벗어날 때마다 순간적으로 균형을 유지하도록 한다. 어느 기층에서 절대 소용돌이도 섭동 $(+)q'$이 유입하여 일시적으로 균형 상태에서 벗어나게 되면, 지균풍 관계를 회복하기 위해 기압골이 부분적으로 강화된다. 이로 인해 기압골 아래 기층에서는 층후가 얇아지는 만큼 정역학 관계를 회복하기 위해 상승 기류가 단열 냉각을 유도한다. 한편 상승한 기류는 발산하며 $(+)q'$가 유발한 불균형을 해소하는 방향으로 작용한다. 마찬가지로 하층에서 온위 섭동 $(+)\theta'$가 유입하여 일시적으로 균형 상태에서 벗어나면, 정역학 균형을 회복하기 위해 기층의 두께가 부분적으로 증가한다. 이로 인해 기층 상부의 지위가 높아지고 기압능이 강화되는 만큼 지균풍 균형을 회복하기 위해서 상승 기류가 발산을 유도한다. 한편 상승 기류가 단열 냉각되어 $(+)\theta'$가 유발한 불균형을 해소하는 방향으로 작용한다. 자연계에서는 균형을 회복하는 과정에서 음파와 중력파가 에너지를 재분배하게 되지만, 준지균 운동계에서는 이차 순환을 통해 순

....

[36] 음파도 미소하지만 지균 평형 상태를 회복하는데 일조한다.

간적으로 균형을 회복하게 되어 음파와 중력파의 역할이 명시적으로 드러나지는 않는다.

중력 파동이 미치는 영향의 범위를 통상 로스비 변형 반경(Rossby defor-mation radius)이라 정의한다. 변형 반경은 통상 중력파가 전향력이 작용하는 특성 시간 동안 이동한 거리로 추정한다. 특성 시간은 절대 소용돌이도와 코올리올리 매개 변숫값의 제곱근에 반비례한다. 변형 반경을 넘어서면 수렴 · 발산 바람 성분보다는 회전하는 바람 성분의 비중이 커진다. 적운의 부력에 따른 중력파가 사방으로 퍼져 나갈 때, 회전 바람 성분이 주목 받기 시작하는 거리다. 적운이 군집을 이루면서 변형 반경보다 몸집이 커지게 되면, 주변 기상장과 균형을 이루면서 오랜 시간 동안 안정적으로 세력을 유지할 수 있다(MetED, 2011). 수평 방향의 시어가 작용하는 환경에서 로스비 변형 반경은 앞서 (8.8b)의 정의를 다소 수정하여 쓴다(MetED, 2002).

$$2\pi\lambda_R \sim 2\pi\frac{(NH/\pi)}{\sqrt{\eta f}} \qquad (11.1)$$

여기서 λ_R은 로스비 변형 반경, N은 브런트 바이살라 진동수, H는 운동의 연직 규모, η는 절대 소용돌이도, f는 코올리올리 진동수다. 식 (11.1)에 따라서 변형 반경은 대기 안정도, 연직 규모, 전향력, 절대 소용돌이도에 따라 달라진다. 대기가 안정하면 중력 파동의 복원력이 강해진다. 중력 파동은 보다 빠른 속도로 퍼져나가 먼 곳까지 파동의 영향을 미치게 된다. 운동계의 연직 규모가 커지면 중력파의 속도가 빨라져 파동이 멀리 전파한다. 변형 반경이 커진다. 반면 파동 위상의 연직 변화가 심하면 연직 규모가 작아져 변형 반경도 작아진다(Young, 2003). 전향력과 절대 소용돌이도의 영향에 대해서는 좀 더 설명이 필요하다.

전향력

적도 지역에 근접할수록 전향력이 작아지고, 변형 반경은 커지게 된다. 따라서 웬만큼 규모가 크지 않으면 기온이나 질량의 섭동은 지균 조절 과정을 통해서 바람장에 적응하는 동안 빠르게 변형된다. 열대 해양에서는 대기 안정도가 낮아 적운 대류에 유리한 여건이 조성되어 있다. 또한 로스비 영향 반경이 커서 적란운 대류계가 넓은 영역으로 확대될 수 있다(Houze, 2004). 반면 중위도 지역에서는 전향력이 커지며 변형 반경이 작아지고, 회전하는 중규모 대류계(MCV)의 규모도 열대 지역보다 작아진다.

절대 소용돌이도

관성 불안정 조건을 생각해보면 절대 소용돌이도가 작아질수록 그만큼 지균 이탈에 따른 회복력이 줄어든다. 반대로 절대 소용돌이도가 커질수록 회복력도 커진다. 다시 말해 저기압성 시어 조건에서는 고기압권을 벗어나는 비지균 기류가 금새 되돌아오므로 변형 반경도 작아진다. 반면 고기압성 시어 조건에서는 변형 반경도 커진다. 다른 각도에서 바라보면, 저기압에서는 기류가 수렴하려 하므로 상대 소용돌이도의 신장 효과와 전향력이 모두 시계 반대 방향의 회전 바람을 지원한다. 반면 고기압에서는 기류가 발산하려 하므로 상대 소용돌이도의 신장 효과는 시계 방향의 회전 바람을 약하게 하는 반면, 전향력은 시계 방향의 바람을 강화시키는 방향으로 작용하므로 두 가지 효과가 서로 상쇄하기 때문이다. 따라서 고기압보다는 저기압에서 회전 바람이 더 빠르게 기압계와 균형을 이룬다. 다시 말해 저기압 부근에서 변형 반경은 고기압 부근보다 작아진다. 같은 운동 규모라도 저기압 주변보다는 고기압 주변에서 중력 파동의 영향이 더 크게 작용하고 기압계 분석도 더 복잡해진다.

한편 태풍이 지나는 저위도 지역에는 전향력이 작기는 하지만, 대신 태풍 자체의 저기압성 회전 성분이 매우 강하다. 태풍의 공간 규모에 비해 로스비 변형 반경이 작아, 기온장 분석이 유효하다. 반면 메이든 쥴리언 순환계(MJO)는 열대 지역을 주로 관통하므로 전향력이 작고 절대 소용돌이도가 작다. 따라서 로스비 변형 반경이 크기는 하지만, 운동계가 전 지구적 규모를 갖기 때문에 기온 분석이 여전히 유효하다.

지균 상태에서 벗어난 섭동의 규모가 로스비 변형 반경보다 작으면, 중력 파동에 의해 질량 또는 기온 구조가 변형되고 종국에는 약한 바람장의 섭동만 남게 된다. 지균 상태에서 벗어난 섭동의 규모가 변형 반경보다 크면, 중력 파동의 영향 범위가 상대적으로 좁아져 질량 또는 기온의 구조가 상당 부분 보존 되고, 바람은 이 구조에 맞추어 변형된다. 모델의 초기장은 최근 모델 예측장과 분석 편차(analysis increment)로 구성된다. 모델 예측장은 수치 계산 과정에서 이미 온도풍 균형을 이루는 반면, 분석 편차는 모델의 예측 오차와 최신 관측 정보의 영향으로 불균형의 상태에 있다. 분석 편차의 공간 규모에 따라, 바람과 기온의 분석 편차가 예측에 미치는 영향도 달라진다. 중규모 운동계에서는 바람의 분석 편차가 예측에 더 많은 영향을 미친다. 반면 분석 편차의 규모가 커질수록 기온의 분석 편차가 예측에 더 많은 영향을 미치게 된다.

2. 내부 중력 파동

수면 위에 돌을 던지면 동심원의 물결이 사방으로 퍼져나간다. 중력파는 밀도가 다른 경계면에서 대기 안정도가 복원력으로 작용하여 일어나는 파동이다. 앞서 8장에서 설명한 로스비 파동에서는 전향력이 복원력으로 작용한 것과 대비할 수 있다. 유체의 밀도가 균질하거나 운동계의 파장이 연직 변위보다 훨씬 큰 곳에서는, 외부 중력 파동(external gravity wave)이 일어난다.

밀도 차가 매우 큰 두 유체의 표면에서 일어나는 외부 중력 파동의 일차원 운동계를 생각하자. 연속 방정식 (4.1)과 운동 방정식 (4.5)를 각각 정지 상태의 기본장에 대해 선형화하면, 운동량과 질량의 보존에 대한 섭동 방정식을 얻는다.

$$\frac{\partial u'}{\partial t} = -\frac{\partial \phi'}{\partial x} \tag{11.2a}$$

$$\frac{\partial h'}{\partial t} = -\frac{\partial}{\partial x} H u' \tag{11.2b}$$

여기서 전향력과 마찰력은 무시하였다. 또한 $u' = u - \bar{u}$는 섭동의 바람, $h' = h - H$는 연직 변위의 섭동, H는 연직 평균 변위, Hu'은 질량 플럭스, $\phi' = gh'$는 지위 섭동, g는 중력 가속도다. 기압 경도력은 고기압에서 저기압을 향해 작용한다. Fig.11.1은 기본장의 바람이 없는 가운데 동쪽으로 전파하는 외부 중력 파동의 모식도다. 기압이 높은 곳에 서풍이 불고, 낮은 곳에 동풍이 부는 구조를 갖는다. 식 (11.2a)에 따라서 시간이 지나면 고기압의 동쪽에 서풍이 강화되고 저기압의 동쪽에 동풍이 강화되어 바람 패턴은 동진해 간다. 또한 (11.2b)의 질량 보존의 원리에 따라 기류가 수렴하는 곳에서 유체의 높이는 상승하며 기압이 높아지고, 발산하는 곳에서 유체의 높이가 낮아지며 기압이 하강한다. 시간이 지나면 고기압의 동쪽에 기압이 강화되고 저기압 동쪽의 기압이 하강하여 기압 패턴은 동진해 간다. 서쪽으로 전파하는 중력 파동이라면, 그림과는 달리 기압이 높은 곳에 동풍이 불고, 낮은 곳에 서풍이 부는 구조를 갖게 될 것이다.

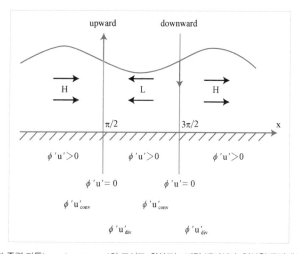

Fig.11.1 외부 중력 파동(external gravity wave)의 모식도. 화살표는 바람 벡터이다. 일차원 공간에서 파동의 마루를 기준으로 $(0, \pi/2)$와 $(\pi, 3\pi/2)$구간에서는 기압 경도력과 바람의 방향이 양의 상관을 보여 운동 에너지가 증가한다. $(\pi/2, \pi)$와 $(3\pi/2, 2\pi)$구간에서는 기압 경도력과 바람의 방향이 음의 상관을 보여 운동 에너지가 감소한다. 바람이 수렴하는 $(0, \pi/2)$와 $(\pi, 3\pi/2)$구간에서는 각각 $(+)\phi$ 가 상승하거나 $(-)\phi$ 가 하강하며 가용 잠재 에너지가 증가한다. 바람이 발산하는 $(\pi/2, \pi)$와 $(3\pi/2, 2\pi)$구간에서는 각각 $(+)\phi$ 가 하강하거나 $(-)\phi$ 가 상승하며 가용 잠재 에너지가 감소한다. 지위 플럭스 $\phi'u'$ 가 수렴(conv)하는 곳에서 총 에너지가 증가하고, 발산(div)하는 곳에서는 감소한다.

중력 파동에서는 기류가 수렴하는 곳에서 중력을 거슬러 지위가 상승하고 나면, 기압 경도력을 따라 기류가 일을 하여 가용 잠재 에너지가 운동 에너지로 전환하는 과정을 반복하며 파동이 주변으로 전파하게 된다. 식 (11.2a)에 u'을 곱하면 섭동의 단위 질량당 운동 에너지 방정식을 얻게 된다.

$$\frac{\partial K}{\partial t} = -u'\frac{\partial \phi'}{\partial x} = -\frac{\partial}{\partial x}\phi'u' + \phi'\frac{\partial u'}{\partial x} \qquad (11.3)$$

여기서 $K = u'^2/2$는 운동 에너지, $\phi'u'$는 지위 플럭스(geopotential flux) 또는 기압 포텐셜 플럭스다. 또한 (11.2b)에 ϕ'을 곱하면 섭동의 가용 잠재 에너지 방정식을 얻게 된다.

$$\frac{\partial P}{\partial t} = -\phi'\frac{\partial u'}{\partial x} \qquad (11.4)$$

여기서 $P = \phi'^2/(2gH)$는 가용 잠재 에너지이고, $\sqrt{gH}$는 외부 중력파의 전파 속도다.

Fig.11.1에서는 서풍이 고기압을 동쪽으로 밀고 동풍은 저기압을 서쪽으로 밀기 때문에 지위 플럭스는 동쪽을 향하고 에너지는 동진한다. 마루에서 동쪽 골을 향해 위상이 $(0, \pi/2)$인 구간에서는 지위 플럭스가 수렴(conv)하여 운동 에너지가 증가한다. 마루의 고기압에서 골의 저기압을 향한 기압 경도력이 서풍에 작용하여 일을 한 결과다. 수렴 기류로 인해 (+) ϕ'구역이 상승하며(upward) 연직 변위가 커진 만큼, 운동 에너지가 가용 잠재 에너지로 전환한다. 위상이 $(\pi/2, \pi)$인 구간에서는 지위 플럭스가 발산(div)하며 운동 에너지가 감소한다. 마루의 고기압(H)에서 골의 저기압(L)을 향한 기압 경도력이 동풍에 작용하여 일을 빼앗긴 결과다. 수렴 기류로 인

해 $(-)\phi'$ 구역이 상승하며 연직 변위가 작아진 만큼, 가용 잠재 에너지가 운동 에너지로 전환한다.

마루에서 동쪽 골을 향해 위상이 $(\pi, 3\pi/2)$인 구간에서는 지위 플럭스가 수렴하여 운동 에너지가 증가한다. 마루의 고기압에서 골의 저기압을 향한 기압 경도력이 동풍에 작용하여 일을 한 결과다. 발산 기류로 인해 $(-)\phi'$ 구역이 하강하며(downward) 연직 변위가 커진 만큼, 운동 에너지가 가용 잠재 에너지로 전환한다. 마루에서 동쪽 골을 향해 위상이 $(3\pi/2, 2\pi)$인 구간에서는 지위 플럭스가 발산하며 운동 에너지가 감소한다. 마루의 고기압에서 골의 저기압을 향한 기압 경도력이 서풍에 작용하여 일을 빼앗긴 결과다. 발산 기류로 인해 $(+)\phi'$ 구역이 하강하며 연직 변위가 작아진 만큼, 가용 잠재 에너지가 운동 에너지로 전환한다.

식 (11.3)과 (11.4)를 이용하면, 총 에너지 방정식을 얻게 된다.

$$\frac{\partial}{\partial t}(P+K) = -\frac{\partial}{\partial x}\phi'u' \qquad (11.5)$$

Fig.11.1에서 보면, 지위 플럭스는 양의 값을 갖는다. 마루와 골에서 최댓값을 갖고, 위상이 $\pi/2$와 $3\pi/2$일 때 최솟값인 0이 된다. 총 에너지 측면에서 보면, 마루에서 동쪽 골을 향해 위상이 $(0, \pi/2)$인 구간과 $(\pi, 3\pi/2)$인 구간에서는 지위 플럭스가 수렴하여 총 운동 에너지가 증가한다. 위상이 $(\pi/2, \pi)$인 구간과 $(3\pi/2, 2\pi)$인 구간에서는 지위 플럭스가 발산하여 총 운동 에너지가 감소한다.

지균풍은 비발산풍이라서 수렴 기류가 일어나기 어렵고, 등압선에 나란하게 불기 때문에 기압 경도력의 방향으로 일을 하지 않는 구조를 가졌다. 따라서 중력 파동이 발생하려면 지균풍 균형을 깨뜨리는 외력이 작용하여 비지균풍 성분이 증가하고 수렴 발산 기류가 형성되어야 한다. 앞서 준지균 운동계에서는 상하층의 절대 소용돌이도 이류 차이나 기온 이류 차이가 비지균풍을 유발하는 것을 살펴보았다. 다만 준지균 운동계에서는 이로 인해 발생하는 중력 파동 과정을 직접 다루는 대신 오메가 방정식 (8.19)를 통해 균형을 이룬 최종 결과만을 보여준다.

대기 중에는 다양한 힘이 중력 파동을 일으킨다. 산악에 기류가 부딪혀 유발된 강제 상승이나, 적운에 의한 부력의 힘이 대표적인 예다. 강한 적운의 후면에서 나타나는 돌풍 전선은 대표적인 중력파다. 돌풍 전선은 하층의 시어와 함께 여름철 적란운 대류계를 조직화하는 주요한 요소다. 돌풍 전선을 뒷받침하는 한기는 적운의 하강 기류와 증발 과정을 통해 형성된다. 적란운의 하강 기류 지역에 형성된 한기 풀은 중력파의 속도로 사방으로 흩어진다. 전파 속도는 한기의 강도가 강할수록 커진다. 식 (7.8)에서는 한기 풀과 주변 공기의 기온 차가 크다고 보고, 한기 풀의 이동을 외부 중력 파동의 전파 과정으로 다룬 것이다.

한편 대기는 하층에서 밀도가 높고 상층에는 밀도가 낮은 안정적인 성층을 형성한다. 상승하거나 하강하는 기체는 고도에 따라 기체가 받는 저항, 또는 음의 부력이 달라진다. 온위가 고도에 따라 증가하면 대기는 연직적으로 안정하다. 단열 과정에서 기체가 상승하는 동안 온위는 보존된다. 안정한 대기 조건에서 상승하는 공기는 주변보다 온위가 상대적으로 낮아져 무거워지므로 다시 가라앉게 된다. 마찬가지로 하강하는 공기는 주변보다 온위가 상대적으로 높아져 다시 떠오르게 된다. 외부 중력 파동과는 달리, 내부 중력파(internal gravity wave)는 밀도에 따른 경계가 불분명한 성층에서 발생한다. 예를 들면 깊은 적운 대류계(MCS)에서는 돌풍 전선 전면에서 발달한 깊은 적운과 상승하는 부력으로 인해 내부 중력 파동이 발생한다. 중력 파동은 후방 층운 지역으로 이어지는 습윤 절대 불안정 기층(MAUL, moist absolutely unstable layer)을 따라 이동하며, 기체가 상승하는 구역에서 적운이 발달한다(Houze, 2004, Fig. 16). 외부 중력파에서는 지면 부근의 강제력이 순간적으로 자유 표면(free surface)에까지 도달하는 반면, 내부 중력파에서는 하층의 강제력이 파동을 통해 상부로 전달된다. 그렇지만 기압 경도력과 질량 플럭스의 수렴 발산을 통해 파동이 전파한다는 점에서 두 파동계는 본질적으로 동일한 특성을 가졌다.

동쪽 방향으로 하향 전파하는 내부 중력 파동의 구조를 Fig. 11.2에 제시하였다. 이는 비탄성 부시네스크 근사를 만족하고 전향력과 마찰력을 무시한 운동계에서, 동서 방향과 연직 방향으로 바람이 일정하게 부는 이상적인 대기 조건에서 발생 가능한 정상 파동의 구조다. 그림의 정상 파동을 살펴보기 위하여, 고도 좌표계에서 운동 방정식 (4.5)의 동서 성분과 연직 성분, 열역학 방정식 (1.4)를 선형화한 방정식계를 생각하자.

$$\frac{\partial u'}{\partial t} = -\frac{1}{\rho_0}\frac{\partial p'}{\partial x} \tag{11.6a}$$

$$\frac{\partial w'}{\partial t} = -\frac{1}{\rho_0}\frac{\partial p'}{\partial z} + g\frac{\theta'}{\theta_0} \tag{11.6b}$$

$$\frac{\partial \theta'}{\partial t} = -w'\frac{d\theta_0}{dz} \tag{11.6c}$$

오일러리언 관점에서 볼 때, 기압 경도력이 작용하는 방향으로 섭동의 서풍 운동량은 (11.6a)에 따라 증가한다. 연직 방향으로는 부력과 기압 경도력의 합력의 방향으로 (11.6b)에 따라 연직 운동량이 증가한다. 식 (11.6c)에 따라 온위가 증감한다. 기류가 하강하면 단열 승온하고 상승하면 단열 냉각한다.

식 (11.6b)에서 우변 둘째 항은 부력을 나타내는데, $\rho'/\rho \sim \theta'/\theta$의 근사식을 이용하였다.

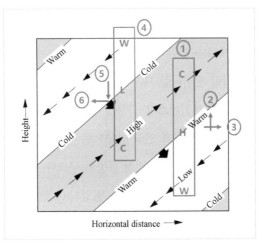

Fig.11.2 안정한 대기 조건에서 에너지를 위로 전달하는 내부 중력파의 연직 구조. 기본장의 서풍 $\bar{u}$는 상수이고, 서풍과 함께 움직이는 좌표계에서 바라본 것이다. 파동이 이상적인 파형 $\exp[i(kx+mz-\omega t)]$을 갖추고, 동서 파수 $k>0$, 연직 파수 $m<0$, 진동수 $\omega>0$인 경우, 내부 중력 파동의 위상선(실선)은 동쪽 방향으로 상승하도록 기울어져 있다. 위상은 시간에 따라 동쪽 방향으로 아래쪽을 향해 전파하므로(굵은 화살표 방향) 위상 속도는 $c-\bar{u}>0$ 된다. 얇은 화살표는 파동의 바람 벡터로서, 색칠 구역은 상승 구역을 나타낸다. 1~3번과 4~6번은 각각 동서 방향과 하향 전파 과정을 보인 것으로, 자세한 설명은 본문에 제시하였다. 1번과 4번 상자 안의 C와 W는 각각 기온 상승 또는 하강 구역이고, H와 L은 각각 기압 상승 또는 하강 구역이다. 2~3번과 5~6번의 화살표는 바람이 증가하는 방향을 가리킨다. 지위(또는 기압 포텐셜) 에너지 플럭스 또는 파동 군속도는 위상선에 나란하게 동쪽 방향으로 위를 향해 전파한다. 부력의 힘으로 난기(Warm)는 상승하고 한기(Cold)는 하강하므로, 상부의 난기와 하부의 한기 사이에 놓인 기층은 신장되는 만큼 수평 수렴 기류가 보상되어야 하고, 저압부(Low)가 여기에 배치하여 기압 경도력이 균형을 맞추게 된다. 마찬가지로 상부의 한기와 하부의 난기 사이에 놓인 기층은 수축되는 만큼 수평 발산 기류가 보상되어야 하고, 고압부(High)가 여기에 배치하여 기압 경도력이 균형을 맞추게 된다. Holton(2004, Fig.7.9).

식 (11.6a)와 (11.6b)에서 연속방정식

$$\frac{\partial u'}{\partial x} + \frac{\partial w'}{\partial z} = 0 \tag{11.7}$$

을 이용하여 시간 변화항을 소거하면 부력과 기압 섭동의 균형 방정식을 구할 수 있다.

$$-p' \propto \nabla^2 p' = \frac{\rho_0 g}{\theta_0} \frac{\partial \theta'}{\partial z} \tag{11.8}$$

이 식은 (7.2)에서 기본장의 바람이 없다고 가정하고 선형 효과만을 고려한 것과 동일하다. 역학적으로 균형을 이루는 기압계에서는 (11.8)에 따라서 국지 고기압을 사이에 두고 위에는 한기, 아래는 난기가 배치한다. 또는 저기압을 사이에 두고 위에는 난기, 아래는 한기가 배치한다. 한편 고기압에서는 측면으로 기류가 발산하게 되므로, 부시네스크 연속 방정식을 통해서 아래쪽 난기는 상승하고 위쪽 한기는 하강하게 된다. 식 (11.6b)에서 연직 방향으로는 섭동의 기압 경도력과 부력이 대치하는데, 난기가 상승하고 한기가 하강하려면 부력이 기압 경도력보다 우세해야 한다. 이는 $\rho'/\rho \sim \theta'/\theta$에 따라 p'/p이 상대적으로 작다는 가정과도 일관성을 보인다.

Fig.11.2에서 난역(warm)의 부력에 따른 상승 기류는 위쪽에 국지 고기압, 아래쪽에는 저기압과 균형을 이룬다. 또한 한역(cold)의 하강 기류는 반대로 위쪽에 국지 저기압, 아래쪽에는 국지 고기압과 균형을 이룬다. 기층의 상부에 난기, 하부에는 한기가 각각 자리잡으면 그 기층은 연직으로 신장하고 이를 보상하기 위해 기류가 수평 방향에서 수렴하게 된다. 수렴 기

류는 기압 경도력을 통해서 지원되어야 하고, 난기와 한기 사이에는 저압부가 자리잡게 된다. 같은 방식으로 기층의 상부에 한기, 하부에 난기가 각각 자리잡으면 이번에는 수평 방향으로 발산 기류가 형성되어 그 사이에는 고압부가 자리하게 된다. 기압 섭동은 기온 섭동의 부력과 균형을 맞추기 위해 비정역학적 기압 분포를 보인다. 고압부 위에는 한기, 아래는 난기가 배치한다. 반대로 저압부 위에는 난기, 아래는 한기가 놓이게 된다. 이러한 연직 구조는 정성적으로 정역학 균형 조건과 유사한 모습이다.

그림에서 고압부에는 서풍에 상승 기류를 동반하고, 저압부에는 동풍에 하강 기류를 동반한다. 또한 파동의 위상선은 모두 고도가 상승할수록 동쪽으로 기울어진다. 이러한 연직 구조는 파동이 동쪽 방향으로 하향 전파하기 위해 불가피한 선택이다. 파동의 동진과 하향 전파 과정을 Fig.11.2와 (11.6a)~(11.6c)를 통해서 살펴보자. 먼저 동진 전파 과정은 그림에서 1~3번에 해당한다. 1번 상자의 위쪽에는 기류가 상승하며 (11.6c)에 따라 기온이 하강한다. 아래쪽에는 기류가 하강하며 기온이 상승한다. 상자 기둥에서 서쪽으로 $\pi/2$ 파장 떨어진 곳에는 상부에 한기, 하부에 난기가 놓여 있어 기온 섭동은 동진하게 된다. 한편 1번 상자 기둥은 대기 안정도가 낮아지므로 (11.8)에 따라 중간층에는 기압이 높아진다. 서쪽 $\pi/2$ 파장 떨어진 곳에 고압부가 위치하고 있어, 기압 섭동도 동진하게 된다. 2번 상자 기둥의 중간층에는 난기가 자리잡고 있는데, (11.6b)에 따라 부력이 작용하여 상승 기류가 강화된다. 서쪽으로 $\pi/2$ 파장 떨어진 고압부 섭동에 이미 상승 기류가 놓여 있어, 연직 바람 섭동도 동진하게 된다. 한편 3번에서는 서쪽으로 $\pi/2$ 파장 떨어진 고압부에서 우측의 저압부를 향해 (11.6a)와 같이 기압 경도력이 작용하여 상자 중층에서 서풍이 강

기상 역학

화된다. 서쪽의 고압부에 이미 서풍이 자리잡고 있어서, 서풍 섭동도 동진하게 된다.

다음으로 하향 전파 과정은 그림에서 4~6번에 해당한다. 4번 상자의 위쪽에는 기류가 하강하며 (11.6c)에 따라 기온이 상승한다. 아래쪽에는 기류가 상승하며 기온이 하강한다. 상자 기둥에서 $\pi/2$ 파장 위쪽에는 상부에 난기, 하부에 한기가 놓여 있어 기온 섭동은 하향 전파하게 된다. 한편 4번 상자 기둥은 대기 안정도가 높아지므로 (11.8)에 따라 중간층에는 기압이 낮아진다. 중간층의 $\pi/2$ 파장 위쪽에 저압부가 위치하고 있어, 기압 섭동도 하향 전파하게 된다. 5번에서 상자 기둥의 중간층에는 한기가 자리잡고 있는데, (11.6b)에 따라 음의 부력이 작용하여 하강 기류가 강화된다. 위쪽으로 $\pi/2$ 파장 떨어진 저압부 섭동에 이미 하강 기류가 놓여 있어, 연직 바람 섭동도 하향 전파하게 된다. 한편 6번에서는 동쪽의 고압부에서 서쪽의 저압부를 향해 (11.6a)와 같이 기압 경도력이 작용하여 상자 중층에서 동풍이 강화된다. 위쪽으로 $\pi/2$ 파장 떨어진 곳에 이미 동풍이 자리잡고 있어서, 동풍 섭동도 하향 전파하게 된다.

요약하면 고압부에서는 상승하여 단열 냉각하고 저압부에서 하강하여 단열 승온한다. 따라서 고압부는 점차 차가워지며 부력이 감소하고 저압부는 점차 따뜻해지며 부력이 증가한다(Durran, 1980). 이 과정을 통해 기온 섭동은 위상선에 직각인 방향으로 하향 전파한다. 기온 섭동이 전파함에 따라 연직으로 한란의 섭동 사이에는 비정역학 기압이 배치하여 기압 섭동의 위상선도 기온 섭동의 위상선에 나란하게 하향 전파하게 된다. 이제 바람의 분포를 보게 되면, 고압부에서는 주변의 저압부를 향해 기압 경도력이 작용하므로 고압부 동쪽에서 서풍은 강화되고 서쪽에서 서풍은 약화된다. 한편 연속성의 원리에 따라 난기 섭동에서는 수평으로 기류가 수렴하므로 연직으로 상하로 흩어져야 하고 한기 섭동에서는 수평으로 기류가 발산하므로 연직으로는 상하로 모여들어야 한다. 따라서 난기의 위쪽에 위치한 고압부 쪽에는 기류가 상승하고 난기의 아래쪽에 위치한 저압부 쪽에는 기류가 하강해야 한다. 이렇게 해서 기압, 바람, 기온 섭동은 모두 동쪽 방향으로 하향 전파하게 된다. 대기가 안정할수록 단열 냉각이나 승온으로 부력이 빠르게 약화되어 파동의 연직 범위는 작아진다. 즉 위상선의 기울기는 수평에 가까워진다. 반대로 대기 안정도가 떨어지면 위상선의 기울기도 가팔라진다.

연직 방향의 에너지 플럭스는 운동량 플럭스와 관련이 있다. 식 (11.6a)를 확장하여 동서 방향의 운동 방정식을 기본장의 서풍 $\bar{u}(z)$에 대해 선형화하고, 섭동이 이상적인 중립 파동의 형태를 갖는다고 가정하면 다음 식을 얻는다.

$$\frac{\partial}{\partial x}\left[\rho_0(\bar{u}-c)u'+p'\right]+\rho_0\frac{\partial \bar{u}}{\partial x}\mathrm{w}' = 0 \tag{11.9}$$

여기서 좌변 첫 항의 괄호 안의 내용은 (7.5b)의 베르누이 정리에서 본 에너지 형태와 유사한 형태다. 양변에 $\rho_0(\bar{u}-c)u'+p'$을 곱하고 동서 평균을 취하면, 좌변 첫 항은 소멸하여, 남북 방향의 운동량 플럭스식 (6.8)과 유사한 형태의 식을 얻는다(Lindzen, 2008).

$$-\rho_0(\bar{u}-c)\overline{u'\mathrm{w}'} = \overline{p'\mathrm{w}'} \tag{11.10}$$

기본장의 $\bar{u}$로 이동하는 상대 좌표계에서 동진하는 중력 파동의 위상 속도 $c - \bar{u} > 0$이므로, (11.10)에서 연직 방향의 지위 플럭스와 서풍 운동량 플럭스는 Fig.11.2에서 보인 것처럼 같은 방향으로 움직인다.

내부 중력 파동의 구조는 외부 중력 파동보다 복잡하지만 핵심 물리 과정은 큰 차이가 없다. 우선 파동의 작동 원리를 보면, 외부 중력 파동에서는 수렴 기류가 상승 기류를 유도하고 연직 기층이 두터워져 기압이 상승하고 잠재 에너지가 축적된다. 내부 중력 파동에서도 수렴 기류가 잠재 에너지를 축적하도록 유도한다는 점은 같다. 수렴 기류가 상승하는 곳에서 낮은 온위의 기체가 위로 이동하면서 기층의 무게가 증가하며 잠재 에너지를 축적하게 된다. 한편 외부 중력 파동에서는 순간적으로 지상의 에너지가 상부에 전달된다. 밀도가 균질하기 때문에 하층에서 감지한 파동의 진폭은 똑같이 상부에서도 유지되는 것이다. 천층 물 방정식(shallow water equation)에서 '천층'이 의미하는 맥락도 같은 취지다. 반면 내부 중력 파동에서는 밀도가 상부로 가면서 감소하므로 단계적으로 중간 기층마다 연쇄 반응을 일으키며 상향 전파한다. 또한 외부 중력 파동에서는 수렴 기류에서 이어진 연직 기류로 인해 질량이 쌓이고 그 무게가 수평 방향으로 기압 경도력을 유발하여 주변으로 파동을 전파하는 역할을 한다. 내부 중력 파동에서는 수렴 기류에서 이어진 연직 기류로 인해 단열 냉각되며 기체가 주변보다 무거워져서 수평 방향으로 기압 경도력을 만들어낸다.

중력파의 수평 규모가 연직 규모보다 훨씬 크면 파동의 진동수는 브런트 바이살라 진동수보다 작아지고 점차 콜리올리 매개 변수에 수렴하게 된다. 주기가 길어짐에 따라 전향력의 영향을 받게 된다. 고기압 섭동을 중심으로 시계 반대 방향의 회전 기류가 형성되고 저기압 섭동을 중심으로 시계 방향의 회전 기류가 형성된다. 전향력이 작용하면 준지균 운동계와 마찬가지로 기류의 연직 신장에 따른 소용돌이도의 변화를 겪는다. 전향력이 작용하는 관성 중력 파동(inertial gravity wave)에서 난기 섭동의 중심부에서는 기류가 수렴하여 상대 소용돌이도가 증가하고, 신장 소용돌이도는 감소한다. 기온 섭동의 대기 안정도는 상부의 고기압에서 단열 냉각되고 하부의 저압부에서 단열 승온하며 낮아지는 것과 맥을 같이한다. 앞서 잠재 소용돌이도 보존의 원리와 같은 것이다. Fig.11.3에서는 난기 섭동

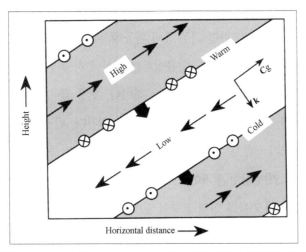

Fig.11.3 전향력이 작용한 내부 중력파의 연직 구조. 기본장은 동서 방향으로 균질하고 연직 방향으로 바람의 시어가 없다. 비탄성 부시네스크 근사를 만족한다. 북반구($f > 0$)에서 파동이 이상적인 파형 $\exp[i(kx + mz - \omega t)]$을 갖추고 있다고 가정하였다. 동서 파수 $k > 0$, 연직 파수 $m < 0$, 진동수 $\omega > 0$인 경우, 내부 중력 파동의 위상선(실선)은 동쪽 방향으로 상승하도록 기울어져 있다. 위상은 시간에 따라 동쪽 방향으로 아래쪽을 향해 전파한다(굵은 화살표 방향). 옅은 화살표는 파동의 바람 벡터로서, 색칠 구역은 상승 구역을 나타낸다. 점이 박힌 원은 지면 밖으로 나오는 바람, 십자가 박힌 원은 지면으로 들어가는 바람이다. 지위(또는 기압 포텐셜) 에너지 플럭스 또는 파동 군속도(C_g)는 위상선에 나란하게 위를 향해 전파한다. 고압부(High)를 중심으로 반시계 방향의 회전 바람이 불고 저압부(Low)를 중심으로 시계 방향의 회전 바람이 분다. 난기(Warm)역에는 기류가 수렴하여 연직으로 기층이 신장되고 반시계 방향의 소용돌이도가 증가한다. 한기(Cold)역에는 기류가 발산하여 연직으로 기층이 수축하므로 시계 방향의 소용돌이도가 증가한다. 결국 소용돌이도 파동은 동쪽 방향으로 하방 전파하게 된다. Holton(2004, Fig.7.12).

의 서쪽과 위쪽으로 각각 π/2 파장 떨어진 곳에 양의 소용돌이도 섭동이 놓여 있어, 소용돌이도 섭동은 하향 전파하게 된다. 한편 한기 섭동의 중심부에는 기류가 발산하여 상대 소용돌이도가 감소하고, 신장 소용돌이도는 증가한다. 난기 섭동과 마찬가지로 한기 섭동역의 음의 소용돌이도 섭동도 동진하며 하향 전파한다. 그림에서는 고도가 높아지면서 바람 섭동은 북반구에서 시계 방향으로 회전하는데, 이는 관측을 통해 관성 중력파를 확인하는 참고 기준이 된다. 그림의 저압부 아래쪽에는 북풍이 불고 저압부 중심 부근에는 동풍이 불고, 위쪽에는 남풍이 분다. 마찬가지로 고압부 아래쪽에는 남풍이 불고, 중심부에는 서풍, 위쪽에는 북풍이 분다.

3. 열대 파동

적도 부근에서는 대기가 불안정하여 적운 활동이 왕성하고 중력 파동이 흔히 나타난다. 또한 전향력이 작고 운동계의 수평 규모가 커서 중력파의 진동수가 작아지면 중력파와 로스비파의 혼합 파동도 가능해진다. 적도 부근의 베타 평면을 가정하고 천층 유체 방정식(shallow water equation)을 정지 상태의 기본장에 대해 선형화하여 도출한 정상 파동은 Fig.11.4와 같이 다양한 분산 관계(dispersion relation)를 보인다. 동서 파수 k가 작아져 0에 근접하면 위상 속도 $c = \omega/k$는 커진다. 또한 진동수 ω의 절댓값이 커질수록 위상 속도도 커진다. 중력 파동(gravity wave)의 위상 속도가 가장 빠르고, 켈빈 파동(Kelvin wave)이 그 뒤를 잇는다. 중력 파동 중에서는 남북 방향의 파수가 큰 것이 위상 속도도 빠르다. $\omega = 0$선을 기점으로 위쪽은 동진하는 파동이고 아래쪽은 서진하는 파동이다. 로스비 파동(Rossby wave)이 가장 느리고 로스비-중력 혼합 파동(mixed Rossby gravity wave)은 로스비 파동보다 위상 속도가 조금 빠른 편이다.

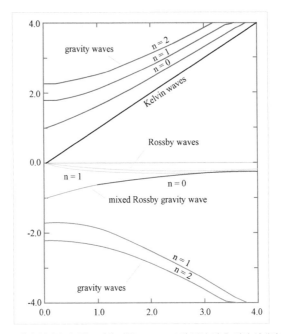

Fig.11.4 적도 부근에서 일어날 수 있는 정상 파동(normal mode)의 분산 관계. 정지 상태의 기본장에 대해 천층 유체 방정식(shallow water equation)을 선형화하고, 동서 방향으로 이상적인 파동의 위상 전파 과정을 가정한 것이다. 가로축은 정규화된 동서 방향의 파수이고, 세로축은 정규화된 진동수이다. n은 허미트 다항식 함수(Hermite polynomial function)의 차수로서 n이 커질수록 파동의 남북 파장은 짧아진다. Smith(2015).

캘빈 파동은 전향력의 영향을 거의 받지 않는 중력파로서, Fig.11.5의 좌측 상단에 정상 파동의 기압계를 보였다. 적도를 기준으로 반구 대칭적 구조를 보인다. 고압부에서 서풍이 불고 저압부에서 동풍이 불게 되어 Fig.11.1과 같은 전형적인 외부 중력 파동의 형태를 보인다. 고압부 동쪽

기상 역학

에 수렴 구역이 위치한다. 시간이 지나면 이 구역의 고도가 상승한다. 또한 기압 경도력이 고압부에서 저압부로 작용하며 시간이 지나면 고압부 동쪽의 수렴 구역에 서풍이 증가한다. 이렇게 해서 고도장과 바람장의 파동은 모두 동쪽으로 이동한다. 그림과는 달리 고압부에 동풍이 불고 저압부에 서풍이 분다면, 파동의 남북 끝단에서 지균풍 균형을 벗어나게 남북 방향으로 적도에 갇힌 파동 구조를 유지하기 어렵다(Holton, 2004). 따라서 캘빈 파동은 일반적인 중력 파동과는 달리 동쪽 방향으로만 전파하는 구조를 갖는다. 캘빈 파동의 이동 속도는 통상 100~200km/hr이나, 수렴 구역에서 구름대가 발달하면 45~90km/hr로 줄어든다. 수렴 구역에서는 잠열로 인해 기압이 낮아지므로 수렴에 따른 기압 상승 효과를 상쇄하기 때문이다.

관성 중력 파동은 캘빈 파동과는 달리 파동의 남북 규모에 따라 적도를 기준으로 반대칭적인 구조를 가지기도 하고 대칭적 구조를 갖기도 한다. 관성 중력 파동은 동쪽 또는 서쪽 방향으로 전파한다. 기압 섭동과 바람 섭동의 동서 위상 차이가 0이면 동진하고, π이면 서진한다. 우측 상단 그림은 서진하는 반구 대칭 관성 중력 파동이다. 고압부 서쪽에 수렴 구역이 위치하여 이곳에 기압 경향이 높아지므로 서진하게 된다. 남북 기류도 수렴 지역에 가세하게 되어, 적도 이북에는 고압부에서 바람이 반시계 방향으로 회전하고 적도 이남에는 시계 방향으로 회전한다. 저압부에서는 고압부와 반대 방향으로 바람이 회전한다. 한편 그림에서는 북반구 고압부 가장자리에 동풍이 불고, 저압부 가장자리에 동풍이 불어 지균풍을 만족하지 않는다. 만약 남북 바람 성분이 없다면 앞서 캘빈 파동에서 논의한 바와 같이 정상 파동으로 성립하기 어렵게 된다. 그럼에도 불구하고 정상

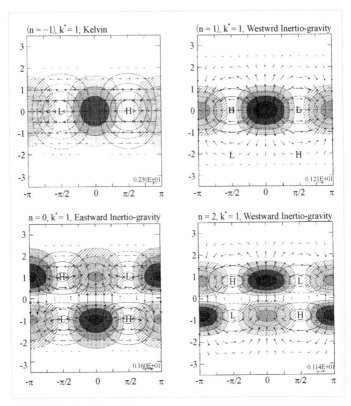

Fig.11.5 적도 부근의 천층 유체 방정식(shallow water equation)에서 도출한 정상 파동 구조 I. (상좌) 동진하는 반구 대칭 캘빈 중력 파동(Kelvin wave), (상우) 서진하는 반구 대칭 관성 중력 파동(inertial gravity wave), (하좌) 동진하는 반구 비대칭 관성 중력 파동, (하우) 서진하는 반구 비대칭 관성 중력 파동. k*는 정규화된 동서 방향의 파수이다. n은 허미트 다항식 함수(Hermite polynomial function)의 차수로서 n이 커질수록 파동의 남북 파장은 짧아진다. x축은 지구 둘레를 파동의 위상으로 나타낸 것으로, 긴 파동은 파장이 경도로 120도에 이른다. y축은 적도를 중심으로 정규화된 남북 거리다. 실선은 고압부(H) 주변의 등고선이고, 점선은 저압부(L) 주변의 등고선이다. 화살표는 바람 벡터이다. 바람 벡터의 상대적인 크기를 통해 수렴 발산 구역과 수증기 유입 통로를 유추해 볼 수 있다. 빗금 구역은 기류가 수렴하여 상승하는 구역이고, 음영 구역은 기류가 발산하여 하강하는 지역이다. Smith(2015).

기상 역학

파동의 형태가 가능한 이유는 파동계가 서진하면서 고압부 가장자리의 동풍이 전향력을 통해 유도하는 남풍을 자연스럽게 메꾸어 주기 때문이다. 저압부 가장자리에서는 서풍이 유도하는 북풍을 메꾸게 된다.

우측 하단 그림은 서진하는 반구 비대칭 관성 중력 파동이다. 반구 대칭 관성 중력 파동과 비교해보면 기압과 바람장의 구조는 유사하다. 한 반구의 기압계가 다른 반구의 기압계의 수렴 또는 발산 기류를 지원하는 점이 다른 점이다. 북반구 저압부 서쪽의 발산 기류는 적도를 가로질러 남반구 고압부 서쪽의 수렴 기류에 가세한다. 남반구 저압부 서쪽의 발산 기류는 마찬가지로 적도를 가로질러 북반구 고압부 서쪽의 수렴 기류를 지원한다. 좌측 하단 그림은 동진하는 반구 비대칭 관성 중력 파동이다. 서진하는 반구 비대칭 관성 중력 파동과 기압과 바람장의 구조는 유사하다. 다만 고압부에 동풍 대신 서풍이 불고, 저압부에 서풍 대신 동풍이 부는 점이 다르다. 이로 인해 수렴 구역은 고압부 동쪽에 배치하여 기압계의 동진을 지원한다. 관성 중력 파동은 캘빈 파동보다 이동 속도가 더 빠른 것이 특징이다. 앞서 고압부 서쪽의 수렴 구역에서 잠열이 발생하면 기압 경향이 낮아져 수렴에 따른 기압 상승 효과를 상쇄하므로 이동 속도는 느려진다.

로스비 중력 혼합 파동은 글자 그대로 파동 내부에 로스비파의 특성과 중력파의 특징이 섞여 있다. Fig.11.6의 좌측 그림에 반구 비대칭 혼합 파동을 제시하였다. 우선 적도에서 멀어진 곳에서는 바람장이 지균풍과 유사한 모습을 보인다. 북반구의 저압부 주변에는 반시계 방향의 바람이 불고, 남반구의 저압부 주변에는 시계 방향의 바람이 분다. 다만 적도 부근에 가까워지면 바람은 등압선을 가로질러 비지균풍에 가깝다. 남반구의 고압부 동쪽에서 적도를 가로질러 북반구의 저압부 동쪽까지 이어져 부는 남풍으로 인해 두 가지 현상이 일어난다. 첫째, 베타 효과다. 북반구에서는 적도 부근의 낮은 지구 소용돌이도가 유입하여 기압이 증가하고, 남반구에서는 아열대의 높은 지구 소용돌이도가 유입하여 기압이 낮아진다. 이로 인해 전체 파동은 북반구 남반구에서 모두 서쪽으로 이동한다. 둘째, 기류의 수렴 효과다. 남풍은 북반구 고압부 서쪽에서 수렴하며 기압을 높이고, 남반구 저압부 서쪽에서 발산하여 기압을 낮춘다. 이로 인해 파동은 서진하게 된다. 즉 적도를 가로지르는 남북류에 전향력과 수렴/발산 기류가 함께 작용하여 파동을 서진하게 한다. 혼합 파동은 수렴 발산 기류가 가세한 만큼, 전향력만으로만 움직이는 순수 로스비 파동보다는 이동 속도가 빠른 편이다. 한편 기류가 수렴하는 곳에서 구름대가 발달하면 잠열로 인해 기압이 낮아진다. 수렴에 따른 기압 상승이 저지되어 서진 전파 속도는 줄어든다.

우측 그림에 참고로 로스비 파동을 예시하였다. 중위도와 달리 저위도의 로스비파동의 특징 중 하나는 적도 부근에서 동서풍의 풍속이 강하다는 점이다. 북반구 저압부 남측에서 보면 서풍이 북측 가장자리보다 훨씬 강하다. 이는 적도 부근에서 전향력이 줄어들어 기압 경도력과 균형을 이루기 위해 더 강한 바람이 필요하기 때문이다. 앞서 혼합파와 마찬가지로 베타 효과로 인해 파동은 서진하게 된다. 주 수렴 구역도 양 반구 모두 저압부의 동쪽에 위치하여 구름대가 이곳에서 발달할 경우 서진 속도는 줄어들게 된다. 적도 부근에서 로스비 파동은 통상 35~70km/hr의 속도로 서진하지만, 수렴 구역에서 구름대가 발달하면 18~25km/hr로 느려진다.

열대 지역의 로스비 파동이나 관성 중력 파동은 열대의 적운 대류에서 비롯한 부력 에너지를 주변 지역으로 분배하는 역할을 하기도 하고, 적극적으로 집단적인 적운 활동을 조직화하는 역할을 하기도 한다. 열대 폭풍(또는 태풍)은 통상 저기압성 회전 기류가 발단이 되는데 이 파동들이 촉매 역할을 하는 경우가 적지 않다. 뿐만 아니라 메이든 줄리안 파동(MJO)이나 엘니뇨 남방 진동(ENSO)과 같이 장주기 운동계의 순환에서는 동서 방향으로 에너지를 실어 나르는 역할도 한다.

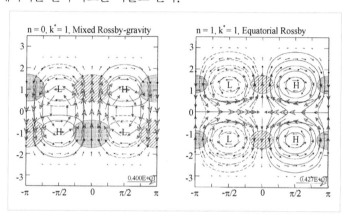

Fig.11.6 적도 부근의 천층 유체 방정식(shallow water equation)에서 도출한 정상 파동 구조 II. (좌) 서진하는 반구 비대칭 로스비–중력 혼합 파동(mixed Rossby gravity wave). (우) 서진하는 반구 대칭 로스비 파동(Rossby wave). k*는 정규화된 동서 방향의 파수이다. n은 허미트 다항식 함수(Hermite polynomial function)의 차수로서 n이 커질수록 파동의 남북 파장은 짧아진다. x축은 지구 둘레를 파동의 위상으로 나타낸 것으로, 긴 파동은 파장이 경도로 120도에 이른다. y축은 적도를 중심으로 정규화된 남북 거리다. 실선은 고압부(H) 주변의 등고선이고, 점선은 저압부(L) 주변의 등고선이다. 화살표는 바람 벡터이다. 바람 벡터의 상대적인 크기를 통해 수렴 발산 구역과 수증기 유입 통로를 유추해 볼 수 있다. 빗금 구역은 기류가 수렴하여 상승하는 구역이고, 음영 구역은 기류가 발산하여 하강하는 지역이다. Smith(2015).

지형 효과

1. 준지균 파동계

지형과 유사 베타 효과

우리나라 서쪽에는 광활한 티벳 고원이 자리잡고 있다. 서쪽에서 다가오는 상층 기압골의 일단은 Fig. 12.1과 같이 티벳 고원 북쪽 가장자리를 따라 동진한 후 시계 방향으로 틀어 점차 남동진하게 된다(Hsu, 1987). 그 역학적 배경은 다음과 같다. 고원 북측의 저기압의 후면에서는 북풍이 분다. 하층 기류는 사면을 따라가며 고도가 상승한다. 안정한 대기에서 온위는 고도에 따라 증가하므로, 사면을 따라 올라가는 기류는 낮은 온위를 높은 온위 지역으로 수송하여 온위를 낮추는 역할을 한다. 정역학 균형을 유지하기 위해 기층은 엷어지고 찬 공기는 하강한다. 하강 기류는 지면 부근에서 발산하여, 고기압성 회전 바람을 유도한다. 하강 기

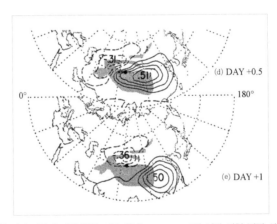

Fig.12.1 겨울철 해면 기압에 대한 종관 파동 성분(high pass filter)의 시간 지연 지점 상관(time lag point correlation) 패턴. 검정색 동그라미 기준점에 대한 양/음의 상관 지수는 각각 실선/점선으로 나타나 있다. 기준점의 시각을 기준으로 위 그림은 0.5일이 지난 시각의 상관 패턴이고, 아래 그림은 1일이 지난 시각의 상관 패턴이다. 채색 구역은 티벳 고원에서 해발 고도 2km가 넘는 지역이다. Hsu (1987).

류는 단열 압축으로 인해 승온되고 사면 상승에 따른 한기 이류 효과를 부분적으로 저지하는 역할을 한다. 같은 맥락에서 저기압 전방에서는 남풍이 불며 이번에는 사면을 내려가면서 높은 온위를 낮은 온위 지역으로 실고 간다. 기층은 두터워지고 따뜻한 공기는 상승한다. 상승 기류는 지면 부근에서는 수렴하여 저기압성 회전 바람을 유도한다. 상승 기류는 단열 냉각으로 난기의 유입 효과를 부분 상쇄한다. 사면을 상승하면 고기압이 강화되고 하강하면 저기압이 강화되므로, 파동계는 동쪽으로 이동한다.

잠재 소용돌이도 보존 원리를 가지고 이 과정을 설명할 수도 있다. 식 (8.2b)에서 연직 규모가 H인 천층 유체를 가정하고 베타 평면, $f \sim f_0 + \beta y$에서 북쪽으로 경사진 지면을 고려하면 준지균 잠재 소용돌이도는 다음과 같이 쓸 수 있다(Pedlosky, 1987).

$$q_p \sim f_0^{-1}\nabla^2\phi + (f_0+\beta y) + \alpha y + \left(-\frac{f_0}{H}h\right) \qquad (12.1)$$

여기서 α_0는 사면의 기울기이고, $\alpha = \alpha_0 f_0/H$는 이를 정규화한 것이다. h는 천층 유체의 연직 변위로서, $h \ll H$이다. 준지균 잠재 소용돌이도는 크게 4가지 요소로 구성된다. 우변의 첫 항은 상대 소용돌이도, 둘째 항은 지구 소용돌이도, 셋째 항은 지형에 따른 신장 소용돌이도, 넷째 항은 유체의 대기 안정도 또는 연직 변위에 따른 신장 소용돌이도다. $\alpha > 0$이면 y방향으로 멀리 갈수록 사면의 고도는 높아진다. 사면 위를 흐르는 기층의 신장 소용돌이도는 증가하고 대신 상대 소용돌이도는 감소한다. h가 증가하면 유체가 연직으로 신장하며 대기 안정도가 낮아진다. 신장 소용돌이도는 감소하고 상대 소용돌이도는 증가한다. b가 감소하면 유체가 연직으로 수축하며 대기 안정도가 높아진다. 신장 소용돌이도는 증가하고 상대 소용돌이도는 감소한다. 외력이 작용하지 않는다면 잠재 소용돌이도는 보존되는데, 지구 소용돌이도의 β와 지형 효과 α는 각각 y에 대한 일차원 함수의 계수로서 잠재 소용돌이도에 기여하는 역할이 같다. 물론 이러한 원리

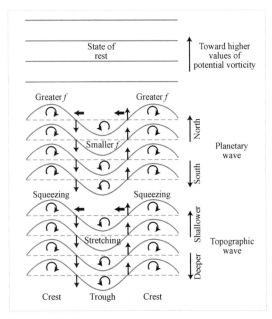

Fig.12.2 지형에 따른 유사 베타 효과. 북반구에서 지구 소용돌이도나 남쪽을 마주보는 경사면(북쪽으로 갈수록 지형 고도가 높아지는 사면)은 모두 기본장의 잠재 소용돌이도가 북으로 가면서 높아지는 여건(윗 그림의 화살표 방향)을 조성한다. 지구 소용돌이도(f)가 북으로 갈수록 증가하는 여건에서, 대규모 파동계(planetary wave)는 가운데 그림과 같이 두터운 화살표 방향으로 서진한다. 기압능(crest)의 서쪽에서는 남풍이 낮은 지구 소용돌이도(smaller f)를 이류하여 능이 강화되고, 기압골(trough)의 서쪽에서는 북풍이 높은 지구 소용돌이도(greater f)를 이류하여 기압골이 강화되기 때문이다. 마찬가지로 지형 파동(topographic wave)은 아래 그림과 같이 두터운 화살표 방향으로 서진한다. 기압능의 서쪽에서는 남풍으로 인해 유체의 두께가 점차 줄어든다(squeezing). 신장 소용돌이도가 증가하고 상대 소용돌이도는 줄어들면서 기압능이 발달한다. 기압골의 서쪽에서는 북풍으로 인해 유체의 두께가 점차 늘어난다(stretching). 신장 소용돌이도가 감소하고 상대 소용돌이도는 늘어나면서 기압골이 발달한다.

http://vortex.ihrc.fiu.edu/GLY6061/members/lectures/Lect4_reading.pdf

는 어디까지나 지균풍 균형과 정역학 균형이 유지되는 대규모 운동계에서만 유효하다.

북반구에서는 고위도로 갈수록 지구 소용돌이도가 증가하여, $\beta > 0$이 되고, 베타 효과에 따라 중관 파동은 서진하게 된다. 마찬가지로 북으로 갈수록 사면이 높아지는 지형에서는 $\alpha > 0$이 되어 지형에 따른 신장 소용돌이도가 증가한다. 사면 위에 놓인 종관 파동 역시 Fig. 12.2와 같이 서진하게 된다. 기압능의 서쪽에서는 남풍으로 인해 유체의 두께가 점차 줄어든다. 신장 소용돌이도가 증가하고 상대 소용돌이도는 줄어들면서 기압능이 발달한다. 기압골의 서쪽에서는 북풍으로 인해 유체의 두께가 점차 늘어난다. 신장 소용돌이도가 감소하고 상대 소용돌이도는 늘어나면서 기압골이 발달한다. 이제 Fig. 12.2의 그림을 남북으로 뒤집으면, Fig. 12.1과 같이 티벳의 북쪽을 지나는 파동이 느끼는 사면의 기울기가 된다. 산지가 파동의 남측에 위치하고 이번에는 파동계가 동진하게 된다. 북쪽으로 가면서 지형의 고도가 높아지면 온위는 증가하므로, Fig. 8.4의 우측 그림에서 기본장의 $\bar{\theta}$를 남북 방향으로 뒤집은 것과 같다. 따라서 로스비 파동계는 서진하게 된다.

로스비 정체 파동

서풍 기본류가 산악에 부딪히면 잠재 소용돌이도 보존 원리에 따라 풍상측에서는 기류가 연직으로 수축하며 (−)소용돌이도가 증가하고 풍하측에서는 (+)소용돌이도가 증가한다. 산악에 반응하는 정체 파동계에서는 어느 지점을 선택하더라도 잠재 소용돌이도가 시간에 따라 늘지도 줄지도 않아야 한다. 장파동은 베타 효과가 서풍에 의한 이류 효과보다 우세하므로 Fig. 12.3(a)와 같이 풍상측에서는 북풍이 불어 지구 소용돌이도를 끌어오며 소용돌이도 균형을 맞추게 된다. 산 능선에는 저압부가 포진하고 산 아래는 고압부가 배치하게 된다. 반면 단파동은 서풍에 의한 소용돌이도 이류 효과가 베타 효과보다 우세하므로 이번에는 Fig. 12.3(b)와 같이 산 정상부에 고압부가 놓이고 산 아래 저압부가 자리잡는다. 풍상측에서는 서풍이 (+)소용돌이도를 이류하여 지형 효과와 균형을 이루고, 풍하측에서는 (−) 소용돌이도가 이류하여 지형 효과와 수지를 맞춘다.

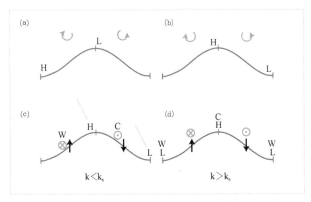

Fig. 12.3 서풍이 지형에 부딪혀 일어나는 대기의 반응. 동서로 자른 연직 단면도에서 나타낸 것이다. (a)와 (b)는 순압 대기에서 각각 산마루에 저기압(L), 고기압(H)이 형성되는 경우. 시계 방향과 반시계 방향 화살표는 각각 고기압성 회전 바람과 저기압성 회전 바람이 생성되는 것을 나타낸다. (c)와 (d)는 경압 대기에서 각각 대기 파동의 위상이 고도에 따라 서쪽으로 편향(기울어진 실선) 되거나 일정한 경우. C는 찬 공기, W는 따뜻한 공기. 점이 박힌 원은 지면 밖으로 나오는 바람, 십자가 박힌 원은 지면으로 들어가는 바람. 화살표는 연직 바람을 각각 나타낸다. (a)와 (c) 는 지형의 파장(k^{-1})이 기준값(k_s^{-1})보다 크고, (b)와 (d)는 지형의 파장이 기준값보다 작다. $k_s = (\beta/\bar{u})^{1/2}$로서, 베타 효과와 서풍에 의한 이류 효과가 균형을 이루는 파수다. Hoskins and Karoly(1981)

경압 대기에서 산악에 대한 대기의 반응은 좀 더 복잡하다(Hoskins and Karoly, 1981). 풍상측에서는 기류가 상승하며 단열 냉각된다. 풍하측에서는 단열 승온된다. 장파장의 경우는 Fig. 12.3(c)와 같이 풍상측에서는 남풍이

기상 역학

난기를 이류하고, 풍하측에서는 북풍이 한기를 이류하여 각각 열적 균형을 맞추게 된다. 산정에는 고기압이 위치하게 된다. 로스비 파동의 구조상 열을 북쪽으로 수송하기 위해서는 상층으로 갈수록 위상이 서쪽으로 편향되는 역위상의 연직 구조를 갖게 된다. 자연히 풍상측 비탈면에는 난기, 풍하측 비탈면에는 한기가 위치하게 된다. 풍상측에서 하층 난기 이류는 대기 안정도를 낮추고 신장 소용돌이도를 떨어뜨린다. 지형 효과로 인한 신장 소용돌이도 증가분을 보상하게 된다. 마찬가지로 풍하측에서도 하층 한기 이류로 인한 신장 소용돌이도 증가는 지형 효과와 상쇄된다.

장파동이 에너지를 상층으로 전파하는 반면, 단파동에서는 Fig.12.3 (d)와 같이 에너지가 위로 전파되지 못하고 하층에 갇혀 있게 된다. 따라서 지면과 같은 위상을 갖게 되고 평지에는 온난한 저기압이 위치하게 된다. 북반구 겨울철 티벳 고원의 동쪽에는 Fig.12.4와 같이 장파 골이 자리잡고, 고도에 따라 서쪽으로 위상이 기울어져 있는 정체 파동의 구조를 보인다. 이는 Fig.12.3 (c)와 유사한 패턴이다. 반면 로키 산맥 동쪽에서는 정체

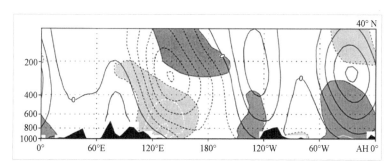

Fig.12.4 북반구 겨울철 지위 편차와 기온 편차의 연직 분포. 북위 40°N를 따라 동서로 자른 연직 단면에서, 동서 평균장에 대한 편차를 보인 것이다. 세로축은 기압이다. 지위의 등치선은 50m 간격이고, 점선은 음의 편차다. 기온 편차의 등치선은 3도 간격이고, 진한 채색 구역은 양의 기온 편차, 연한 채색 구역은 음의 기온 편차다. 지형은 그림 하단에 진한 검정색으로 표시되어 있다. Nigam and DeWeaver(2003).

파동의 세기가 상대적으로 약한 편이다.

경압 파동의 연직 전파 과정에 대해서는 이미 Fig.8.5와 Fig.8.6에서 설명한 바 있다. 상향 전파하는 과정에서 서풍의 풍속이 강하면 파동이 풍상측에 새로운 파동을 유도하기 전에 서풍의 이류 효과가 이를 압도하여 파동의 연직 전파는 어렵게 된다. 또한 파동의 규모가 작아지면 기본장의 잠재 소용돌이도를 남북으로 끌어내는 힘보다 서풍의 동서 이류 효과가 우세하여 연직 전파가 어려워진다. 식 (6.16)에서 q'대신

$$q' = \left(\partial^2/\partial x^2 + \partial^2/\partial y^2 + \frac{1}{\rho_0}\frac{\partial}{\partial z}\rho_0\frac{f_0^2}{N^2}\frac{\partial}{\partial z} \right)\psi'$$ 를 대입하면 경압 대기에 대한 선형 잠재 소용돌이도 방정식을 갖게 된다. 남북과 연직 방향으로 전파하는 파동의 굴절 지수 또는 파수는 순압 대기의 식 (9.10)과 유사한 형태를 보인다(Randall, 2005).

$$n^2 = \frac{4N^2H_0^2}{f_0^2}\left(\bar{q}_y/(\bar{u}-c) - k^2 - \frac{f_0^2}{\sqrt{\rho_0}N}\frac{\partial}{\partial z}\frac{\sqrt{\rho_0}}{f_0^2} \right) \tag{12.2}$$

여기서 z는 로그를 취한 기압, $H_0 = RT_0/g$는 등온 대기 연직 규모이다. 또한 동서 방향으로는 이상적인 파형 $e^{ik(x-ct)}$을 가정하였다. 우변 괄호 안의 마지막 항은 대기 안정도와 관련된 것이다. 파동이 연직으로 전파하기 위해서는 (12.2)의 우변이 양의 값을 가져야 하므로, 앞서 순압 대기의 조건인 (6.21)과 마찬가지로,

$$\bar{u}_c > \bar{u}-c > 0, \tag{12.3}$$

$$\bar{u}_c = \bar{q}_y\left(k^2 + \frac{n^2 f_0^2}{4N^2 H_0^2} + \frac{f_0^2}{\sqrt{\rho_0}\,N}\frac{\partial}{\partial z}\frac{\sqrt{\rho_0}}{N}\right)^{-1}$$ 을 만족해야 한다. 식 (12.3)의 의미는 잠재 소용돌이도 섭동의 전파 과정에서도 확인할 수 있다. 앞서 순압 파동 전파의 조건식 (6.21)에서 서풍 상한은 (6.19a)에서 풍하측에 새로운 파동이 발생하는 속도, 즉 파동 위상의 상대 좌표계에서 바라본 군속도와 같다. 기본장의 $\bar{q}_y > 0$일 때, 파동열의 북쪽으로 $\pi/2$ 파장 동쪽에 새로운 파동이 발생하는데, 기본장의 서풍이 지나치게 커지면 새로운 파동이 유도되기도 전에 이류에 의해 멀리 풍하측으로 달아나 잠재 소용돌이도가 유도하는 바람의 영향권에서 벗어나 버린다. 경압 파동의 경우에도 기본장의 서풍이 $\bar{u}_c$보다 작아야 파동열의 위쪽으로 $\pi/2$ 파장 동쪽에 새로운 파동이 발생하여, 파동의 상향 전파가 가능해진다.

파장이 짧아 동서 파수 k가 커지면, (12.2)에서 $n^2 < 0$이 되어 경압 파동은 상부로 가면서 소멸한다. 반면 서풍이 약하고 동서 파수가 몇 개 안 되는 장파동에서는 성층권까지 연직으로 에너지가 전파할 수 있다(Held, 1983). 여름 반구에서는 성층권에 동풍이 불게 되어, 경압 파동이 성층권으로 진입하기 어렵다. 대류권과 성층권의 상호 작용은 약해진다. 겨울 반구에서는 성층권에 서풍이 형성되어 대류권의 장파동이 성층권으로 전달된다. 연직으로 전파하는 경압 파동은 고도에 따라 밀도가 감소하여 파동의 진폭이 커진다. 게다가 임계층($\bar{u} - c = 0$)에 접근하면 (12.2)의 굴절 지수가 급격히 증가하며 군속도가 느려지고 엘리어슨 팜 플럭스가 수렴하며 로스비 파동의 파쇄가 진행된다. 중위도 성층권에서 서풍이 감속하면 연직 시어가 작아지고 온도풍 관계를 유지하도록 (10.6)에 따라 이차 순환이 유도된다. 적도 성층권에서는 기류가 상승하여 단열 냉각하고, 겨울 반구 극성층권에서는 단열 승온하여 남북 기온 경도는 줄어들고 연직 시어와 균형

을 맞춘다. 또한 이차 순환의 상부에서는 남풍이 전향력을 통해서 서풍을 가속하여 로스비 파동 파쇄 효과를 부분 상쇄한다.

겨울 반구 성층권에서 극야 제트(polar night jet)가 약화되며 나타나는 돌연 승온(sudden warming) 현상도 경압 파동의 파쇄로 극야 제트가 감속하는 것이 주요 원인으로 꼽힌다. 성층권 서풍이 줄어들면 연직 전파 조건이 완화되어 더 많은 파동이 상부로 전달된다. 서풍 감속으로 인해 임계층이 형성되면 임계층 밑으로는 엘리어슨 팜 플럭스가 수렴하며 파쇄가 심해진다. 서풍 감속은 더욱 빨라지며 극야 제트가 감싸던 한기 주머니가 무너지고 돌연 승온으로 이어진다.

2. 중력 파동계

연직 구조

지형에 반응하는 내부 중력 파동은 지형 위에 정체하므로, 파동 위상의 전파 속도는 지향류와 균형을 이룬다. 지향류가 서쪽에서 동쪽을 향해 분다면 위상은 서쪽으로 전파한다. 한편 중력 파동 위상의 연직 전파 방향은 Fig.11.2에서 살펴본 바와 같이 에너지 플럭스 방향과 반대다. 산악에 부딪혀 생성된 에너지 플럭스는 위를 향하므로, 자연히 파동 위상은 아래를 향해 전파하게 된다. 산악에 부딪히는 지향류의 풍속이 약한 때는 파동이 상층까지 이르고, 풍속이 강한 때는 하층부에 갇히게 된다. 임계 풍속은 $|\bar{u}| \leq Nk^{-1}$이다. 여기서 N은 브런트 바이살라 진동수, k는 동서 파수이다. 중력 파동의 진동수는 위상선이 수직에 가까울수록 N

에 수렴하고, 수평에 가까워지면 그 값이 작아진다. 지향류 $\bar{u}$가 산악에 부딪혀 반응하는 정체 파동에서 도플러 진동수 $\bar{u}k$는 중력 파동의 진동수와 같다. 풍속이 커지면 도플러 진동수 $\bar{u}k$가 N보다 커지게 되어 파동계는 더 이상 복원력을 상실하고 하부에 갇히게 된다[37].

정체 파동의 파장은 바람에 직각인 산악의 규모에 상응할 것이므로, 산악의 규모가 커질수록 k도 함께 작아져서 상층으로 전파할 수 있는 풍속 범위가 넓어지게 된다. 반면 산악의 규모가 작으면 하층부에 파동이 갇히기 쉽다. 한편 대기가 안정하면 N이 커져 상층으로 파동이 전파하기 유리하고 대기 안정도가 낮아지면 하층에 갇히기 쉽다. 대기가 안정할수록 상승 또는 하강 운동에 따른 단열 감온이나 승온의 폭이 커져 중력 파동의 복원력이 강해지기 때문이다. 내부 중력 파동은 연직 대기 조건에 따라 상층으로 에너지를 전달하거나, 임계층(critical layer)에서 반사되어 제자리에서 움직이는 파동(standing wave) 형태를 취하기도 한다. Fig.12.5에서 위 그림은 상층부로 전파하는 산악 중력 파동이고, 아래 그림은 하층부에 갇힌 산

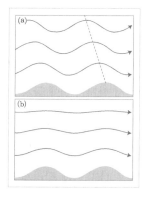

Fig.12.5 이상적인 사인(sin) 파형의 지형에 반응하여 정체하는 기류의 유선(화살표). (a) $N^2 > \bar{u}^2 k^2$, 상향으로 파동이 전파하는 경우. 점선은 기압능의 위상이다. 고도에 따라 서쪽으로 기울어져 파동의 에너지가 상향 전파하는 것을 의미한다. (b) $N^2 < \bar{u}^2 k^2$, 파동이 하층부에 갇힌 경우. 파동의 진폭은 고도에 따라 감소한다. N은 대기 안정도, $\bar{u}$는 기본장의 서풍, k는 파동의 동서 파수이다. Markowski(2010, Fig.12.3).

. . . .

[37] http://twister.caps.ou.edu/MM2015/docs/class/syllabus.pdf

악 중력 파동을 보인 것이다.

윗 그림에서 산지 위에 놓인 기압능은 고도가 상승할수록 지향류를 거슬러 풍상측으로 뻗게 되고, 그 바로 풍하측에는 기압골 주변의 유선이 산비탈과 나란하게 놓이게 된다. 위상선이 풍상측으로 기울어져 있어서 풍하측 사면에서 지형과 기압골 사이에는 유선이 밀집하게 된다. 아래 그림에서는 임계층이 파동의 가이드 역할을 하여, 갇힌 파동은 풍하측 먼 곳까지 이어진다. 렌즈형 구름은 갇힌 파동계에서 상승 기류가 일어나는 고압부 주변에서 발생한다. 이는 종관 파동계에서 저압부 위에 상승 기류가 포진하는 것과 다른 모습이다.

기류가 산을 넘지 못할 때

기류가 산을 넘게 되면 지형에 의해 유도된 연직 기류로 인해 내부 중력 파동이 상부로 전달된다. 하지만 바람이 약하거나 대기가 안정하여 산을 넘지 못하고 측면을 우회하는 경우도 적지 않게 나타난다. 산에 접근하는 바람은 마찰력의 작용으로 속도가 느려진다. 남북으로 이어진 산맥에 동풍이 접근한다고 하자. 마찰력이 작용하며 기류는 산지를 끼고 북풍으로 변하게 된다. 또한 유속이 느려져 기류가 쌓이면서 산지 주변에 국지 고기압이 형성된다. 이처럼 바람의 변화에 주변 기압계가 적응해가는 과정은 (11.1)에서 정의한 로스비 변형 반경의 범위인 약 1,000km에 국한된다.

역전층이 강하거나 대기가 안정돼 있으면 기류는 산지 아래 깔리게 되고 약하게 산지를 활승하는 기류는 단열 냉각되어 점차 차가워진다. 산지를 끼고 형성된 북풍이 북쪽의 한기를 끌어내려 기온은 더욱 하강하게 된

기상 역학

다. 기류가 사면을 서서히 상승하는 동안 안개나 하층운이 형성되어, 햇볕이 차단되고 기온 상승을 저지한다. 결국 산 아래 찬 공기가 갇혀(cold air damning) 산지로 접근하는 기류는 기껏해야 찬 공기 돔 위를 완만하게 상승하는데 그친다.

산 위를 기류가 넘을 것인지 아니면 측면으로 우회할 것인지는 대기 안정도와 풍속의 우열에 달려 있다. 대기가 안정할수록 기류가 산을 넘기 어려워지는 반면, 풍속이 강하면 안정한 대기의 저항을 이겨내며 산을 넘기 유리하다. 또한 산의 고도가 높을수록 기류가 산 정상을 넘기 어렵다. 기류의 풍속, 대기 안정도, 산 고도의 3가지 효과를 하나의 지수로 표현한 것이 프라우드 수(Froude number) F_{rd}이다.

$$F_{rd} = \frac{\bar{u}h}{N} \qquad\qquad (12.4)$$

여기서 $\bar{u}$는 산맥에 직각인 방향의 풍속, h는 산의 높이다. F_{rd}이 1보다 크면 바람이 안정한 대기의 저항을 이겨내고 기류가 산 위를 넘을 수 있게 된다. 이 값이 1보다 작으면 대기가 안정하거나 기류의 풍속이 약해 산 위를 넘지 못하고 우회하게 된다.

풍하측 강풍

산을 넘은 기류는 사면을 따라 하강하며 때로는 국지적으로 강풍(downslope wind)을 유발한다. 하강풍의 풍속은 중력 파동의 조건, 풍상측의 역전층, 산에 유입하는 기류의 조건에 따라 달라진다.

첫째, 풍하측 강풍이 발생하려면 일단 산악에 직각인 바람의 풍속이 충분히 강해야 한다. 둘째, 이 기류가 산을 넘을 수 있어야 한다. 대기가 안정할수록 그만큼 기류는 산을 넘기 어려워진다. 또한 찬 공기가 산 아래 깔리면 대기는 더욱 안정해진다. 프라우드 수가 1 이하이면 기류가 강하더라도 산을 넘기 어렵다. 반면 프라우드 수가 1보다 훨씬 높아지면 기류가 산을 넘게 되지만, 연직으로 기류가 확산되고 중력 파동에 의해 에너지가 상부로 전파하므로 하강풍에 에너지가 쏠리기 어렵다. 프라우드 수가 1 부근에서 머물 때가 강풍에 유리하다.

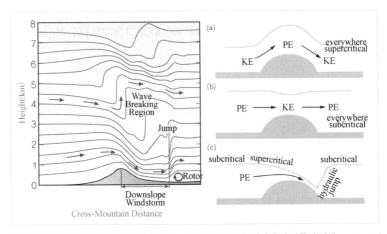

Fig.12.6 (좌) 풍하측 강풍의 연직 단면도. 화살표는 기류의 흐름이다. 산악 중력 파동의 파쇄(wave breaking)가 일어나며 임계층이 형성되는 가운데 풍하측에 강풍(downslope windstorm), 물 띈 현상(hydraulic jump), 회전형 난류(rotor)가 유발된다. Carney et al., (1996)과 http://www.inscc.utah.edu/~hoch/KMA/2016b_KMA_DynamicallyDriven_Hoch.pptx.pdf. (우) 산악을 넘는 기류 패턴. 유체의 상단이 열려있고 단일한 밀도를 가진 하나의 층으로 구성된 유체에서 프라우드 수(F_{rd})를 기준으로 기류 패턴은 세 가지로 나누어진다. (a)와 (b)는 전 구간에 걸쳐 각각 초임계 흐름(supercritical, $F_{rd}>1$)과 아임계 흐름(subcritical, $F_{rd}<1$)이고, (c)는 $F_{rd}\sim1$ 부근의 값을 갖고 산악을 넘기 전에는 아임계 흐름을 보이다가 산악을 넘으면서 초임계 흐름으로 전이하여 물 띈 현상(hydraulic jump)을 보이는 경우다. 초임계 흐름에서는 기류가 산악을 넘으면서 운동 에너지가 위치 에너지로 전환하고 평지로 내려오며 위치 에너지는 다시 운동 에너지로 전환한다. 산 정상 부근에서 기류의 풍속은 최저가 되었다가 평지로 내려오면서 본래의 풍속을 회복한다. 반면 아임계 흐름에서는 기압 경도력이 우세하여 기류가 산악을 넘으면서 유체의 깊이는 얇아지고 대신 풍속이 강해진다. 산 정상 부근에 저압부가 위치한다. 물 띈 현상은 아임계 조건에서 출발한 기류가 산 정상에 근접하며 풍속이 강해지다가 산악을 넘어서면 초임계 조건하에서 계속 풍속이 강해지게 된다. Markowski(2007, Fig.12.12)

기상 역학

셋째, 산 위에 역전층이 형성되면, 이것이 산악을 넘는 기류의 파동 가이드 역할을 한다. 베르누이 원리에 따라 산정으로 유입한 기류가 좁은 통로를 통과하며 풍속이 강해지고 이어 산비탈을 내려가면서 중력이 가세하여 하강풍이 더욱 강해진다. 하강 국면에서 대기 안정도가 높지 않으면 산악을 넘은 강풍이 산비탈을 저항 없이 내려오도록 지원하게 된다(Markowski, 2007). 일반적으로 상층으로 갈수록 풍속은 강해지는데, 대기 중층의 강풍이 수평으로 산 정상에 접근한 후 하강풍에 가세하면 풍하측 풍속은 더욱 강해진다(MetED, 2004a).

넷째, 파동이 중하층에 갇히게 되면 풍하측 강풍이 발생하기 유리하다. 상층에 임계층(critical layer)이 존재하면 산지와 임계층 사이의 기층이 파동 가이드 역할을 하면서 풍하측의 파동을 지원한다(Durran, 1980). 산악에 부딪힌 내부 중력 파동이 충분히 성장하여 위로 전파하며 파쇄(wave breaking)되면 바람의 방향이 바뀌며 풍속이 0이 되는 임계층이 자연스럽게 형성되기도 한다. 프라우드 수가 1 부근이면 Fig.12.6과 같이 산지에 접근하는 기류는 아임계 흐름(subcritical flow)을 보이면서 기압 포텐셜이 운동 에너지로 전환되고 풍속이 점차 강해진다. 산을 넘게 되면 초임계 흐름(supercritical flow)으로 전이하면서, 산정의 위치 에너지가 운동 에너지로 전환하고 산비탈을 내려오면서 풍속은 계속 강해지는 시나리오가 가능하다는 것이다.

3. 국지풍

베르누이 원리

협곡을 흐르는 국지 강풍(gap wind)은 (7.5b)의 베르누이 원리를 통해 이해할 수 있다. 비탄성계에서 기류의 연직 변화가 적고 시간에 따라 일정한 흐름을 유지한다고 가정하면, 풍속이 강한 곳에서 역학적 기압이 낮고 풍속이 약한 곳에서 역학적 기압이 높아진다. 바람이 가속하려면 그만큼 기압 경도력이 뒷받침해주어야 한다. 저기압을 향한 바람은 가속하고 저기압 중심에 이르면 풍속은 최대가 된다. 에너지 관점에서 보면 풍속이 강해지는 곳에서는 기압 포텐셜이 운동 에너지로 전환하고, 풍속이 약해지는 곳에서는 운동 에너지가 기압 포텐셜로 전환된다.

좁은 협곡을 따라 Fig.12.7과 같이 기류가 흐르게 되면, 바람은 좁은 통로를 지나면서 빨라지고 협곡 중간 부분에서 역학적 기압이 낮아지게

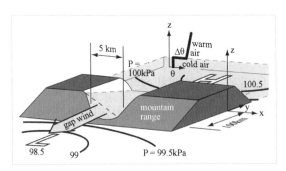

Fig.12.7 협곡의 국지풍(gap wind)을 유발하는 기상 조건. 대규모 기압계는 산맥(mountain range)에 나란하게 협곡의 입구에 고기압(H), 출구에 저기압(L)이 각각 자리잡고, 입구에서 출구 방향으로 기압 경도력(화살표)이 작용한다. 지균풍은 산맥에 나란하게 불어 협곡을 통과하기 어렵다. 상부에 따뜻한 공기(warm air)가 놓여 하층이 안정한 가운데 협곡 입구에 접근하는 기류는 사면을 상승하며 차가워지고 하부에 쌓여 한기풀(cold air)을 형성하고 국지적으로 기압은 더욱 높아진다. 기압 경도력의 방향으로 찬 공기는 출구를 향해 흐르고 여기에 베르누이 원리에 따라 좁은 협곡을 따라 기류가 통과하며 풍속은 더욱 강해진다. 풍속은 출구 부근에서 최대가 된다. Stull(2015).

기상 역학

된다. 이러한 베르누이의 원리에 덧붙여서, 현실에서는 다음 몇 가지 추가적인 요인을 함께 고려해 주어야 한다(MetED, 2003). 첫째, 협곡에 접근하는 기류는 저항을 받아 속도가 느려지고 계곡 입구 주변에 쌓이게 된다. 자연히 기압이 높아진다. 한편 협곡 출구를 벗어나는 기류는 저항이 줄어들며 기압이 낮아진다. 입구에서 출구 사이에 형성된 기압 차로 인해 기압 경도력이 작용하며 풍속은 협곡 중간보다는 출구 부근에서 최대가 된다.

둘째, 대규모 기압계의 영향이다. 전향력과 기압 경도력이 균형을 이루는 지균풍은 기압계의 변동이 작을 때 가능하다. 한편 기류가 산맥에 접근하면서 마찰과 저항으로 인해 풍속이 약해지면, 미처 기압계가 균형을 이루기도 전에 전향력이 작아지며 지균풍은 감속하고 대신 저기압을 향해 불어가는 비지균풍 성분이 증가하게 된다. 협곡이 등압선과 직각으로 배치하면 비지균풍이 협곡으로 불어들게 되어 국지풍이 증가한다. 반면 협곡이 등압선과 나란하면 비지균풍은 협곡으로 지나가기 어렵게 된다. 협곡의 규모가 10~100km 이상으로 커질 때 대규모 기압계의 영향도 커진다. 협곡이 수 km 이하로 작으면 그 영향도 작아진다.

셋째, 대기 안정도의 작용이다. 협곡은 막힌 관과 달리 위로 열려있다. 대신 대기 안정도가 협곡 위의 뚜껑 역할을 한다. 대기가 안정할수록 산지에 접근하는 기류는 협곡으로 파고들고, 기류를 협곡 안에 가두어 두는 뚜껑의 효율도 높아진다. 반면 대기가 불안정하면 기류는 산지 위를 넘게 되고 협곡으로 흐르는 기류도 위로 확산하게 된다. 대기가 안정하면 사면을 따라 상승하는 공기는 단열 냉각으로 차가워지고 찬 공기는 계속 쌓여 더욱 안정한 성층을 형성한다. 대기가 연직으로 안정할수록 협곡 출구의 풍속은 증가한다고 하겠다.

넷째, 협곡 출구가 입구보다 낮게 기울어져 있다면, 중력이 가세하여 출구의 풍속은 더욱 높아진다.

해안 강풍

남북으로 배열한 산지를 향해 서쪽의 안정한 해양성 기단에서부터 지균풍이 직각에 가까운 각도로 부는 장면을 상정하자. 지균 관계에 따라 남쪽에 고기압, 북쪽에 저기압이 각각 놓여있다. 지균풍은 산지에 접근하며 점차 유속이 느려지고 저기압을 향해 점차 비지균풍 성분이 증가한다. 안정한 기층이 상부 뚜껑 역할을 하고, 바다 쪽에서는 지균풍이 불어 들기 때문에 기류는 자연히 북쪽으로 강하게 흐르고 산지를 벗어나는 지점에서 풍속은 최대가 된다.

이제 해안선을 향해 Fig.12.8과 같이 온대 저기압이 서쪽에서 접근하면, 저기압 중심에서 4시 반 방향에서는 해안선 부근에서 남서풍이 불게 된다. 마찰력이 작용하여 풍향은 점차 산지(여기서는 해안선)에 나란한 방향으로 변해 간다. 온대 저기압의 전면에서는 대기가 안정하고 역전층이 형성되어 있어, 지형에 갇힌 기류는 기압 경도력의 방향으로 북진하며 기속한다. 한여름이 아니라면 대기 하층에서 바다 쪽이 내륙보다 따뜻하므로 온도풍 관계를 만족하려면 하층으로 갈수록 남풍이 강해지게 된다. 다만 지면의 마찰력이 작용하기 때문에 역전층 바로 아래 고도에서 풍속은 최대가 된다. 해안 부근의 강풍은 지형 효과와 해륙의 온도 차로 인한 경압적 대기 조건으로 인해 인접한 외해의 바람보다 강해지게 된다.

한랭 전선도 지형에 접근하며 점차 이동 속도가 느려진다. 먼저 해안

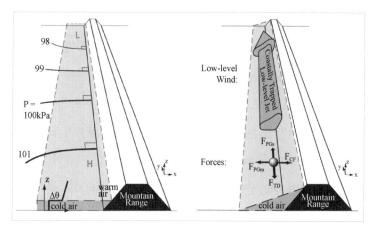

Fig.12.8 해안 강풍의 모식도. 산맥(mountain range)이 해안선에 나란하게 배치한 가운데, 산맥의 북측에 저기압(L)이 동진(x방향)하며 접근하면, 북쪽(y방향)으로 가면서 기압이 낮아져 기압 경도력은 북쪽을 향한다. (좌) 찬공기(cold air)가 하층에서 해안으로 유입하고 하층 대기는 안정한 역전층을 형성하며, 찬 공기를 지면 부근에 가두는 파동 가이드 역할을 한다. 역전층 위의 따뜻한 공기(warm air)와 아래 찬 공기의 온위 차 $\Delta\theta$는 역전층의 강도를 나타낸다. (우) 역전층에 갇힌 하층 바람은 대규모 기압계의 기압 경도력(F_{PG})의 방향으로 가속하며 하층 강풍대(coastally trapped low level jet)를 형성한다. 하층 강풍으로 인해 동쪽으로 전향력(F_{CF})이 작용한다. 한편 산맥 부근에 쌓인 찬 공기층은 국지 고기압을 형성하고 이로 인해 중규모 기압 경도력(F_{PGm})은 바다를 향한다. 중규모 기압 경도력과 전향력은 서로 균형을 이루며 하층 강풍은 산맥에 나란히 불게 된다. 난류를 동반한 마찰력(F_{TD})은 하층 강풍의 반대 방향으로 작용한다. Stull(2015).

에 도달하는 전선대 일단은 지형의 저항으로 느려지는 반면 다른 부분은 정상 속도로 접근하다 보니 시간이 지나면서 전선대가 해안선에 나란하게 변형되어 가는 것이다. 때로는 상층의 한랭 전선이 지상의 전선을 앞질러 산지를 향해 전진하여 강한 적란운을 유발하기도 한다. 한랭 전선이 통과한 후에는 대기가 건조하고 풍속이 강해지고 경계층의 혼합이 활발해지면서 건조 단열선에 가까운 연직 기온 구조를 보이게 된다. 자연히 하층의 대기 안정도는 떨어진다. 하층의 프라우드 수는 커지게 되고, 하층 기류는 손쉽게 사면을 상승할 수 있게 된다. 산지를 넘으면 단열 냉각에 의해 산지에 기압능이 강화되고 풍하측에서는 단열 승온하며 열적 기압골이 유도

된다.(MetED, 2006)

　한편 동서로 이어진 해안선 남쪽에 고기압이 위치하며 해안선에 나란하게 서풍이 불게 되는 경우가 있다. 해안선 북쪽에 산지가 자리잡고 있다면 해양성 기단으로 인해 하층 대기가 안정한 가운데, 낮에 일사로 인해 산지가 달궈지면 온도풍 관계로 인해 대기 역전층까지 낮은 고도에서 강한 해안 서풍(coastal barrier jet)이 불게 된다. 안정한 기층이 파동의 가이드 역할을 하며 해안선에 나란한 하층 강풍이 유지되기도 한다.(MetED, 2004b)

기상 역학

Bechtold, P., 2015: Atmospheric moist convection. ECMWF training course lecture note, 85pp.

Blackmon, M. L., J. M. Wallace, N.-C. Lau, and S. L. Mullen, 1977: An observational study of the Northern Hemisphere wintertime circulation. *J. Atmos. Sci.*, **34**, 1040-1053.

Blanchard, D. O., W. R. Cotton, and J. M. Brown, 1998: Mesoscale circulation growth under conditions of weak inertial instability. *Mon. Wea. Rev.*, **126**, 118-140.

Bluestein, H. B., 1986: Fronts and jet streaks: a theoretical perspective. (chapter 9), *Mesoscale Meteorology and Forecasting*, P. Ray, ed., Amer. Meteorl. Soc., Boston, 173-215.

Bluestein, H. B., 1993: *Synoptic-dynamic meteorology in midlatitudes. vol II. observations and theory of weather systems.* Oxford University Press, 594pp.

Boettcher, M., and H. Wernli, 2013: A 10-yr climatology of diabatic Rossby waves in the Northern Hemisphere. *Mon. Wea. Rev.*, **141**, 1139-1154, doi: 10.1175/MWR-D-12-00012.1.

Brennan, M. J., G. M. Lackmann, and K. M. Mahoney, 2008: Potential vorticity (PV) thinking in operations: The utility of non conservation. *Wea. Forecasting*, **23**, 168-182.

Bretherton, F. and C. Garrett, 1968: Wavetrains in inhomogeneous moving media. *Proc. Roy. Soc.*, **302**, 529-54.

Buhler, O., 2004: Wave-mean interaction theory. Lecture notes, Courant Institute of Mathematical Sciences, New York University.

Carney, T. Q., A. J. Bedard, Jr., J. M. Brown, J. McGinley, T. Lindholm, and M. J. Kraus, 1996: Hazardous Mountain Winds and Their Visual Indicators. Handbook. Dept. of Commerce, NOAA, Boulder, Colorado, 80 pp.

Cecil, D., and T. Marchok, 2014: Impact of vertical wind shear on tropical cyclone rainfall. NASA technical report.

Chang, E. K. M., S. Lee, and K. L. Swanson, 2002: Storm track dynamics. *J. Clim.*, **15**, 2163-2183.

Chang, E. K. M., and I. Orlanski, 1994: On energy flux and group velocity of waves in baroclinic flows. *J. Atmos. Sci.*, **51**, 3823-3828.

Cohen, N. Y., and W. R. Boos, 2016: Perspectives on moist baroclinic instability: Implications for the growth of monsoon depressions. *J. Atmos. Sci.*, **73**, 1767–1788, doi:https://doi.org/10.1175/JAS-D-15-0254.1

Davies-Jones, R. P., 1984: Streamwise vorticity: The origin of updraft rotation in supercell storms. *J. Atmos. Sci.*, **41**, 2991-3006.

Davies-Jones, R., Burgess, and M. Foster, 1990: Test of helicity as a tornado forecast parameter, preprints, 16th conf. on severe local storms, Kananaskis Park, Alberta, American Meteorological Society, 588-592.

DeCaria, A. J., 2008: The vorticity equation and conservation of angular momentum. http://www.snowball.millersville.edu/~adecaria/DERIVATIONS/vorticity.pdf

Dickinson, M., J. Molinari, 2000: Climatology of sign reversals of the meridional potential vorticity gradient over Africa and Australia. *Mon. Wea.*

기상 역학

Rev., **128**, 3890-3900.

Durran, D. R., 1990: Mountain waves and downslope winds. *Atmospheric Processes over Complex Terrain*, W. Blumen, Ed., American Met. Soc., **23**, 59 – 82.

Edmon, H. J. Jr, B. J. Hoskins, and M. E. McIntyre, 1980: Eliassen-Palm cross sections for the troposphere. *J. Atmos. Sci.*, **37**, 2600–2616.

Emanuel, K., 2009: Quasi-balanced circulations in oceans and atmospheres. MIT lecture note 12.803,

Evans, J. L., 2017: Tropical cyclone intensity, structure, structure change. *Global guide to tropical cyclone forecasting.* WMO No. 1194, 126-155.

Farrell, B. F., 1984: Modal and nonmodal baroclinic waves. *J. Atmos. Sci.*, **41**, 668-673.

Ferreira, R. N., and W. H. Schubert, 1997: Barotropic aspects of ITCZ breakdown. *J. Atmos. Sci.*, **54**, 261-285.

Gibbs, J. A., 2015: Mesoscale meteorology. lecture note, http://twister.caps.ou.edu/MM2015/docs/chapter4/chapter4_a.pdf

Gray, S. L., and H. F. Dacre, 2006: Classifying dynamical forcing mechanisms using a climatology of extratropical cyclones. Quart. *J. Roy. Meteor. Soc.*, **132**, 1119-1137.

Grimshaw, R., 2009: Wave-mean flow interaction, part II: general theory. https://www.whoi.edu/fileserver.do?id=136606&pt=10&p=85713Grim

Guishard, M. P., 2006: *Atlantic subtropical storms: climatology and characteristics.* Ph.D thesis, Department of Meteorology, Pennsylvania State University, 158 pp.

Harnik, N., and E. Heifetz, 2007: Relating overreflection and wave geometry to the counterpropagating Rossby wave perspective: Toward a deeper mechanistic understanding of shear instability. *J. Atmos. Sci.*, **64**, 2238-2261.

Harr, P. A., 2010: The extratropical transition of tropical cyclones: structural characteristics, downstream impacts, and forecast challenges. *Global Perspectives on Tropical Cyclones*, J. C. L. Chan, and J. D. Kepert, Eds., World Scientific, 149-174.

Held, I. M., 1983: Stationary and quasi-stationary eddies in the extratropical atmosphere: Theory. *Large Scale Dynamical Processes in the Atmosphere*, R. P. Pearce and B. J. Hoskins, Eds., Academic Press, 127-168.

Hennipman, C., 2012: Quantification of the vertical moisture transport in the sub cloud during transitions of stratocumulus into cumulus using LES results. Ph.D thesis, Delft University of Technology. www.srderoode.nl/Students/Coen_thesis.pdf

Hirasaki, G. J., 2006: Transport phenomena I: fluid dynamics lecture note chapter 4, http://www.owlnet.rice.edu/~ceng501/Chap4.pdf

Holloway, C. E., and J. D. Neelin, 2009: Moisture vertical structure, column water vapor, and tropical deep convection. *J. Atmos. Sci.*, **66**, 1665-1683.

Holopainen, E. O., 1983: Transient eddies in mid-latitudes: observations and interpretation. *Large scale Dynamical Processes in the Atmosphere*, B. Hoskins and R. Pearce, Eds., Academic Press, 201-233.

Holton, J. R., 2004: *An Introduction to Dynamic Meteorology*. Academic Press, New York, 319pp.

Hoskins, B. J., 1983: Theory of transient eddies. *Large scale Dynamical Processes in the Atmosphere*, B. Hoskins and R. Pearce, Eds., Academic Press, 169-199.

Hoskins, B. J., and D. J. Karoly, 1981: The steady linear response of a spherical atmosphere to thermal and orographic forcing. *J. Atmos. Sci.*, **38**, 1179-1196.

Hoskins, B. J., M. E. McIntyre, and A. W. Robertson, 1985: On the use and significance of isentropic potential vorticity maps. Quart. *J. Roy. Meteor. Soc.*, **111**, 877-946.

Houze, R. A., 2004: Mesoscale convective systems. *Rev. Geophys.*, **42**, 1-43.

Houze, R. A., 2010: Review: clouds in tropical cyclones., *Mon. Wea. Rev.*, **138**, 293-344.

Houze R. A., S. S. Chen, B. F. Smull, W. C. Lee, and M. M. Bell, 2007: Hurricane intensity and eyewall replacement. *Science*, **315**, 1235-1239.

Houze, R. A., Jr., S. A. Rutledge, M. I. Biggerstaff, and B. F. Smull, 1989: Interpretation of Doppler weather radar displays in midlatitude mesoscale convective systems. *Bull. Amer. Meteor. Soc.*, **70**, 608-619.

Hsu, H.-H., 1987: Propagation of low-level circulation features in the vicinity of mountain ranges. *Mon. Wea. Rev.*, **115**, 1864-1892.

Illari, L., 2010: Thermal wind and the Margules formula. http://paoc.mit.edu/12307/front/Thermal%20wind%20and%20Margules.pdf

James, L. N., 1987: Suppression of baroclinic instability in horizontally sheared flows. *J. Atmos. Sci.*, **44**, 3710-3720.

Keller, J. H., S. J. Jones, and P. A. Harr, 2014: An eddy kinetic energy view of physical and dynamical processes in distinct forecast scenarios for the extratropical transition of two tropical cyclones. *Mon. Wea. Rev.*, **142**, 2751-2771, doi:https://doi.org/10.1175/MWR-D-13-00219.1.

Kepert, J. D., 2010: Tropcal cyclone structure and dynamics. *Global Perspectives on Tropical Cyclones*, J. C. L. Chan, and J. D. Kepert, Eds., World Scientific, 3-54.

Kim, Y. M., Y.-H. Youn, and H.-S. Chung, 2004: Potential vorticity thinking as an aid to understanding mid-latitude weather systems. *J. Korean Meteor. Soc.*, **40**, 633-647.

Klemp, J. B., 1987: Dynamics of tornadic thunderstorms. *Annu. Rev. Fluid Mech.*, **19**, 369-402.

Laing A. G., J. M. Fritsch, 2000: The large-scale environments of the global populations of mesoscale convective complexes. *Mon. Wea. Rev.*, **128**, 2756-2776.

Lee, T.-Y., and Y.-H. Kim, 2007: Heavy precipitation systems over the Korean Peninsula and their classification. *Asia-Pacific J. Atmos. Sci.*, **43**, 367-396.

Lee, W.-J. and M. Mak, 1995: Dynamics of storm tracks: A linear instability perspective. *J. Atmos. Sci.*, **52**, 697-723.

Lee, W-J., and M. Mak, 1996: The role of orography in the dynamics of storm tracks. *J. Atmos. Sci.*, **53**, 1737-1750.

Lin, S-J., and R. T. Pierrehumbert, 1993: Is the midlatitude zonal flow absolutely unstable? *J. Atmos. Sci.*, **50**, 505-517.

Lindzen, R. S., 1988: Instability of plane parallel shear-flow (toward a mechanistic picture of how it works). *Pure Appl. Geophys.*, **126**, 103-121.

Lindzen, R. S., 2008: Internal gravity waves (chapter 8). *Dynamics of the Atmosphere*, Massachusetts Institute of Technology, MIT Open CourseWare, https://ocw.mit.edu.

Lorenz, E. N., 1955: Available potential energy and the maintenance of the general circulation. *Tellus*, 7A, 157-167.

Lu, C., and J. P. Boyd, 2008: Rossby wave ray tracing in a barotropic divergent atmosphere. *J. Atmos. Sci.*, **65**, 1679-1691.

Lynch, P., 2002: Hamiltonian methods for geophysical fluid dynamics: an introduction. https://maths.ucd.ie/~plynch/Publications/HMGFD.pdf

Macdonald, N. J., 1967: The dependence of the motion of cyclonic and anticyclonic vortices on their size. *J. Atmos. Sci.*, **24**, 449-452, doi:10.117 5/1520-0469(1967)024,0449: TDOTMO.2.0.CO;2.

Markowski, P., 2007: Pressure fluctuations associated with deep moist convection. *Atmospheric Convection: Research and Operational Forecasting Aspects.* D. B., Giaiotti, R., Steinacker, and F. Stel, Eds., CISM International Centre for Mechanical Sciences, vol 475. Springer, Vienna, 17-21.

Markowski, P. and Yvette Richardson, 2010: Mountain waves and downslope windstorms. *Mesoscale Meteorology in Midlatitudes*, John Wiley & Sons Ltd., 327-342.

McNoldy, B. D., 2004: Triple eyewall in hurricane Juliette. *Bull. Amer. Meteorol. Soc.*, **85**, 1663-1666.

MetED, 2002: The balancing act of geostropic adjustment. http://www.meted.ucar.edu/nwp/pcu1/d_adjust/

MetED, 2003: Gap winds. https://www.meted.ucar.edu/mesoprim/gapwinds/

MetED, 2004a: Mountain waves and downslope wind. https://www.meted.ucar.edu/mesoprim/mtnwave/

MetED, 2004b: Low level coastal jets. https://www.meted.ucar.edu/mesoprim/coastaljets/print.htm

MetED, 2005, Jet streak circulation. https://www.meted.ucar.edu/training_module.php?id=166

MetED, 2006: Landfalling fronts and cyclones. https://www.meted.ucar.edu/mesoprim/lff/print.htm

MetED, 2007: Frontogenetical circulation and stability. www.meted.ucar. edu/norlat/frontal_stability/navmenu.htm

MetED, 2011: Introduction to tropical meteorology. http://www.chantha-buri.buu.ac.th/~wirote/met/tropical/textbook_2nd_edition/print_8. htm

Morinari, J., and D. Vollaro, 2014: Symmetric instability in the outflow layer of a major hurricane. *J. Atmos. Sci.*, **71**, 3739-3746.

Nielsen, N. W., 2006: A short introduction to the dynamics of severe convection. Scientific report 06-02, Danish Meteorological Institute, 21 pp.

Nigam, S., and E. DeWeaver, 2003: Stationary waves (orographic and thermally forced), *Encyclopedia of Atmospheric Sciences*, J. Holton, J. Pyle, and J. Curry, Eds., Elsevier, London, 2121-2137.

Oort, A. H., 1964: On estimates of the atmospheric energy cycle. *Mon. Wea. Rev.*, **92**, 483-493.

Orr, W. M. F., 1907: Stability or instability of the steady motions of a perfect liquid and of a viscous liquid. *Proc. Roy. Irish Acad.*, **A27**, 9-138.

Oruba, L., G. Lapeyre, and G. Riviere, 2013: On the poleward motion of midlatitude cyclones in a baroclinic meandering jet. *J. Atmos. Sci.*, **70**, 2629-2649, doi:10.1175/JAS-D-12-0341.1.

Parker, M. D., 2007: Simulated convective lines with parallel precipitation. part I: basic structures. *J. Atmos. Sci.*, **64**, 267-288.

Parker, M. D., and R. H. Johnson, 2004: Simulated convective lines with leading precipitation. Part I: Governing dynamics. *J. Atmos. Sci.*, **61**, 1637-1655.

Parker, D. J., and A. J. Thorpe, 1995: Conditional convective heating in a baroclinic atmosphere: A model of convective frontogenesis. *J. Atmos. Sci.*, **52**, 1699-1711, doi:10.1175/1520-0469(1995)052,1699:CCH

기상 역학

IAB.2.0.CO;2.

Pedlosky, J., 1987: *Geophysical Fluid Dynamics*. Springer-Verlag, 710pp.

Peixoto, J. P., and A. H. Oort, 1996: The climatology of relative humidity in the atmosphere. *J. Climate*, **9**, 3443-3463.

Pelly, J. L., 2001: The predictability of atmospheric blocking. Ph. D thesis, Univ. of Reading, 207pp.

Pettet, C. R., and R. H. Johnson, 2003: Airflow and precipitation structure of two leading stratiform mesoscale convective systems determined from operational datasets. *Wea. Forecasting*, **18**, 685-699.

Plant, R. S., G. C. Craig, and S. L. Gray, 2003: On a threefold classification of extratropical cyclogenesis. *Quart. J. Roy. Meteor. Soc.*, **129**, 2989 -3012, doi:10.1256/qj.02.174.

Plumb, A., 2004: Rossby wave breaking. *Dynamics and Transport in the Stratosphere*, www-eaps.mit.edu/~rap/courses/12831_notes/Ch7.pdf

Randall, D. A., 2005: *An Introduction to General Circulation of the Atmosphere*. Colorado State University, 510pp.

Randall, D. A., 2016: Inertial stability and instability. Lecture Note. https://kiwi.atmos.colostate.edu/group/dave/pdf/Inertial_Instability.pdf

Raymond, D., and H. Jiang, 1990: A theory for long-lived mesoscale convective systems. *J. Atmos. Sci.*, **47**, 3067-3077.

Schubert, W. H., P. E. Ciesielski, D. E. Stevens, and H. C. Kuo, 1991: Potential vorticity modeling of the ITCZ and the Hadley Circulation. *J. Atmos. Sci.*, **48**, 1493-1509.

Simmons, A. J., and B. J. Hoskins, 1978: The life cycle of some nonlinear baroclinic waves. *J. Atmos. Sci.*, **35**, 414-432.

Simmons, A. J., and B. J. Hoskins, 1979: The downstream and upstream

development of unstable baroclinic waves. *J. Atmos. Sci.*, **36**, 1239
-1254.

Skamarock, W. C., M. L. Weisman, and J. B. Klemp, 1994: Three-dimen-
sional evolution of simulated long-lived squall lines. *J. Atmos. Sci.*, **51**,
2563-2584, doi:10.1175/1520-0469(1994)051,2563:TDEOSL.2.0.
CO;2.

Smith, R., 2015: Lectures on tropical meteorology. https://www.meteo.
physik.uni-muenchen.de/~roger/Lectures/TropicalMetweb/Tropi-
calMeteorology_Ch6.html

Sorbjan, Z., 2003: Air-pollution meteorology. *Air Quality Modeling - Theories,
Methodologies, Computational Techniques, and Available Databases and
Software. Vol. I* , P. Zannetti, Ed., The EnviroComp Institute and the
Air & Waste Management Association.

Stull, R., 2015: *Practical Meteorology: An Algebra-based Survey of Atmospher-
ic Science.* Univ. of British Columbia, 940 pp.

Takaya, K., and H. Nakamura, 2001: A formulation of a phase-independent
wave-activity flux for stationary and migratory quasigeostrophic eddies
on a zonally varying basic flow. *J. Atmos. Sci.*, **58**, 608-627.

Tamarin, T., and Y. Kaspi, 2016: The poleward motion of extratropical cy-
clones from a potential vorticity tendency analysis. *J. Atmos. Sci.*, **73**,
1687-1707, doi:https://doi.org/10.1175/JAS-D-15-0168.1

Wallace, J. M., 2010: General circulation lecture note. https://atmos.washing-
ton.edu/2010Q2/545/545_Ch_1.pdf

Wang, C., and L. Wu, 2016: Interannual shift of the tropical upper tropo-
spheric trough and its influence on tropical cyclone formation over the
western North Pacific. *J. Climate*, **29**, 4203-4211.

Wingo, M. T., D. J. Cecil, 2010: Effects of vertical wind shear on tropical cyclone precipitation. *Mon. Wea. Rev.*, **138**, 645-662. DOI: 10.1175/2009MWR2921.1

Wu, C.-C., and Emanuel, K. A., 1993: Interaction of a baroclinic vortex with background shear: application to hurricane movement. *J. Atmos. Sci.*, **50**, 62-76.

Young, J. A., 2003: Static stability. *Encyclopedia of Atmospheric Sciences*, G. R. North, J. A. Pyle, and F. Zhang, Eds., Univ. Wisconsin, 2114-2120.

기상 역학

초판 1쇄 인쇄 2019년 07월 24일
초판 4쇄 발행 2023년 10월 17일
지은이 이우진

펴낸이 김양수
편집·디자인 이정은
교정교열 박순옥

펴낸곳 휴앤스토리
출판등록 제2016-000014
주소 경기도 고양시 일산서구 중앙로 1456(주엽동) 서현프라자 604호
전화 031) 906-5006
팩스 031) 906-5079
홈페이지 www.booksam.kr
블로그 http://blog.naver.com/okbook1234
이메일 okbook1234@naver.com

ISBN 979-11-89254-24-7 (93450)